Christine Öttl • Gitte Härter

300 Fragen zur Bewerbung

Erfolgreich von der Planung bis zum Vorstellungsgespräch

Weltbild

Inhalt

Die ersten Schritte

Rund um die Vorbereitung ... 9
1. Gute Vorbereitung ... 9
2. Informationen über den Beruf ... 10
3. Informationen über Unternehmen ... 10
Legen Sie Kriterien fest ... 12
4. Firmenvorstellung ... 13
5. Praktikum ... 13
6. Qualität der Bewerbungstipps ... 14
7. Musterbewerbungen ... 14
8. Musterantworten ... 15
Die berufliche Neuorientierung ... 16
So werden Sie fündig ... 20
9. Übliche Stellenmärkte ... 20
10. Jobangebote finden ... 20
11. Stellenanzeigen ... 21
Organisieren Sie Ihren Bewerbungsprozess ... 22
12. Seriöse Firma ... 24
13. Jobsuche im Internet ... 24
14. Online-Stellenmärkte ... 25
15. Image von Zeitarbeit ... 25
16. Festanstellung bei Zeitarbeit ... 26
17. Gehalt bei Zeitarbeit ... 26
18. Personalvermittler ... 26
19. Vermittlungskosten ... 27
20. Headhunter ... 28
21. Empfehlungen ... 28
22. Netzwerk ... 29
23. Mundpropaganda ... 29
24. Agentur für Arbeit ... 30
25. Verbände ... 30
Was Sie persönlich zu bieten haben ... 31
26. Persönliche Kompetenzen ... 31
Ihr Stellengesuch ... 32
27. Soft Skills ... 34
28. Stärken ... 34
29. Keine Schwächen ... 35
30. Nur Schwächen ... 36
31. Selbstverständlichkeiten 37
32. Standardaussagen ... 38
Ihre fachlichen Stärken ... 39
33. Fachliche Qualifikation . 39
34. Eigene Fähigkeiten ... 39
35. Ausreichende Erfahrung 40
36. Qualifikation bei Quereinstieg ... 41
37. Branchenwechsel ... 41
38. Fehlende Kenntnisse ... 42
39. Wenig PC-Erfahrung ... 43
Wie viel Geld darf's denn sein? ... 44
Keine Angst vor Hürden ... 46
40. Hohe Kosten ... 46
41. Schulenglisch ... 47
42. Berufsanfänger ... 47
43. Abgebrochenes Studium 48
44. »Gebärfähiges« Alter ... 49
45. Hausmann ... 49
46. Zu alt ... 50
47. 40 plus ... 51
48. Überqualifiziert ... 52
49. Gehaltsabstriche ... 52
50. Quereinsteiger ... 53

51. Jobhopper 54
52. »Starke Frau« 55
53. Behinderung 56
54. Krankheit oder Reha 56
Warum sind Unternehmen so unrealistisch? 58

Wort für Wort – die schriftliche Bewerbung

So können Sie sich bewerben 61
55. Bestandteile 61
56. Deckblatt nötig 61
Deckblattmuster 62
57. Infos auf Deckblatt 63
58. Anlass für Kurzbewerbung 63
59. Bestandteile der Kurzbewerbung 64
60. Flyer 64
61. CD-ROM 64
62. Unkonventionelle Bewerbung 65
Initiativ, aber nicht blind 66

Die Basics: Material und Ausstattung 70
63. Kartonmappen 70
64. Firmenfarben 70
65. Farbiges Papier 71
66. Klarsichthüllen 71
67. Führungsposition 71

So überzeugt Ihr Anschreiben 72
68. Länge 72
69. Ausführlichkeit 72
70. Gliederung und Inhalt 73
71. Betreff 74
72. Kein Ansprechpartner 74
73. Einleitung 75
Nicht nur der Inhalt zählt 76
74. Hauptteil 81
75. Stärken aufzählen 83
76. Ich-Sätze 84
77. Besser erst im Gespräch 84
78. Selbstständigkeit 84
79. Altersangabe 86
80. Teilzeitarbeit 87
81. Gehaltsvorstellungen 87
82. Eintrittstermin 88
83. Mobilität 89
84. Schluss 89
85. Englisches Anschreiben 90
86. Grafologisches Gutachten 90

Ihre Eckdaten – der Lebenslauf 91
87. Inhalt 91
Lebenslaufmuster 92
88. Länge 94
89. Kontaktdaten 95
90. Familienstand und Kinder 95
Was ist die »dritte Seite«? 96
91. Eltern 98
92. Tabelle 98
93. Reihenfolge 98
94. Zusätzliche Erläuterungen 99
95. Tätigkeitsprofil 100
96. Überqualifiziert 100
Tätigkeitsprofilmuster 101
97. Infos weglassen 102
98. Arbeitslosigkeit 102
99. Selbstständigkeit 103
100. Nebenjobs 103
101. Diplomarbeit 104
102. Sprachkenntnisse 104
103. Auf Referenz verweisen 105
104. Referenzen angeben 105
Was tun bei Lücken? 106

Auch die Optik zählt – das Foto 108
105. Platzierung 108
106. Scannen und drucken 108
107. Fotograf 109
108. Urlaubsfoto 110
109. Bildformat 110
110. Farbe oder Schwarzweiß 110
111. Bildausschnitt 110
112. Gesichtsausdruck 111
113. Lange Haare 111
114. Dekolleté 111
115. Anzug und Krawatte 111

Wie beweisen Sie Ihr Können? 112
116. Kein aktuelles Zeugnis 112
117. Schulzeugnisse 112
118. Fehlende Zeugnisse 113
119. Schlechte Zeugnisse 113
120. Beglaubigung 114
121. Fremdsprachige Zeugnisse 114
122. Anzahl der Zertifikate 114
123. Auswahl der Zertifikate 114
124. Kein Weiterbildungsnachweis 115
125. Arbeitsproben 116
126. Fiktive Arbeitsproben 116

Ab die Post 117
127. Rückumschlag 117
128. Sondermarken 117
129. Beschädigung 117
130. Porto sparen 118
131. Persönlich überbringen 118

Wie Sie am besten nachhaken 120

Neue Wege: die Online-Bewerbung

Schnell und modern: E-Mail 123
132. Chancen 123
133. Firmen-Mailadresse 123
134. Private Mailadresse 124
135. Betreffzeile 124
136. Schriften 125
137. Unterschrift 125
138. Kontaktdaten 126
139. Viren 126
140. Anlagen 126
141. Anschreiben 127
142. Zeugnisse 128
143. Dateiformate 128
144. Dateigröße 129
145. Bildgröße 129

Ihre eigene Bewerber-Homepage 130
146. Vorteil bei der Bewerbung 130
147. Link im Anschreiben 132
148. Private Website 132
149. Datenschutz 132
150. Passwortschutz 133

Jobbörsen und Firmen-Websites 133
151. Online-Bewerbung 133
152. Bewerbungsformulare 134
153. Qualität des Stellenmarkts 134

Gut platziert im Internet 135
154. Überschrift im Stellengesuch 136
155. Freitext-Feld 136
156. Zu wenig Platz 137

Fragen über Fragen: das Vorstellungsgespräch

Keine Panik: vor dem Gespräch ... 139
157. Vorbereitung ... 139
158. Fragen notieren ... 140
159. Erste Begegnung ... 140
160. Gesprächsangebot ... 141
161. Wartezeit nutzen ... 142
162. Lange Wartezeit ... 142
163. Nach Toilette fragen ... 143
164. Nervosität ... 143
165. Fragen durchgehen ... 145
166. Verspätung ... 145
Ein gelungener Auftritt ... 146
167. Kleidung ... 146
168. Overdressed ... 147
169. Schmuck und Schminke ... 147
170. Körpersprache ... 148
171. Nach Körpersprache beurteilt ... 148
172. Blickkontakt ... 150
173. Mehrere Gesprächspartner ... 151
174. Lachen ... 151
175. Hände ... 152
176. Beine ... 153
Legen Sie los – der Gesprächsstart ... 154
177. Erster Eindruck ... 154
178. Händedruck ... 155
179. Namen nicht verstanden ... 155
180. Freude ausdrücken ... 156
181. Anwesende Personen ... 156
Vorsicht, Fettnäpfchen! ... 157
Im Gespräch überzeugen ... 158
182. Dauer ... 158
183. Gesprächsablauf ... 158
184. Smalltalk ... 159
185. Dialog ... 159
186. Wortwahl ... 160
187. Inhalt ... 161
188. Interesse der Personaler 161
189. Personaler redet zu viel 162
190. Wortkarger Interviewer 163
191. Mimik des Personalers 163
192. Nicht verstanden ... 164
193. Andere Meinung ... 165
194. Notizen machen ... 166
195. Fragen stellen ... 166
196. Thema der Fragen ... 166
197. Zeitpunkt für Fragen ... 167
198. Keine Fragen ... 168
199. Keine Aufforderung zu fragen ... 169
200. Nachgereichte Information ... 169
Werdegang und Perspektive ... 169
201. Reihenfolge ... 169
202. Selbstpräsentation ... 170
203. Motivation ... 171
204. Warum-Frage ... 172
205. In fünf Jahren ... 172
206. Weiterbildung ... 173
Ihre Persönlichkeit entscheidet ... 174
207. Nicht nur Fachliches ... 174
208. Stärken ... 174
209. Belastbarkeit & Co. ... 175
210. Schwächen ... 176
211. Grund für Schwächen-Frage ... 177
212. Persönliche Fragen ... 177
213. Teamplayer ... 177

Ihre Erwartungen – ein wichtiger Aspekt ... 178
214. Rahmenbedingungen .. 178
215. Einarbeitung ... 179
216. Überstunden ... 179
217. Urlaub ... 180
218. Weiterbildung ... 181
219. Erwartungen haben ... 181
220. Erwartungen ausdrücken ... 182
221. Konditionen ... 182
222. Aktueller Verdienst ... 183
223. Gehaltspoker ... 184
224. Gehaltsforderung ... 184
Ein angenehmes Umfeld .. 185
225. Betriebsklima ... 185
226. Rundgang ... 186
227. Arbeitsplatz ... 187
228. Einzelbüro ... 187
229. Moderne Technik ... 188
230. Gespräche ohne Chef .. 188
231. Führungsstil ... 189
232. Chef kennenlernen ... 190
Wie ehrlich dürfen und sollen Sie sein? ... 190
233. Eindruck ... 190
234. Grund für Veränderung 191
235. Grund für eigene Kündigung ... 192
236. Ärger im früheren Job . 193
Nur keinen Ärger ... 194
237. Schlechte Erfahrungen 196
238. Eingeschränkte Flexibilität ... 197
239. Karriere und Freizeit ... 198
240. Hobbys ... 199
241. Riskante Hobbys ... 200
242. Feedback geben ... 200
So meistern Sie schwierige Momente ... 201
243. Nervosität verbergen ... 201
244. Feuchte Hände ... 201
Was tun bei unangenehmen Gesprächspartnern? ... 202
245. Unwohl fühlen ... 203
246. Frosch im Hals ... 203
247. Nichts zu trinken ... 204
248. Missgeschick ... 204
249. Höflichkeitsgeste ... 205
250. Blackout ... 205
251. Dumme Antwort ... 206
252. Keine Antwort ... 206
253. Antwort verweigern ... 207
254. Mit unzulässigen Fragen umgehen ... 208
255. Misserfolge ... 209
Unzulässige Fragen ... 210
256. Schlechtes Zeugnis ... 211
257. Bewegter Lebenslauf ... 212
258. Jobhopping ... 213
259. Arbeitslosigkeit ... 213
260. Provokation ... 214
261. Gespräch kippt ... 215
Lassen Sie sich nicht den Schlaf rauben ... 216
Und nach dem Gespräch? . 217
262. Dankesschreiben ... 217
263. Formulierung ... 217
264. Information nachreichen ... 218
265. Noch Fragen ... 219
266. Gespräch ruiniert ... 219

Einstellungstests und Probearbeit

Zeigen, was Sie können – Probearbeit ... 221
267. Probetage ... 221
268. Probetag selbst anbieten ... 221
269. Kostenlose Arbeit ... 222
270. Unter Dauerbeobachtung ... 222
271. Guter Eindruck ... 223
Für Testknacker ... 225
272. Testinhalt ... 225
273. Persönlichkeitsfragebogen ... 226
274. Gruppeninterviews ... 226
275. Sprachtest ... 227
Leistungstests leicht gelöst ... 228
276. Psycho-Taktiken ... 230
Erfolgreich im Assessment Center (AC) ... 231
277. Definition ... 231
278. Vorbereitung ... 232
279. Idealer Kandidat ... 232
280. Selbstpräsentation ... 233
281. Rollenspiele ... 235
282. Postkorb-Übung ... 235

Ja oder nein: Zu- und Absagen

Die Zeit bis zur Antwort ... 237
283. Lange Wartezeiten ... 237
284. Unterlagen einbehalten ... 237
285. Keine Rückmeldung ... 238
286. Erneut nachfragen ... 238
287. Hinhaltetaktik ... 239
Absagen: erteilen und ertragen ... 239
288. Im Gespräch absagen ... 239
289. Kein Interesse ... 240
290. Auf gute Weise absagen ... 240
291. Standardabsage ... 241
292. Nach Absagegrund fragen ... 241
293. Unterlagen einbehalten ... 242
294. Nie eine Einladung ... 242
295. Absage nach Gespräch ... 243
Nach der Zusage: Wie geht es weiter? ... 244
296. Freude zeigen ... 244
297. Bauchgefühl ... 244
298. Pro und Contra abwägen ... 245
299. Bedenkzeit ... 247
300. Gleich kündigen ... 247
Alles, was Recht ist ... 248

Service

Das Allgemeine Gleichbehandlungsgesetz (AGG) ... 250
Links, die weiterhelfen ... 251
Bücher, die weiterhelfen ... 252
Register ... 253
Impressum ... 256

Die ersten Schritte

Sich gut und effektiv zu bewerben ist ein richtiges Projekt mit verschiedenen Facetten. Das kann viel Zeit und Energie in Anspruch nehmen und hört sich sicherlich erst einmal anstrengend an. Doch wir garantieren Ihnen: Eine gute Planung und intensive Vorbereitung sind die besten Grundlagen, um Ihr Projekt »Bewerbung« erfolgreich über die Bühne zu bringen.

Rund um die Vorbereitung

Legen Sie nicht einfach mit dem Bewerben los. Sondern investieren Sie Zeit und Energie, um starke Grundlagen zu schaffen. Denn eine intensive Vorbereitung erleichtert es Ihnen, zielgerichtet und strukturiert vorzugehen – und sich souverän und überzeugend zu präsentieren.

1. Gute Vorbereitung: Wie kann ich mich gut auf meine Bewerbungen vorbereiten?

Sich gut vorzubereiten bedeutet, sich intensiv mit den verschiedensten Themen zu befassen, die für den Bewerbungsprozess eine Rolle spielen.

- **Wo möchten Sie hin?**
  Welche Art von Unternehmen suchen Sie? Welche Branche reizt Sie? Welche Tätigkeiten möchten Sie ausüben?
- **Was haben Sie fachlich zu bieten?**
  Welches Wissen und welche fachlichen Grundlagen bringen Sie mit? Wie viel und welche Art praktischer Erfahrung können Sie vorweisen? Welche fachlichen Qualitäten haben Sie?
- **Was haben Sie als Persönlichkeit zu bieten?**
  Welche persönlichen Qualitäten haben Sie? Was sind Ihre besonderen Stärken als Mensch?
- **Welche Erwartungen haben Sie?** (▸ »Jobsuche – Legen Sie Kriterien fest«, Seite 12)
  Welche Rahmenbedingungen hätten Sie gerne (Arbeitsplatz, Zeiten, Verantwortungsgrad …)? Welche Art von Atmosphäre ist für Sie wichtig (Chef, Kollegen …)? Welche Perspektiven hätten Sie gerne (Fortbildungs-, Aufstiegsmöglichkeiten …)?
- **Welche Bewerbungsstrategie haben Sie sich zurechtgelegt?** (▸ »Jobsuche – Organisieren Sie Ihren Bewerbungsprozess«, Seite 22)

Alle diese Erkenntnisse erleichtern Ihnen die nächsten Schritte. Egal welchen Weg Sie wählen – klare Vorstellungen zu haben ist Gold wert.

Wichtig: Vorbereitung ist nicht etwas, was Sie einmal machen und dann nie mehr brauchen. Sondern sie zieht sich durch den ganzen Bewerbungsprozess.

2. Informationen über den Beruf: Wie bekomme ich eigentlich Informationen, wenn ich mich über einen bestimmten Beruf schlaumachen will?

Da gibt es verschiedene Möglichkeiten, zum Beispiel:

- Über die Agentur für Arbeit erhalten Sie sehr gute Informationen zu Berufsbildern und der dazu nötigen Ausbildung (unter www.infobub.arbeitsagentur.de/berufe).
- Branchen- und Berufsverbände sowie Kammern informieren über Tätigkeiten und Karrieren in ihrem Bereich inklusive Perspektiven und Aufstiegschancen.
- Auf Firmenwebsites werden ebenfalls mitunter detaillierte Informationen zu Tätigkeitsprofilen gegeben.
- Recruitingmessen sind speziell dazu da, sich über Beruf und Karrierechancen in einzelnen Unternehmen zu informieren. Die anwesenden Personaler können gezielte Detailinformationen zu Berufsbildern geben.
- Sie können Leute interviewen, die Sie kennen oder die Sie mithilfe von Internet oder Telefonbuch recherchiert haben. Wenn Sie freundlich nachfragen, gibt man Ihnen bestimmt gerne Auskunft.
- Am besten ist es, den Berufsalltag aus erster Hand zu erleben: Arbeiten Sie zur Probe oder machen Sie ein Praktikum.
- Es gibt zahlreiche Bücher, in denen Berufe näher erklärt werden. Diese sind in der Regel nach Branchen geordnet (zum Beispiel alle Berufe der Medienbranche kurz vorgestellt). Stöbern Sie in Buchhandlungen oder Büchereien.

3. Informationen über Unternehmen: Welche Informationen sollte ich über eine Firma recherchieren?

Alle, die Ihnen persönlich wichtig sind, um entscheiden zu können, ob Sie sich dort bewerben möchten. Und solche, die Ihnen beim Anschreiben und später im Gespräch nützen, weil

Sie damit zeigen können, dass Sie sich individuell kundig gemacht haben und sich wirklich für genau dieses Unternehmen interessieren.

Das könnte beispielsweise sein:

- Was macht die Firma genau? Welche Produkte oder Dienstleistungen vertreibt sie? Gibt es verschiedene Unternehmensbereiche? Welche Art von Kunden hat das Unternehmen?
- Wie groß ist das Unternehmen? Gibt es mehrere Niederlassungen? Auch im Ausland? Wo ist der Hauptsitz?
- Wo ist der Firmenstandort (gefällt Ihnen die Gegend)?
- Ist das Unternehmen bekannt und wird viel in der Presse (auch Fachpresse) darüber berichtet? Wie ist das Image?
- Gibt es aktuelle wichtige Vorgänge, die »man« kennen sollte, da sie eventuell angesprochen werden (zum Beispiel eine momentane Kündigungswelle oder eine Fusion)?
- Wie tritt das Unternehmen auf? Wie ist die Firmenphilosophie und wie werden Mitarbeiter präsentiert?

Betrachten Sie die Informationen unter ganz praktischen Gesichtspunkten. Bringen sie Ihnen einen Erkenntnisgewinn oder zumindest Gesprächsstoff? Es gibt leider immer wieder Bewerber, die ein paar Unternehmensfakten wie das Gründungsjahr auswendig lernen. Das ist unsinnig und beeindruckt niemanden.

Hier finden Sie Unternehmensinformationen

- im Internet (Firmen-Homepage, Branchendienste, Berufsverbände, Adress-Datenbanken)
- bei der Firma selbst (anrufen und Infomaterial anfordern, größere Firmen haben oft spezielle Informationspakete für Bewerber)
- in Stellenanzeigen (▸ Frage 11, Seite 21)
- auf Messen
- wenn Sie Kontakte zur Firma haben, dann auch über Leute, die dort arbeiten (Aber sehen Sie diese Erfahrungswerte immer als individuelle Meinung!)

Legen Sie Kriterien fest

Damit Sie sich bei den passenden Firmen bewerben, im Gespräch alle für Sie wichtigen Informationen erfahren und sich nach dem Vorstellungsgespräch auch richtig entscheiden können (▶ Pro-und-Contra-Liste, Frage 298, Seite 245), finden Sie am besten bereits zu Beginn des Bewerbungsprozesses heraus, worauf Sie Wert legen.
Machen Sie doch einfach mal ein Brainstorming über Ihre Vorstellungen und definieren Sie dann, was absolute Muss- und was Kann-Kriterien für Sie sind.

Das Unternehmen

Geographische Lage (so nahe wie möglich, im süddeutschen Raum, zentrale Lage); **Größe** (internationaler Konzern, mittelständisches Unternehmen, Start-up); **Branche;** **Geist des Unternehmens** (traditionell oder eher modern)

Der Job an sich

Tätigkeiten, die Sie ausüben möchten; **Wissen, Fähigkeiten und Fertigkeiten,** die Sie einbringen möchten (spezifisches Fachwissen, Sprachkenntnisse, strategisches Denken); **persönliche Kompetenzen,** die Sie nutzen wollen (Organisationstalent, Verhandlungsgeschick, Kreativität); **Gestaltungsmöglichkeiten** (abgesteckter Verantwortungsbereich, viel eigener Spielraum, mitentscheiden können)

Die Rahmenbedingungen

Arbeitsplatz (Einzelbüro, maximal drei Leute im Zimmer, Großraum); **Arbeitszeiten** (Vollzeit oder Teilzeit, fest oder flexibel); **Überstunden** und **Wochenendarbeit; Urlaub** und **Gehalt; Fortbildungsmöglichkeiten** und **Perspektiven**

Zusammenarbeit und Arbeitsklima

Einzelarbeit oder **Teamwork; Kommunikationsstruktur** und **Informationsfluss** (regelmäßige Meetings); **Austausch** mit dem Chef (Feedbackgespräche); offener, freundlicher **Umgangston;** Art der **Einarbeitung** (klarer Plan oder ins kalte Wasser geworfen werden)

4. Firmenvorstellung: Für Schüler gibt es Tage der offenen Tür, an denen man Stellen oder eine Firma kennenlernen kann. Gibt es etwas in der Art auch für Erwachsene?

Auf Veranstaltungen wie Jobmessen und Karrieretagen stellen sich Unternehmen vor und rekrutieren neue Mitarbeiter. Diese »Recruitingmessen« gibt es für verschiedene Zielgruppen (zum Beispiel Hochschulabsolventen), Branchen und Positionen – auf regionaler wie nationaler Ebene. Sie können sich an den Ständen über die verschiedenen Firmen und Jobangebote informieren, Material mitnehmen oder auch ein erstes Gespräch führen.

Auch auf Fach- und Besuchermessen lernen Sie Firmen kennen. Teilweise sind dort Inhaber oder Personalmitarbeiter persönlich anwesend. Regional gibt es oft Wirtschaftstage, die von den Kammern veranstaltet werden: Dort erfahren Sie etwas über Unternehmen aus Ihrer unmittelbaren Umgebung.

Bereiten Sie sich auf den Messebesuch gut vor, damit Sie die Zeit möglichst sinnvoll für sich nutzen können. Wählen Sie die Unternehmen und die Vorträge aus, die Sie am meisten interessieren, und planen Sie den Tagesablauf. Nehmen Sie ausreichend Bewerbungsunterlagen für die Firmen Ihrer Wahl mit – und eventuell ein paar Kurzbewerbungen für alle Fälle.

5. Praktikum: Sollte ich vor einer Bewerbung besser ein Praktikum machen, etwa wenn ich Berufs- oder Quereinsteiger bin?

Sie müssen nicht. Es empfiehlt sich jedoch aus mehreren Gründen: Zum einen erleben Sie den Berufsalltag ganz direkt und können sich dann ein besseres Bild darüber machen, ob Ihre Vorstellungen der Realität entsprechen. Zum anderen tun Sie sich mit der Bewerbung leichter, weil Sie bereits erste Praxiserfahrung nachweisen können.

Schließlich ist ein Praktikum auch leichter zu ergattern. Sie haben Gelegenheit, einem Unternehmen zu zeigen, was Sie können, und so einen Fuß in die Tür zu bekommen.

6. Qualität der Bewerbungstipps: Viele Bewerbungstipps widersprechen sich. Wie kann ich wissen, ob ein Buch oder eine Internetseite das Richtige rät?

Ja, es gibt tatsächlich eine Fülle von zum Teil widersprüchlichen Ratschlägen. Das kommt daher, dass es auch hier unterschiedliche Erfahrungen und Meinungen gibt. Und: Viele Bewerber hätten gerne einfache und klare Tipps, die ihnen garantiert zu einem Job verhelfen. Diesem Wunsch nach hundertprozentigen »Dos und Don'ts« kommen Bewerbungsratgeber oft zu gerne nach.

Natürlich ist es verständlich, dass Bewerber nach einem Patentrezept suchen, aber das gibt es nicht. Denn der Bewerbungsprozess ist ein komplexes Geschehen, in das verschiedene Menschen, Erwartungen und Interessen involviert sind. Deshalb kann ein Bewerbungsratgeber nur grundsätzliche Anregungen geben.

Vorsicht ist geboten, wenn

- verallgemeinert wird (zum Beispiel: Kein Personalentscheider liest ein Anschreiben.),
- Patentrezepte für alle Fragen angeboten werden,
- geraten wird, eine bestimmte Fassade aufzubauen und sich zu verstellen,
- der Eindruck vermittelt wird, dass man sich vor dem Unternehmen/dem Personaler und verschiedensten Fettnäpfchen in Acht nehmen muss, oder gar ein Feindbild aufgebaut wird.

Von daher kann Ihnen ein Ratgeber nur nützen, wenn Sie ihn als Leitfaden verstehen und dabei beherzigen, bei Ihrer Bewerbung immer individuell und aussagekräftig vorzugehen!

7. Musterbewerbungen: Was ist eigentlich von Musterbewerbungen zu halten?

Paradebeispiele und Muster für Bewerbungsunterlagen können Sie in jedem Bewerbungsratgeber finden und auf den Internetseiten verschiedenster Anbieter kaufen und herunterladen. Natürlich ist es verführerisch, solche Muster einfach zu übernehmen. Lassen Sie sich von ihnen inspirieren, das ja.

Aber kopieren Sie nicht alles, sondern machen Sie sich die Mühe, die Unterlagen auf sich selbst und die jeweilige Position/das jeweilige Unternehmen zuzuschneiden. Erfahrene Personaler bemerken den Unterschied sofort!
Wichtig: Leider sind gerade Muster-Bewerbungsbriefe oft mangelhaft und propagieren typische Fehler! (▸ »Anschreiben – nicht nur der Inhalt zählt«, Seite 76).

8. Musterantworten: Sind denn Bücher, die Musterantworten für das Bewerbungsgespräch geben, empfehlenswert?

Beispiele, wie man auf die verschiedensten Fragen antworten könnte, sind natürlich sinnvoll und wichtig – solange die Antworten nicht als einzig gute Antwort oder gar als Erfolgsgarant präsentiert werden.
Es ist absolut in Ordnung, sich von Musterantworten inspirieren zu lassen. Aber bitte lassen Sie sich nicht dazu verleiten, sie einfach zu übernehmen. Das ist zwar der bequemste Weg, aber da Sie sich nicht ausreichend mit sich selbst beschäftigen, gehen Sie nicht wirklich gut vorbereitet in das Gespräch. Und das kann beispielsweise folgende Auswirkungen haben:

- Sie sind nicht so selbstbewusst und souverän, wie Sie sein könnten.
- Sie verpassen die Chance, sich als individuelle Persönlichkeit zu präsentieren.
- Sie wirken schlecht vorbereitet, nicht interessiert oder gar gekünstelt.
- Sie kommen in Schwierigkeiten, wenn Ihr Gesprächspartner genauer nachfragt.

Schlechte Musterantworten erkennen Sie immer daran, dass sie zu oberflächlich sind oder die Frage nicht wirklich beantworten. Für Personaler ist es beispielsweise sehr ärgerlich, wenn der x-te Bewerber meint: »Meine größte Schwäche ist, dass ich zu genau bin.« So eine Antwort qualifiziert Sie ab und zeigt, dass Sie über sich und Ihre Bewerbung nicht richtig nachgedacht haben.

Die berufliche Neuorientierung

Wenn Sie sich beruflich nicht mehr ausgefüllt fühlen oder »schon immer mal« etwas anderes machen wollten – oder vielleicht sogar müssen –, dann sollten Sie sich als ersten Schritt folgende Fragen stellen:

Welche Tätigkeit passt zu Ihnen?

Sie möchten einen neuen Beruf ergreifen oder in eine fremde Branche wechseln? Dann schreiben Sie doch einmal ganz konkret auf:

- Was möchten Sie genau tun? Was würden Sie am liebsten den ganzen Tag lang machen?
- Wie stellen Sie sich die Tätigkeit dort vor?
- Wie schaut der ideale Arbeitstag für Sie aus?
- Was haben Sie bisher gerne gemacht und was wollen Sie auf jeden Fall weiterhin machen? Und was wollen Sie auf keinen Fall tun?
- Wie muss eine Aufgabe/Arbeit beschaffen sein, damit Sie sie als wichtig und sinnvoll empfinden?
- Wann haben Sie Spaß an einer Tätigkeit?
- Wann langweilen Sie sich oder mögen Ihre Arbeit nicht?
- Wann kommen Sie in Hektik und fühlen sich gestresst?
- Wie gehen Sie mit starkem Zeitdruck um?
- Arbeiten Sie lieber alleine oder im Team?

Wichtig: Prüfen Sie, ob Ihre Vorstellungen mit der Realität übereinstimmen, und holen Sie gezielt fundierte Informationen ein – zum Beispiel über Berufs- und Branchenverbände: Was genau sind die Berufsbilder? Welche Kenntnisse/Fähigkeiten sind wichtig oder vorteilhaft? Wie ist die reguläre Ausbildung – brauchen Sie eine Zusatzausbildung oder ist der Quereinstieg grundsätzlich möglich? Sprechen Sie mit Menschen aus der Branche oder solchen, die Ihren Wunschberuf bereits ausüben. Lassen Sie sich den Alltag schildern und die Aufgabenbereiche.

Die berufliche Umorientierung bezieht sich nie nur auf das Tätigkeitsfeld alleine. Auch die folgenden wichtigen Fragen sollten Sie für sich klären:

Welche(s) Unternehmen, Produkt/Dienstleistung gefällt Ihnen?

- Wie groß ist Ihr ideales Unternehmen: Familienbetrieb oder internationaler Konzern? Welche Möglichkeiten (Aufstieg, Reisen und so weiter) erwarten Sie sich?
- Welche Branche interessiert Sie und warum?
- Wie sieht ein Produkt/eine Dienstleistung aus, hinter dem/der Sie stehen und mit dem/der Sie sich identifizieren können?

Wie sollte der Arbeitsplatz/die Arbeitsatmosphäre beschaffen sein?

- Wo sollte sich das Unternehmen befinden (Stadt, Land, Gewerbegebiet)? Was ist Ihnen wichtig (etwa Erreichbarkeit, Einkaufsmöglichkeiten)?
- Welche ästhetischen Erwartungen haben Sie? Wie sollten die Räumlichkeiten aussehen, damit Sie sich wohl fühlen (Licht, Pflanzen und Ähnliches)?
- Wie schaut der ideale Arbeitsplatz aus (Einzelbüro oder Großraum)?
- Worauf legen Sie besonders viel Wert? Was stört Sie (zum Beispiel Unordnung)?

Wie stellen Sie sich die Kollegen und das Betriebsklima vor?

- Welche Art von Kollegen schätzen Sie und hätten Sie gerne? Was können Sie auf keinen Fall ertragen?
- Wann ist das Betriebsklima für Sie gut? Wie äußert sich eine gute Atmosphäre?
- Wie sollen die Leute miteinander und mit Ihnen umgehen, damit Sie sich wohlfühlen und gut arbeiten können?
- Wie sollten die zwischenmenschlichen Beziehungen sein: eher formell-distanziert und rein fachlich oder locker und persönlich?

- Was denken Sie über Teamarbeit? Wann arbeitet ein Team gut und wann weniger?
- Wie müssen Zusammenarbeit und Umgang miteinander sein, damit Sie gerne in einem Team arbeiten?

Mit welchen Vorgesetzten und Hierarchien kommen Sie klar?

- Wie sollte ein Vorgesetzter sein, damit Sie ihn respektieren und gut mit ihm zusammenarbeiten können?
- Wann fühlen Sie sich von Ihrem Chef motiviert beziehungsweise demotiviert?
- Welche Art von Umgang wünschen Sie sich: fachlich-distanziert oder persönlich-nahe? Wie stehen Sie zum Duzen und Siezen?
- Was tragen Sie dazu bei, um ein gutes und konstruktives Verhältnis zwischen Ihnen und Ihrem Vorgesetzten zu ermöglichen?
- Wie stehen Sie zu Hierarchien? Was halten Sie von »flachen« Hierarchien? Unter welchen Bedingungen arbeiten Sie am besten?

Welche Rahmenbedingungen wünschen Sie sich?

- Ist Ihnen eine klare Trennung von Arbeit und Privatleben wichtig? Wie sollte das zeitliche Verhältnis ausschauen?
- Wie viel Wert legen Sie auf den Urlaub und auf langfristige Planungsmöglichkeiten? Wie viele Urlaubstage pro Jahr wollen Sie auf jeden Fall haben?
- Welche Vorstellungen haben Sie von der idealen Arbeitszeit? Sind Ihnen geregelte Arbeitszeiten wichtig? Wie viele Stunden wollen Sie maximal in der Arbeit verbringen?
- Wie stehen Sie zu Überstunden, Wochenendarbeit und Dienstreisen?
- Welche Gehaltsvorstellungen haben Sie?

Bestimmt sind das nicht alle Fragen, über die es sich nachzudenken lohnt, sondern nur Anregungen. Seien Sie kreativ und überlegen Sie, was Ihnen alles wichtig ist und welche weiteren Informationen Sie über ein Unternehmen oder eine

Tätigkeit brauchen, um sich gezielt und bewusst dafür oder dagegen entscheiden zu können.

Wenn Sie alle Fragen beantwortet haben, sollten Sie Ihre Erwartungen noch einmal in Ruhe durchgehen und sie in die Kategorien »Muss« und »wäre schön« einteilen. Dann wissen Sie ganz genau, welche Kompromisse Sie später eingehen können und welche nicht.

Tipp: Auf der Internetseite zeitzuleben.de finden Sie den sehr hilfreichen »Selbstlernkurs Berufszielfindung«: http://www.zeitzuleben.de/shop/berufszielfindung.html

Meistern Sie Befürchtungen und Hindernisse

Die berufliche Umorientierung ist immer auch mit etwas wackligen Knien verbunden: Setzen Sie sich unbedingt mit all Ihren Unsicherheiten, Fragen und Ängsten auseinander! Und zwar auf konstruktive Weise: Worin liegen Ihre Chancen? Worin liegen mögliche Hindernisse und Schwierigkeiten und wie lassen sich diese ausräumen? (Also »Wie könnte es gehen?« anstatt »Das geht sowieso nicht.«)

Erstellen Sie Ihr persönliches und fachliches Profil

Überlegen Sie: Welche Eigenschaften machen Sie aus? Welche Fähigkeiten und Erfahrungen bringen Sie mit?

Ihre Bewerbung als Quereinsteiger

Gehen Sie in Ihrem Anschreiben speziell auf Ihre Situation als Quereinsteiger ein – ansonsten werden Sie mangels einschlägiger Qualifikation schnell durch das Sieb fallen.

Versetzen Sie sich in die Lage des Personalentscheiders – was wird er sich fragen, wenn er Ihren Lebenslauf sieht?

Zum Beispiel:

- Warum wollen Sie aus Ihrem jetzigen Beruf heraus?
- Warum ausgerechnet in das neue Berufsfeld?
- Was reizt Sie daran so?
- Warum denken Sie, dass Sie dafür qualifiziert sind?
- Was bringen Sie mit, das im neuen Job von Vorteil ist?

So werden Sie fündig

Sie wollen sich über Jobangebote schlaumachen, wissen aber nicht, wo Sie am besten danach suchen sollten? Es gibt verschiedene Quellen, die Sie nutzen können, um an offene Stellen heranzukommen und sich zu informieren.

9. Übliche Stellenmärkte: Was sind »die üblichen« Publikationen, in denen Firmen Anzeigen schalten?

Die Stellenmärkte in überregionalen Zeitungen wie der SZ und FAZ werden besonders von größeren Unternehmen frequentiert. Für kleinere und mittlere Unternehmen ist eine Anzeige dort jedoch häufig zu teuer. Darum weichen diese oft auf kleinere Publikationen aus. Anzeigen in Fachpublikationen erreichen die richtige Zielgruppe und sind in der Regel sehr viel günstiger, in Verbandszeitschriften mitunter sogar kostenfrei. Denken Sie daher bei der Stellensuche auch an Branchen- und Berufspublikationen, regionale Wochenblätter/Stadtteilanzeiger, Zeitschriften für bestimmte Zielgruppen (zum Beispiel gibt es in Städten oft Veranstaltungskalender, die ebenfalls Stellenanzeigen beinhalten). Die meisten dieser Anbieter haben parallel einen Internetauftritt, in dem in der Regel ebenfalls Stellenanzeigen zu finden sind.

10. Jobangebote finden: In der Zeitung stehen kaum Stellenanzeigen. Wie komme ich denn an Firmen, die suchen?

Nur weil in der Zeitung wenig Angebote stehen, heißt das nicht, dass Firmen nicht suchen. Gerade wenn der Arbeitsmarkt eng ist, können sich viele Unternehmen vor Initiativbewerbungen kaum retten: Sie brauchen also nicht extra noch eine Stellenanzeige zu schalten. Vakanzen gibt es jedoch immer! Nutzen Sie daher die verschiedensten Quellen:

- Beobachten Sie nicht nur die »typischen« Stellenmärkte, sondern achten Sie zusätzlich auch auf Fach- und regionale Publikationen.

- Überprüfen Sie die Angebote im Computer der Agentur für Arbeit, informieren Sie sich bei den zuständigen Kammern (IHK, Handwerkskammer, Rechtsanwaltskammer …).
- Suchen Sie im Internet.
- Manche Unternehmen nutzen kostenfreie Aushänge, um jemanden zu suchen. Das kann das »Schwarze Brett« im Fitnessstudio sein oder die Litfass-Säule im Uni-Gebäude. Auch in Weiterbildungsinstituten werden häufig Stellenangebote ausgehängt. Ein seriöser Aushang nennt Details zur Tätigkeit und die kompletten Firmendaten!
- Fragen Sie in Ihrem Umfeld nach, ob jemand weiß, wo Mitarbeiter gesucht werden. Bitten Sie darum, dass man die Frage weitergibt. So nutzen Sie ein Netzwerk, auch wenn Sie bislang nicht dachten, Sie hätten eins.

11. Stellenanzeigen. Manche sind eher knapp, andere bieten so viele Informationen, dass ich gar nicht weiß, was wichtig ist. Was kann ich denn nun aus Anzeigen herauslesen?

Leider sind nicht alle Stellenanzeigen wirklich aussagekräftig. Schauen Sie aber näher hin und lesen Sie auch zwischen den Zeilen: Neben den absoluten Muss-Kriterien (»Sie verfügen über …«, »Wir erwarten …«) wird oft aus Platzierung und Formulierung deutlich, was dem Unternehmen sonst noch wichtig ist (»Idealerweise sind Sie …«, »Wünschenswert wäre …«). Es lohnt sich auch, bewusst darauf zu achten, wie sich die Firma präsentiert: Wirkt alles locker, persönlich oder vielleicht sogar etwas witzig? Oder ist der Ton sehr streng, geschäftsmäßig und starr? Fordert das Unternehmen in seiner Anzeige nur? Oder bietet es auch etwas? Wie spricht die Firma über sich selbst? Was hält sie für besonders erwähnenswert? Was schreibt sie über ihre bestehenden Mitarbeiter, Projekte und Perspektiven?

Alle diese Details können Ihnen dabei helfen, Ihre Bewerbung noch besser auf die jeweilige Firma abzustimmen und deren Stil zu treffen.

Organisieren Sie Ihren Bewerbungsprozess

Auch wenn Sie den ganzen »Bewerbungskram« am liebsten hinter sich bringen wollen, legen Sie nicht einfach los, sondern gehen Sie die Sache geplant und strukturiert an – und reservieren Sie sich regelmäßig und ausreichend Zeit dafür. Das ist nicht nur effektiver, sondern eine klare Struktur und ein Zeitplan helfen Ihnen auch dabei, diszipliniert vorzugehen und am Ball zu bleiben. Denn wie sagt man so schön: Von nichts kommt nichts! Jetzt heißt es, aktiv werden, sich Ziele setzen und dranbleiben.

Ihre Grundlage: die Basisunterlagen

Suchen Sie all die Teile Ihrer Bewerbungsmappe zusammen, die immer gleich bleiben oder die Sie später nur leicht verändern müssen. Das sind:

- Foto (▸ Frage 105 ff., Seite 108 ff.)
- Lebenslauf (▸ Frage 87 ff., Seite 91 ff.)
- Tätigkeitsprofil, falls sinnvoll (▸ Frage 95, Seite 100)
- Zeugnisse und Zertifikate (▸ Frage 117 ff., Seite 112 ff.)

Erstellen Sie einen »Steckbrief« von sich

Schreiben Sie am besten auf, was Sie an fachlichen Qualifikationen, Erfahrungen und Kompetenzen zu bieten haben. Diese Stoffsammlung hilft Ihnen, interessante und passende Stellen zu recherchieren, aussagekräftige Unterlagen zu gestalten und sich gut auf Jobinterviews vorzubereiten.

Das A und O: ein Zeitplan

Überlassen Sie es nicht dem Zufall oder Ihrer Stimmung, wie Sie vorankommen. Sondern planen Sie die einzelnen Schritte und integrieren Sie sie in Ihren Alltag. Warum erstellen Sie nicht einen Plan und legen Zeiträume fest, wann Sie

- offene Stellen recherchieren,
- telefonisch Kontakt mit Unternehmen aufnehmen,
- sich mit den Bewerbungsunterlagen beschäftigen.

Wenn Sie keinen eigenen Computer haben, sondern in die Agentur für Arbeit oder ein Internet-Café gehen müssen, planen Sie am besten ein paar feste Termine ein – sinnvoll über die Woche verteilt.

So könnte ein Zeitplan aussehen:
Mittwoch und Freitag: am Vormittag Stellen recherchieren, am Nachmittag telefonisch Kontakt aufnehmen, falls es Fragen gibt.
Samstagvormittag und -abend: Unterlagen für die ausgewählten Positionen erstellen (individuelles Anschreiben formulieren, Lebenslauf und Profil gegebenenfalls anpassen).

Wen könnten Sie ansprechen?

Überlegen Sie sich, wer Ihnen in Sachen Jobsuche helfen könnte, und werden Sie dann aktiv. Bereiten Sie sich gut vor und kontaktieren Sie die Leute, die Sie ausgewählt haben: Rufen Sie Ihre Bekannte oder den früheren Chef an, verabreden Sie sich mit der Ex-Kollegin oder klingeln Sie beim Nachbarn.

Informieren Sie sich über Veranstaltungen und Messen, die interessant für Sie sein könnten – und planen Sie Ihren Besuch fest ein.

Keine Zeit verlieren!

Wenn Sie interessante und passende Stellen ausgewählt haben, dann warten Sie nicht lange ab! Besorgen Sie sich die nötigen Infos (per Telefon oder über das Internet) und legen Sie dann sofort los:

- Markieren Sie die Anforderungen in der Anzeige.
- Überlegen Sie, welche Sie erfüllen und wie gut.
- Wählen Sie einige aus, die Sie präsentieren möchten.
- Entwerfen Sie ein maßgeschneidertes Anschreiben (▸ Frage 68 ff., Seite 72 ff.) und passen Sie Lebenslauf und Profil gegebenenfalls an.

Um sich selbst zu motivieren, können Sie sich etwa vornehmen, jede Woche mindestens fünf Bewerbungen zu verschicken. Wichtig ist, dass Ihr Ziel einerseits realistisch ist und Sie nicht überfordert, Sie aber andererseits anspornt.

12. Seriöse Firma: Wie erkenne ich, ob hinter einer Anzeige auch eine seriöse Firma steckt?

Nur an einer Anzeige lässt sich das leider nicht erkennen. Dennoch gibt es Anzeichen, bei denen Sie stutzig werden sollten: Ist der Firmenname nicht oder nur ganz vage angegeben? Gibt es nur eine Handynummer? Wird die Tätigkeit nicht näher bezeichnet oder nur ungenau beschrieben? Finger weg von absurd hohen Verdienstversprechen und von Anzeigen mit kostenpflichtiger Telefonnummer. Das ist ausnahmslos eine Abzocke!

Handynummer

Achtung: Kleinere Betriebe, beispielsweise Handwerksfirmen, bei welchen der Chef – und einzige Ansprechpartner – häufig unterwegs ist, geben oft die Mobilnummer an, damit sie erreichbar sind. Doch auch dann sollten die anderen Angaben der Firma ordentlich genannt sein.

Sieht eine Anzeige ordentlich aus und ist die Firma genannt, können Sie weitere Informationen im Web recherchieren.

13. Jobsuche im Internet: Wie finde ich denn im Netz freie Stellen?

Eine Möglichkeit sind Online-Stellenbörsen. Hier gibt es Universal-Jobbörsen, die Anzeigen unabhängig von Branche und Position anbieten, und spezielle Plattformen für Fach- und Führungskräfte oder für bestimmte Branchen. Marktführende Jobbörsen sind in der Regel auch international tätig, Sie können also auch im Ausland suchen. Auch die Agentur für Arbeit bietet einen Online-Stellenmarkt.

Zusätzlich sind die Websites von Unternehmen, Fachzeitschriften, Berufs- und Branchenverbänden sowie den Kammern eine gute Quelle.

So genannte Meta-Suchmaschinen (zum Beispiel jobrobot.de) sind besonders hilfreich: Diese suchen auf Ihre Anfrage hin im ganzen Netz nach Stellen und Sie bekommen sämtliche Ergebnisse auf einen Blick aufgelistet.

14. Online-Stellenmärkte: Nutzen Unternehmen wirklich diese Online-Jobbörsen?

Die meisten Firmen nutzen ihre eigene Website, um offene Stellen anzubieten. Natürlich gibt es auch etablierte Online-Jobbörsen (▸ Frage 153, Seite 134), oft finden Sie dort jedoch Beratungsunternehmen oder Zeitarbeitsfirmen.

Dass ein Personaler von sich aus nach Bewerbern sucht, kommt seltener vor. Ganz besonders dann, wenn sehr viele Initiativbewerbungen eingehen. Kleinere Betriebe, die sich den Verwaltungsaufwand ersparen möchten, sprechen schon mal von sich aus interessant erscheinende Bewerber an.

Und es kommt auch darauf an, welche Stelle besetzt werden soll. Wenn es um Fachkräfte oder eine spezialisierte Ausbildung und Erfahrung geht, wird eine aktive Recherche betrieben, bei »normalen« Jobs eher nicht.

15. Image von Zeitarbeit: Ist Zeitarbeit schlecht für meinen Lebenslauf?

Nein, überhaupt nicht! Zeitarbeit ist von den Anforderungen her sogar sehr anspruchsvoll: Man ist in verschiedensten Unternehmen tätig, muss sich flexibel in neue Arbeitsweisen und Themen einarbeiten und auch immer wieder mit neuen Kollegen zurechtkommen. Wenn Sie ein guter Zeitarbeiter sind, was für ein Unternehmen aus Ihren Zeugnissen und Ihren Antworten im Bewerbungsgespräch ersichtlich wird, beweisen Sie allein dadurch eine Menge wichtiger Qualitäten. Natürlich bedeutet die Tatsache, dass jemand für Zeitarbeitsunternehmen tätig war, noch lange nicht, dass die Person sich tatsächlich bewährt hat. Vielleicht hat das Unternehmen, bei dem Sie sich bewerben, auch negative Erfahrungen mit Zeitarbeitskräften gemacht und Sie müssen daher gegen Vorurteile ankämpfen. Zerstreuen Sie diese Vorbehalte, indem Sie Ihre Qualifikationen und Fähigkeiten klar formulieren.

Personaler kennen die oft schwierige Situation auf dem Arbeitsmarkt und werden es als Pluspunkt werten, wenn jemand zu einer Zeitarbeitsfirma geht, anstatt zu Hause zu sitzen.

16. Festanstellung bei Zeitarbeit: Gelte ich, wenn ich als Zeitarbeiter beschäftigt bin, als fest angestellt?

Laut dem Bundesverband Zeitarbeit Personal-Dienstleistungen e.V. (BZA) sind Zeitarbeitsunternehmen ganz normale Arbeitgeber, das heißt Sie bekommen als Mitarbeiter einen herkömmlichen Arbeitsvertrag (grundsätzlich unbefristet, manchmal auch befristet) und sind dort fest angestellt. Für das Arbeitsverhältnis gelten das allgemeine Arbeitsrecht, das gesamte Arbeitsschutzrecht, also auch das Kündigungsschutzgesetz, das Entgeltfortzahlungsgesetz, das Mutterschutzgesetz und andere. Leistungen der Unternehmen sind Kranken-, Unfall-, Renten-, Arbeitslosen- und Pflegeversicherung sowie bezahlter Urlaub.

17. Gehalt bei Zeitarbeit: Drücke ich mit Zeitarbeit nicht mein Gehaltsniveau, so dass ich bei späteren Bewerbungen viel niedriger einsteigen muss?

Als Zeitarbeitskraft werden Sie im Regelfall um einiges weniger verdienen als bisher. Bitte machen Sie nicht den häufigen Fehler, sich »ausgebeutet zu fühlen«, weil Sie sehen, dass die Zeitarbeitsfirma deutlich mehr vom Auftraggeber für Sie verlangt, als bei Ihnen ankommt. Die Zeitarbeitsfirma beschäftigt verschiedene Mitarbeiter, die zum einen neue Auftraggeber akquirieren und betreuen und zum anderen fähige Kräfte finden und auswählen. Ihr obliegt die ganze Verwaltung und Koordination des gesamten Mitarbeiterpools. Dazu kommen die normalen Abgaben, da Sie fest angestellt sind.
Ihr Gehaltsniveau für künftige Bewerbungen drücken Sie jedoch nicht! Denn das neue Gehalt ist nicht mit einem früheren Gehalt verbunden oder vergleichbar.

18. Personalvermittler: Sind Personalvermittlungen nicht nur etwas für höhere Positionen?

Personalvermittler gibt es für alle Berufe und Hierarchiestufen. Viele sind allerdings auf bestimmte Branchen oder Bereiche spezialisiert.

Möchten Sie von sich aus einen Personalvermittler ansprechen, dann senden Sie ihm eine normale, komplette Bewerbung. Der einzige Unterschied ist das Anschreiben: Es ist nicht speziell auf eine Firma ausgerichtet, trotzdem sollte daraus klar hervorgehen, welche Art von Position oder Unternehmen Sie suchen. Manchmal werden Sie zudem gebeten, einen Personalbogen auszufüllen. Sind Sie vom Profil und Ihren Vorstellungen her für den Vermittler interessant und glaubt er, Sie erfolgreich bei einem seiner Auftraggeber unterbringen zu können, wird es ein Vorstellungsgespräch geben.
Häufig landen Sie bei einer Personalvermittlung auch erst mal »nur« in der Kartei. Denn dort geht es immer auch darum, einen guten Pool an qualifizierten Leuten aufzubauen, um bei Bedarf schnell auf sie zurückgreifen zu können. Erwarten Sie daher bitte nicht, dass ein Personalvermittler Ihnen die ganze Arbeit abnimmt und es ausreicht, sich nur dort zu bewerben. Eine Personalvermittlung ist immer eine zusätzliche Möglichkeit bei der Stellensuche, aber die Hauptinitiative sollte von Ihnen ausgehen!
Adressen von Personalvermittlern finden Sie im Internet, im Branchenbuch oder in den Stellenmärkten der Zeitungen. Sehen Sie sich immer die Website an: So stellen Sie schnell fest, ob das Unternehmen einen guten Eindruck auf Sie macht und ob die Ausrichtung und Kundenstruktur überhaupt zu Ihren beruflichen Schwerpunkten passen.

19. Vermittlungskosten: Was kostet mich so ein Personalvermittler?

Für Sie als Bewerber entstehen keine Kosten: Bei erfolgreicher Vermittlung bekommt die Agentur von dem Unternehmen, das Sie eingestellt hat, eine vereinbarte Summe als Honorar.
Leider wird mit Arbeitslosigkeit auch eine Menge Missbrauch getrieben: Sofern ein Personalvermittler Sie zur Kasse bittet oder Sie merken, dass Ihnen jemand eine mehr als dubiose Stelle vermitteln will, um etwaige Provisionen zu kassieren, seien Sie lieber vorsichtig und wechseln Sie die Agentur!

20. Headhunter: Wie kommen Headhunter denn an die Namen von Leuten, zum Beispiel meinen?

Der Headhunter ist für höhere Hierarchien und spezialisierte Stellen unterwegs. Wenn Sie nicht gerade eine Koryphäe auf Ihrem Gebiet sind und man Sie weithin kennt, dann steckt dahinter meist ganz normale Recherche: Man ist durch Veröffentlichungen oder im Netz auf Sie aufmerksam geworden oder hat von jemandem aus Ihrer Branche von Ihnen gehört. Oft ist es reiner Zufall, wer angesprochen wird: Ein Headhunter ruft verschiedene Firmen mit gutem Renommee an oder wendet sich gezielt an ein Konkurrenzunternehmen seines Auftraggebers und lässt sich mit »dem Leiter der XY-Abteilung« oder ganz allgemein einer Fachabteilung verbinden. Selbstverständlich können Sie auch nachhelfen, wenn Sie sich erhoffen, ein gutes Angebot zu erhalten: Recherchieren Sie Headhunter/Personalberatungen, die in Ihrem Berufssegment tätig sind beziehungsweise deren Kundenstruktur die Branche widerspiegelt, in die Sie wechseln möchten, und senden Sie eine überzeugende Bewerbungsmappe dorthin.

21. Empfehlungen: Muss ich etwas Bestimmtes beachten, wenn ich mich auf eine Empfehlung hin bewerbe?

Zum einen ist es immer wichtig, dass Sie mit der Person, die das Bindeglied ist, absprechen, ob es ihr recht ist, dass Sie ihren Namen erwähnen. Das ist nicht unbedingt immer der Fall. Lassen Sie eine Empfehlung bitte nicht verpuffen, indem Sie sie generell anonymisieren (»Ich habe gehört, dass Sie jemanden für … suchen.«) oder überhaupt nicht darauf eingehen und die Referenz ganz unter den Tisch fallen lassen. Keinesfalls dürfen Sie eine Empfehlung erfinden oder hinter dem Rücken einer Kontaktperson damit hausieren gehen. Angenommen, Sie waren auf einer Party und haben dort den Inhaber einer Firma gesehen, aber nicht weiter mit ihm geredet. Nun eine Bewerbung zu schreiben und zu behaupten, »Ich kenne Herrn X«, könnte sehr negativ auf Sie zurückfallen.

22. Netzwerk: Überall heißt es, dass »Netzwerken« für Bewerbungen gut ist – aber was ist, wenn ich niemanden kenne?

Bitte lassen Sie sich durch das Wort »Netzwerken« nicht auf die falsche Fährte lenken: Es geht keineswegs nur um direkte Kontakte mit Firmeninhabern oder Menschen in Führungspositionen. Sondern um die Kommunikation mit verschiedensten Leuten, über die Sie vielleicht an einen neuen Job kommen. Und das kann jeder sein!

Ihr persönliches Netzwerk

Was spricht dagegen, sich bei früheren Kollegen zu melden und sie wissen zu lassen, dass Sie sich nach einer neuen Beschäftigung umsehen und für jeden Hinweis dankbar sind? Scheuen Sie sich auch nicht, einen ehemaligen Vorgesetzten zu kontaktieren. Wenn Sie den Leuten in positiver Erinnerung geblieben sind, werden sie sich auch gerne für Sie umhören oder Ihnen weiterhelfen.

Denn jeder hat ein eigenes Beziehungsnetz und kennt möglicherweise jemanden, der wiederum jemanden kennt, der …, oder hat davon gehört, dass im Nachbarunternehmen neue Mitarbeiter gesucht werden.
Überlegen Sie, wen Sie ansprechen möchten, und nutzen Sie die nächstbeste Gelegenheit, es zu tun. Erklären Sie, welche Art von Tätigkeit Sie suchen, und bitten Sie Ihren Gesprächspartner, sich für Sie umzuhören oder Sie zu informieren, falls ihm etwas zu Ohren kommen sollte.

23. Mundpropaganda: Netzwerken ist ja schön und gut. Aber was ist, wenn ich nicht möchte, dass jeder von meiner Suche weiß?

Tja, da heißt es abwägen: Sagen Sie lieber nichts und verpassen damit die Chance, schnell eine neue Stelle zu finden? – Bitte unterschätzen Sie nicht die Macht von Mundpropaganda. Ihr Nachbar kann einen Bekannten haben, der genau jemanden wie Sie sucht. Natürlich sollten Sie abwägen, mit wem Sie über Ihre Arbeitssuche (die übrigens kein Makel ist!) reden. Aber filtern Sie nicht zu stark.

Sagen Sie möglichst konkret, was Sie suchen. Es nützt wenig, wenn Sie andere wissen lassen: »Ich suche einen Job. Wenn du was hörst. Ich bin Ingenieur.« Mit vielen Berufsbildern können andere überhaupt nichts anfangen! Vielleicht verbindet man Sie mit einer bestimmten Branche. Hat eine Marketingfachkraft viele Jahre in einer Bank gearbeitet, ist sie in ihrem Freundeskreis möglicherweise unter »Banker« abgespeichert. Schade, wenn sie einfach eine neue Marketingstelle sucht, aber ihre Freunde nicht an sie denken, wenn sie von einer freien Stelle in einer anderen Branche hören.

24. Agentur für Arbeit: Hilft mir das Arbeitsamt auch, wenn ich nicht arbeitslos gemeldet bin?

Ja, Sie können sich beispielsweise detailliert über Berufsbilder informieren, sich dort gemeldete Stellen ansehen und Angebote ausdrucken. In vielen Arbeitsagenturen gibt es auch die Möglichkeit, Internet und Computer zu benutzen und Hilfestellung für Ihre Bewerbungen zu bekommen. Sehen Sie sich doch im Internet unter www.arbeitsagentur.de um oder spazieren Sie einfach mal in das Arbeitsamt Ihres Ortes.

25. Verbände: Nützen mir Verbände irgendwas oder helfen sie nur ihren Mitgliedern?

Ein Verband hat die Aufgabe, einen Berufsstand oder eine bestimmte Branche zu vertreten. Darum wird man Ihnen dort immer sehr gut weiterhelfen können, wenn Sie spezielle Auskünfte rund um Bewerbungen in deren Bereich brauchen. Die Mitgliedsunternehmen werden in Publikationen – heutzutage meistens auf der Website – aufgeführt und oft auch kurz porträtiert. Viele Verbände haben auch eine Plattform für freie Stellen. Fragen Sie, ob es ein Verbandsorgan gibt. Vielleicht können Sie dort ein Gesuch aufgeben.

Was Sie persönlich zu bieten haben

Die beste Grundlage, um sich überzeugend zu präsentieren und im Bewerbungsprozess gut zu bewähren, ist, sich selbst zu kennen und zu schätzen. Werden Sie sich Ihrer starken und schwachen Seiten bewusst, damit Sie hinter sich selbst stehen können.

26. Persönliche Kompetenzen: Es heißt oft, man solle mit seiner Persönlichkeit punkten. Doch wie finde ich meine persönlichen Kompetenzen heraus?

Mit persönlichen Kompetenzen sind die verschiedensten menschlichen Eigenschaften gemeint, die zu Ihrer Person gehören und Sie charakterisieren. Kurz: Es geht um die Frage, was für ein Mensch Sie sind. Ihre persönlichen Kompetenzen lassen sich beispielsweise daran erkennen,

- welche Stimmung Sie um sich verbreiten,
- wie Sie Ihre Aufgaben anpacken und wie Sie arbeiten,
- wie sehr man sich auf Sie verlassen kann.

Um Ihren persönlichen Kompetenzen auf die Spur zu kommen, können Sie so vorgehen:

- Beschreiben Sie sich in einem Satz: »Ich bin …«
- Schreiben Sie zehn positive Eigenschaften auf, die Sie Ihrer Meinung nach charakterisieren. Definieren Sie, was genau Sie damit meinen, und finden Sie konkrete Beispiele dazu.

Persönliche Kompetenzen sind etwa: sich selbst motivieren zu können, Fehler zugeben und mit Kritik gut umgehen zu können oder unangenehme Dinge konstruktiv anzusprechen.

Beispiel: Man kann sich auf mich verlassen, weil ich auch in hektischen Situationen ruhig bleibe und meine Arbeit erledige.

Lassen Sie sich nicht dazu verleiten, sich ein paar übliche Kompetenzen zurechtzulegen, um sie bei Bedarf ins Feld zu führen. Machen Sie sich lieber die Mühe, herauszufinden, was für ein Mensch Sie wirklich sind. Erst dann können Sie richtig sicher und authentisch auftreten.

Ihr Stellengesuch

Schritt eins: die Bestandsaufnahme

Immer, wenn man mit wenigen Worten viel sagen möchte, ist es wichtig, sich nicht gleich ans Formulieren zu machen, sondern mit Notizen zu beginnen. Nur so können Sie später das Wichtigste auswählen und verdichten.

- Worauf lege ich Wert im Berufsleben?
- Was gefällt mir an meiner jetzigen Stelle – und was nicht?
- Was genau suche ich in Bezug auf das Unternehmen, die Position (genaue Tätigkeit/Verantwortungsgrad), das »Drumherum« (Arbeitszeiten, Klima, Ausstattung ...)?
- Was möchte ich auf keinen Fall?

Was möchten Sie unbedingt über sich selbst sagen? Notieren Sie sich als Grundlage:

- Was kann ich (Stärken, Erfahrung, Know-how ...)?
- Welche Eigenschaften zeichnen mich aus?

Aus diesen Ergebnissen können Sie sich nun für Ihr Gesuch die wichtigsten Punkte herausgreifen.

Damit Ihr Gesuch auffällt

Sofern Sie in einem Printmedium inserieren, lohnt es sich, sich die Anzeigenseiten vorher anzusehen und herauszufinden, welche gestalterischen Möglichkeiten Sie nutzen können, um aus dem Meer der anderen Gesuche hervorzustechen. Zum Beispiel:

- Ihr Gesuch etwas größer drucken,
- eine Randanzeige machen (mit Umrahmung),
- eine pfiffige und aussagekräftige, größer gedruckte Überschrift wählen,
- Teile oder die gesamte Anzeige negativ drucken (Weiß auf Schwarz),
- den Text nicht quetschen.

Gesuche im Internet bieten weniger Gestaltungsfreiheit, da die Angaben in ein Formular eingetragen werden. Hier ist der Betreff elementar, weil dieser darüber entscheidet, ob der Personaler auf den Eintrag klickt, um mehr zu erfahren.

Aussagekräftig formulieren

Bei wenig Text zählt jedes Wort! Wählen Sie Begriffe, die aus dem üblichen Einerlei positiv hervorstechen und die auch zu Ihrer Persönlichkeit passen. Ein plakatives Versprechen wie »Ich steigere Ihren Umsatz« ist sehr selbstbewusst und muss dann auch eingehalten werden.

Sehen wir uns einige typische Fehler an, wie in Gesuchen oft Chancen vergeben werden:

1. Zu allgemein formuliert
Beispiel: »Suche neue Position in der Produktion.« Problematisch, weil die Firma das Gesuch keiner vakanten Stelle zuordnen kann, da Sie keine genauen Angaben über die gewünschte Position machen.

2. Fordern, fordern, fordern
Beispiel: »Ich suche … Ich lege Wert auf … Mir ist wichtig …« Problematisch, weil der Leser überhaupt nichts vom Bewerber erfährt und man nicht abschätzen kann, wie qualifiziert der Verfasser ist.

3. Platz vergeuden durch nichtssagende Wörter
Beispiel: »Sachbearbeiter, XX Jahre, kommunikativ und teamfähig, sucht eine neue interessante Herausforderung.« Problematisch, weil der Inserent kaum etwas über sich verrät und das Wenige in leere Begriffe und Floskeln verpackt.

4. Einen Schwerpunkt setzen, der nicht beabsichtigt ist
Im folgenden Beispiel sehen Sie sehr gut: Der Hinweis auf die IT-Branche ist nur sinnvoll, wenn der Inserent sich wieder in ein technisches Umfeld bewerben will. Möchte er aber auch andere Angebote, sollte er diesen Hinweis weglassen.

Wenig aussagekräftig	Besser
Vertriebsmitarbeiter, langjährige Erfahrung im Softwarebereich, ungekündigte Stellung, zuverlässig und flexibel, sucht neuen Wirkungskreis im Raum München.	**Ich steigere Ihren Umsatz!** Verkaufsstarker, erfahrener Vertriebler, beste Kontakte zur IT-Branche, sucht eigenen Kundenkreis im Raum München. Ich arbeite sehr selbstständig – Innen- und Außendienst.

27. Soft Skills: Ich lese immer »Soft Skills«. Was genau ist damit gemeint?

Soft Skills (»weiche Fähigkeiten«) ist einfach der englische Begriff für persönliche Kompetenzen. Sie werden von den so genannten Hard Skills abgegrenzt, all den fachlichen Kompetenzen, die sich messen lassen (zum Beispiel Noten, Fachwissen, formelle Ausbildung, Berufserfahrung oder Sprach- und PC-Kenntnisse). Ihre Soft Skills spielen eine zentrale Rolle: Denn wie sich jemand im richtigen (Arbeits-)Leben bewährt, hängt wesentlich von den persönlichen Kompetenzen ab.
Soft Skills werden häufig in drei Bereiche unterteilt.

- **Selbstkompetenz (Umgang mit sich selbst):**
  Etwa Selbstorganisation und -motivation, Belastbarkeit, Lernbereitschaft und -fähigkeit, Entscheidungsfähigkeit oder Eigenverantwortung.
- **Sozialkompetenz (Umgang mit anderen):**
  Zum Beispiel Kommunikationsfähigkeit, Empathie, Teamfähigkeit oder Konfliktfähigkeit.
- **Methodenkompetenz (Umgang mit Aufgaben):**
  Beispielsweise die Fähigkeit, Probleme anzupacken und zu lösen, Präsentations- und Moderationsfähigkeit oder pädagogisch-didaktisches Geschick.

28. Stärken: Was gilt eigentlich als Stärke?

Es lässt sich nicht allgemein definieren, was grundsätzlich und überall als Stärke gesehen wird. Natürlich gibt es eine Reihe persönlicher Kompetenzen, die grundsätzlich von Vorteil und gefragt sind. So werden beispielsweise Zuverlässigkeit und angenehme Umgangsformen bestimmt überall geschätzt.
Doch was letztendlich als Stärke gilt, kann sich von Unternehmen zu Unternehmen deutlich unterscheiden. So kann die Fähigkeit, sich selbst gut zu organisieren, konzentriert vor sich hinzuarbeiten und die Aufgaben strukturiert abzuarbeiten, in der einen Firma eine Stärke sein. Und in der anderen eine Schwäche, weil sehr oft spontane Meetings anfallen und Flexibilität und Multitasking gefordert werden.

Orientieren Sie sich deshalb lieber nicht an standardisierten Stärken-Schwächen-Listen, sondern machen Sie sich klar, wo tatsächlich Ihre starken Seiten liegen: Also welche Ihrer persönlichen Qualitäten besonders ausgeprägt sind und zu Ihrem bisherigen Erfolg beigetragen haben.

- Gehen Sie die Liste Ihrer persönlichen Kompetenzen (► Frage 26, Seite 31) durch und halten Sie fest, welche davon Sie besonders auszeichnen und sich als positiv erwiesen haben.
- Lassen Sie die einzelnen Stationen Ihres bisherigen Lebens Revue passieren und überlegen Sie, aufgrund welcher Persönlichkeitszüge Sie jeweils erfolgreich waren.
- Sehen Sie Ihre Arbeitszeugnisse durch und schauen Sie sich an, was erwähnt und hervorgehoben wird.
- Rufen Sie sich in Erinnerung, wofür Sie bisher Lob und Komplimente bekommen haben.

Es kann auch aufschlussreich sein, einmal die Perspektive zu wechseln und sich von außen zu betrachten. Versetzen Sie sich in die Lage Ihrer Kollegen oder Ihres Vorgesetzten und fragen Sie sich: Was finden Sie aus deren Perspektive gut an sich? Inwiefern sind Sie ein guter Kollege, eine gute Mitarbeiterin?

29. Keine Schwächen: Ich finde nicht, dass ich überhaupt richtige »Schwächen« habe – niemand ist perfekt, na und?

Wenn von Schwächen die Rede ist, sind nicht riesige Defizite gemeint, sondern all die kleineren oder größeren Unzulänglichkeiten. Und davon hat jeder Mensch welche.
Mit Schwächen sind gemeint:

- Fachliche Defizite und Lücken wie beispielsweise wenig oder keine praktische Erfahrung in einem bestimmten Bereich, geringe Sprachkenntnisse oder mangelhafte Kenntnisse eines bestimmten Computerprogrammes.
- Persönliche Schwachstellen wie beispielsweise Ungeduld mit sich selbst und anderen, starke Unsicherheit, Jähzorn, in stressigen Situationen kopflos werden oder Schwierigkeiten im Umgang mit Kritik.

Ob etwas als Defizit oder Schwäche gewertet wird, hängt vom beruflichen Aufgabenfeld und den Anforderungen ab. Vielleicht spricht jemand ganz wunderbares, sicheres Englisch, was ihn an einer Stelle auszeichnet. Für eine andere Position reichen diese Sprachkenntnisse dagegen nicht aus, etwa wenn es darum geht, spezielle Verhandlungen zu führen.
Und so finden Sie Ihre Schwächen heraus:

- Welche Eigenschaften stören Sie, in welcher Hinsicht möchten Sie »anders« sein oder müssten an sich arbeiten?
- Machen Sie sich klar, in welchen Bereichen Sie sich gerne ändern würden. Was würden Sie gerne besser können?
- Überlegen Sie, womit Sie bei anderen nicht so gut ankommen. Mit was für Menschen und Situationen tun Sie sich schwer? Wozu haben Sie negatives Feedback bekommen?
- Gibt es Fähigkeiten, die Sie momentan benötigen oder für eine andere von Ihnen angestrebte Position brauchen, aber noch nicht haben?

30. Nur Schwächen: Mir fallen lauter Sachen ein, die ich nicht kann – aber Stärken, damit tue ich mich schwer. Wie kann ich selbstbewusster werden?

Wenn es Ihnen schwer fällt, Ihre Qualitäten zu erkennen, fangen Sie am besten mit dem an, was Sie haben, sprich mit den Dingen, die Sie nicht so gut finden. Anstatt krampfhaft zu versuchen, Ihre starken Seiten zu sehen, könnten Sie alles aufschreiben, was Sie nicht können und nicht gut an sich finden, und sich dann intensiv mit den einzelnen Punkten befassen und sich fragen: Welcher positive Kern könnte sich hinter dieser Schwäche verbergen?
Beispiel: Meine Schwäche ist, dass ich zu perfektionistisch bin und immer zu viel mache.
Das steckt an Stärken drin:

- mein Anspruch, alles gut zu machen
- Sinn für Genauigkeit
- wenig Fehler, weil ich gut aufpasse, alles noch mal prüfe und an meinem Ergebnis feile

Es geht nicht darum, sich eine Schwäche schönzureden, sondern sie differenziert zu betrachten. Das hilft Ihnen einerseits dabei, selbstbewusster zu werden, und andererseits auch, sich zielgerichtet zu verbessern.
Finden Sie weitere Stärken heraus, indem Sie

- sich überlegen, was Ihnen leicht von der Hand geht, was Sie gerne machen, wofür Sie positives Feedback bekommen (haben) – mündlich oder in Zeugnissen,
- sich fragen, inwiefern Sie einen guten Beitrag zum Team leisten, das Betriebsklima positiv beeinflussen,
- die positiven Eigenschaften und Fähigkeiten, die Sie als »selbstverständlich« sehen, näher beleuchten: Ist es wirklich so, dass jeder Mensch, den Sie kennen, ein guter Zuhörer ist? Kann tatsächlich jeder mit links Dinge organisieren?

31. Selbstverständlichkeiten. Vieles ist für mich selbstverständlich, etwa dass ich meine Arbeit zuverlässig mache. Zählt das trotzdem als Stärke?

Ja, alles, was Sie für selbstverständlich halten, »zählt« nicht nur, sondern ist vielleicht sogar das Allerwichtigste. Denn viele Dinge, die oft als ganz normal und nicht der Rede wert gelten, sind im Arbeitsalltag von grundlegender Bedeutung.
Ein guter Personaler möchte möglichst viel über Sie und von Ihnen erfahren, um sich ein genaues Bild davon zu machen, wie Sie sich wahrscheinlich in der Arbeitspraxis verhalten und bewähren werden. Erwähnen Sie deshalb die grundlegenden Fähigkeiten und Kompetenzen, die Sie mitbringen, um die angestrebte Position tatsächlich gut ausfüllen zu können.
Wichtig: Es reicht nicht, sich zum Beispiel einfach als »zuverlässig, sorgfältig und belastbar« zu bezeichnen. Überlegen Sie sich lieber im Vorfeld, was genau Sie damit meinen und wie die jeweilige Eigenschaft in der Praxis aussieht. Dass Sie zuverlässig sind, könnte man beispielsweise daran erkennen, dass Sie Abgabetermine einhalten, nachfragen, wenn Sie alleine nicht weiterkommen, Fehler zugeben und korrigieren oder rechtzeitig um Hilfe bitten.

32. Standardaussagen: Jetzt habe ich öfter gelesen, dass man nicht schreiben soll, was alle schreiben. Aber was ist denn, wenn ich wirklich kommunikativ, flexibel und teamfähig bin?

Ja, tatsächlich jonglieren die allermeisten Bewerber mit diesen üblichen und allgemeinen Wörtern. Deshalb sind sie als nichtssagende Floskeln in Verruf gekommen und es wird Bewerbern davon abgeraten. Das heißt aber natürlich nicht, dass es grundsätzlich tabu ist, persönliche Eigenschaften wie Kommunikationsfähigkeit, Belastbarkeit oder Eigenverantwortung zu erwähnen. Schließlich sind das wichtige persönliche Kompetenzen und es gibt viele Menschen, die sie auch vorzuweisen haben!

Es kommt daher immer auf die Ausführung an: Ein Satz wie »Zu meinen persönlichen Qualitäten gehören Kommunikationsstärke, Flexibilität und Teamfähigkeit« ist natürlich nicht sehr aussagekräftig und individuell. Sie können sich viel geschickter, interessanter und überzeugender präsentieren, indem Sie Ihre persönlichen Kompetenzen beispielsweise

- in die Schilderung einzelner Stationen oder Aufgabenbereiche einflechten (zum Beispiel »Bei der Planung und Vorbereitung von internationalen Meetings konnte ich besonders mein organisatorisches Geschick und meine diplomatischen Fähigkeiten unter Beweis stellen«) oder
- umschreiben (zum Beispiel »Da ich sehr gut mit Menschen umgehen kann …« – statt »Ich bin kommunikativ«).

Durchdenken Sie derlei Aussagen in Ihrer Vorbereitung! Dann können Sie Ihre behaupteten Fähigkeiten mit einem Beispiel untermauern oder auch auf Nachfrage näher erklären, was Sie mit »diplomatischen Fähigkeiten« oder »gut mit Menschen umgehen können« denn nun genau meinen.

Alles, was Sie von sich behaupten, sollte sich auch in Ihrem Auftreten und Verhalten zeigen. Wenn ein Bewerber behauptet, er sei kommunikativ, sich aber im Gespräch alles aus der Nase ziehen lässt und den Blicken des Personalers ausweicht, dann passt der Inhalt nicht zur Realität.

Ihre fachlichen Stärken

Auch wenn persönliche Qualitäten eine große Rolle spielen, sind die fachlichen Voraussetzungen überaus wichtig. Um sich überzeugend präsentieren und auch Ihre Fachkompetenz gut vermitteln zu können, sollten Sie selbst genau wissen, was Sie zu bieten haben.

33. Fachliche Qualifikation: Was zählt denn überhaupt alles zu den fachlichen Qualifikationen?

Mit fachlicher Qualifikation ist alles gemeint, was Sie sowohl theoretisch als auch praktisch mitbringen, um die Aufgaben, die zum angestrebten Job gehören, gut erledigen zu können. Dazu gehören

- alles relevante Wissen, das Sie sich in Schule, Studium, Ausbildung und Weiterbildung angeeignet haben,
- die bisherigen praktischen Erfahrungen (auch im Rahmen von Ferienjobs oder Praktika),
- alle relevanten Fähigkeiten und Fertigkeiten (auch solche, die Sie in Ihrer Freizeit gelernt haben),
- alle (auch autodidaktisch erworbenen) Informationen, Kenntnisse und Hintergrundwissen.

34. Eigene Fähigkeiten: Wie finde ich heraus, was ich überhaupt kann?

Im Abschnitt »Was Sie persönlich zu bieten haben« haben Sie ja schon ab ▸ Frage 26 einige Ihrer Stärken ermittelt. Gehen Sie nun Ihre bisherigen Stellen und die angestrebte Position auf deren Anforderungen hin durch und leiten davon ab, was Sie tun, wissen und können mussten beziehungsweise müssen, um diesen Beruf gut auszufüllen.

Beispiel: Ein Vertriebsmitarbeiter kann seinen Beruf wie folgt »aufbrechen«: Kundenkontakt, Produktsicherheit, Preiskalkulation, Verwaltung, interne Abstimmung mit Kollegen. Diese Bereiche werden dann auf die Aufgabenstellung hin weiter konkretisiert. Kundenkontakt beinhaltet Kontaktanbahnung,

die alltägliche Kommunikation (telefonisch, persönlich) und Korrespondenz, Akquise, Verhandlungsführung, Präsentationen, Beschwerdemanagement etc.
Jeder dieser Bereiche erfordert bestimmte Eigenschaften, Kenntnisse und Fähigkeiten. Welche sind das jeweils?
Auf diese Art gehen Sie systematisch vor und werden feststellen, wie viel Sie fachlich vorzuweisen haben.
Diese Vorgehensweise ist besonders nützlich, wenn Sie in einen neuen Beruf oder eine andere Branche wechseln und Ihr Wissen und Ihre Fähigkeiten so präsentieren müssen, dass sie auf den neuen Bereich nahtlos übertragbar sind.

35. Ausreichende Erfahrung: Woher weiß ich, ob mein Fachwissen und meine Erfahrungen für die betreffende Stelle ausreichen?

Aus vielen Anzeigen geht recht klar hervor, welche konkreten Erwartungen das Unternehmen hat und welche Anforderungen an neue Mitarbeiter gestellt werden. Daher studieren Sie am besten die Anzeige intensiv und machen sich klar, inwieweit Sie die Erwartungen erfüllen können. Hier ist natürlich eine gesunde Selbsteinschätzung gefragt! Lassen Sie sich durch die genannten Kriterien nicht komplett verunsichern (▸ »Warum sind Unternehmen so unrealistisch?«, Seite 58 f.).
Wenn die Erwartungen prinzipiell passen und Sie sich diese Stelle aufgrund Ihrer Praxiserfahrung und Ihres Know-hows zutrauen, dann bewerben Sie sich. Wenn man erkennt, was Sie alles zu bieten haben, haben Sie eine reelle Chance auf eine Einladung, auch wenn Sie nicht alle Kriterien erfüllen.
Sind die Abweichungen jedoch zu groß (werden beispielsweise ein Hochschulabschluss plus mehrere Jahre einschlägiger Berufserfahrung als unbedingte Voraussetzungen genannt, Sie haben aber nicht studiert und bisher zwei Jahre lang in einem anderen Bereich gearbeitet), dann ist es höchstwahrscheinlich wenig sinnvoll, sich zu bewerben. Wenn Sie unsicher sind, ob Sie die Erwartungen erfüllen können, rufen Sie am besten im Unternehmen an und klären das ab.

36. Qualifikation bei Quereinstieg: Ich möchte die Branche wechseln, habe aber natürlich keine einschlägige Fachqualifikation. Was kann ich tun?

Dass Sie nicht über dieselben fachlichen Kompetenzen verfügen können wie jemand, der jahrelange Erfahrung in dem Bereich hat, ist klar. Umso wichtiger ist es, eindeutig herauszuarbeiten und zu vermitteln, welche anderen Fähigkeiten und Fertigkeiten Sie zu bieten haben, die für den angestrebten Job und Bereich wichtig und hilfreich sind. So können beispielsweise gute organisatorische Fähigkeiten oder Erfahrungen im Umgang mit Menschen wichtiger sein als einschlägige praktische Erfahrungen in der Branche.

37. Branchenwechsel: Welche Kenntnisse werden vorausgesetzt, wenn ich die Branche wechsle?

Wie viel spezifische Branchenerfahrung erforderlich und gewünscht ist, hängt stark vom jeweiligen Unternehmen und der Position ab. So gibt es Stellen, für die bestehende Branchenkontakte wichtig sind, während sie für andere Tätigkeiten gar keine Rolle spielen. Und es gibt Unternehmen, die grundsätzlich lieber Branchenkenner einstellen und wenig Interesse an Quereinsteigern haben. Für manche Positionen ist eine einschlägige Ausbildung einfach ein Muss.

Als Quereinsteiger sollten Sie

- sich persönlich für die Branche interessieren (also nicht nur einen Wechsel anstreben, weil die Branche gerade »in« ist oder offene Stellen anbietet),
- sich Basisinformationen über die Branche verschaffen (etwa in der einschlägigen Fachpresse oder im Wirtschaftsteil von Tageszeitungen),
- Ihre fachlichen wie persönlichen Qualitäten kennen und vermitteln können, warum diese branchenunabhängig und überall gefragt sind. »Übersetzen« Sie für den Personaler Ihre Erfahrungen und Fähigkeiten, zeigen Sie, inwieweit diese auf die neue Branche übertragbar sind, und lassen Sie ihn nicht mit Ihrem fachfremden Lebenslauf allein.

38. Fehlende Kenntnisse: Muss ich vorher etwas lernen, wenn ich weiß, dass ich es nicht kann, aber brauchen werde (etwa Englisch) – oder geht das auch noch nachher, wenn ich eine Stelle habe?

Ob es möglich ist, sich fehlende Kenntnisse später anzueignen, wenn Sie den Job bereits ausüben, hängt von der Stelle und den Erwartungen des Unternehmens ab. Wenn Sie von Tag eins an in englischer Sprache schreiben und korrespondieren müssen, sind die mangelnden Sprachkenntnisse natürlich ein K.-o.-Kriterium. Sind die Anforderungen nicht so hoch oder bekommen Sie bestimmte Aufgaben erst später zugewiesen, kann es durchaus in Ordnung sein, wenn Sie die Defizite zu diesem Zeitpunkt angehen.

Meistens ist es gar nicht möglich, die fehlenden Kenntnisse auf die Schnelle nachzuholen. Sie sollten sich jedoch Gedanken darüber machen und sie nicht einfach unter den Tisch kehren oder herunterspielen. Vermitteln Sie in einem Vorstellungsgespräch stattdessen glaubwürdig, dass Sie Ihre Defizite möglichst schnell ausgleichen werden.

Grundsätzlich ist es aber immer besser, wenn Sie mit dem Aufpolieren beziehungsweise Aneignen wichtiger Kenntnisse und Fähigkeiten nicht warten, bis Sie eine Stelle erhalten – ganz nach dem Motto: »Das kann ich dann ja immer noch machen.« Ein Unternehmen wird immer den Bewerber vorziehen, der relevantes Know-how mitbringt.

Halten Sie Wort

Wenn Sie im Bewerbungsgespräch versprechen, dass Sie sich eine Fähigkeit schnell aneignen werden, wenn Sie die Stelle bekommen, dann ist es elementar, dass Sie Ihren Teil der Vereinbarung auch einhalten! Es wird Ihnen beruflich schaden, wenn Sie als neuer Mitarbeiter, sobald Sie eine Stelle »im Sack haben«, plötzlich keinerlei Anstalten mehr machen, das Defizit wie versprochen auszugleichen.

Außerdem bringt es Ihnen Pluspunkte ein, wenn Sie im Gespräch schon verkünden können: »Mein Englisch ist leider nicht mehr so gut, weil ich es die letzten Jahre im Beruf gar nicht gebraucht habe. Ich mache aber zur Zeit einen Intensivkurs, seit einem halben Jahr an zwei Abenden, und merke, dass ich schnell wieder reinkomme.«

39. Wenig PC-Erfahrung: Ich habe nicht viel Erfahrung mit dem PC – ist das ein K.-o.-Kriterium?

In sehr vielen Positionen gehören gute oder sehr gute PC-Kenntnisse zum ganz normalen Handwerkszeug – und keine oder geringe Kenntnisse sind tatsächlich ein K.-o.-Kriterium! Das lässt sich inzwischen auch nicht mehr an Branchen festmachen. Auch der Handwerker vor Ort ist häufig mit moderner Technik ausgestattet und schickt Berichte oder Bestellungen an den Innendienst oder die Servicezentrale.
Wenn Sie einen Bürojob anstreben, gehört die Beherrschung des PCs grundsätzlich dazu. Übrigens wird dabei nicht nur darauf geachtet, ob Sie mit der Technik umgehen können, sondern auch, wie es um Ihre Schreibfertigkeiten bestellt ist. Ein Sachbearbeiter beispielsweise muss seine Korrespondenz in der Regel selbst erledigen. Es ist für ein Unternehmen nicht wirtschaftlich, wenn jemand im Adler-such-System Briefe schreibt und dafür deutlich länger braucht als jemand, der das Zehnfingersystem beherrscht. Es gilt: Wenn Sie wenig PC-Erfahrung haben, aber einen Job anstreben, in dem der Computer ein wichtiges Arbeitsmittel darstellt, dann sollten Sie schleunigst anfangen, sich gute PC-Kenntnisse anzueignen.
Übrigens trifft das auch für höhere Positionen zu. Es gibt tatsächlich arbeitslose Manager, die sich immer auf die eigene Sekretärin verlassen haben und nun glauben, auch weiterhin völlig ohne PC-Kenntnisse durchzukommen: Zu kurzsichtig gedacht. Gerade im mittleren Management der Unternehmen wird immer mehr rationalisiert und ganze Ebenen fallen weg. Eine eigene Sekretärin werden hier nur noch die wenigsten Führungskräfte für sich beanspruchen können.

Wie viel Geld darf's denn sein?

Wie sieht der allgemeine Gehaltslevel aus?

Sie können Leute fragen, die den von Ihnen angestrebten Beruf ausüben oder in der Personalabteilung tätig sind und daher wissen, welche Gehaltsrange üblich ist. Sie können sich auch an Berufs- oder Branchenverbände wenden. Oder Sie nutzen das Internet für Ihre Recherche: Es gibt zahlreiche Gehaltstabellen online.

Ihr Muss- und Wunschgehalt

Schritt 1: Der Kassensturz
Rechnen Sie Ihre Fixkosten zusammen. Dazu zählt alles, was Sie zum Leben brauchen (Miete, Versicherungen, Telefon, Auto, Kreditraten, Lebensmittel und so weiter). Gehen Sie dabei realistisch vor und denken Sie an wichtige Puffer (Kleidung für die Kinder, Unterhalt für Haustiere ...). Das ist der Muss-Betrag, den Sie zum Leben brauchen. Darunter dürfen Sie auf keinen Fall gehen! Das bedeutet auch, dass Sie keine flexiblen Gehaltsbestandteile annehmen dürfen, die Sie unter diese Existenzgrenze bringen.

Schritt 2: Der Wunsch-Aufschlag
Nun ermitteln Sie den Aufschlag, der dann mit dem Muss-Betrag Ihr Wunschgehalt ergibt. Haben Sie ein besonderes Hobby? Gehen Sie gern und viel aus? Möchten Sie im Urlaub öfter aufwendig verreisen?

Es ergibt sich: **+ Lebenshaltungskosten**
+ Wunschbetrag

= Gehaltsvorstellung

Sie finden im Netz übrigens auch Brutto-Netto-Gehaltsrechner. Das ist hilfreich, da Gehaltsvorstellungen üblicherweise brutto angegeben werden, Ihre ermittelte Gehaltsvorstellung aber Ihrem Nettogehalt entspricht.

Schritt 3: Die Zugeständnisse vorbereiten

Zu einer guten Vorbereitung gehört, dass Sie sich genau darüber klar werden, was Ihr Wunschgehalt, aber auch, was Ihr Minimum ist. Außerdem sollten Sie zuvor ausloten, inwieweit Sie variablen Gehaltsbestandteilen zustimmen möchten, und auch, wie Sie etwaige Zusatzleistungen bewerten, das heißt wie sich etwa eine kostenfreie Kantine, die Ihnen Geld spart, auf Ihre Gehaltsvorstellung auswirkt.

Variable Gehaltsbestandteile/Zusatzleistungen können beispielsweise sein:

- Bonuszahlungen (Team-/Individualboni)
- Firmenwagen
- Fortbildungen
- Weihnachtsgeld
- Urlaubsgeld
- Essenszuschuss oder Kantine
- Direktversicherung
- betriebliche Altersversorgung
- Kinderbetreuung (vorhanden oder Zuschuss)
- Mietbeihilfen
- Aktienoptionen
- Fahrgeldzuschuss, Bahncard oder Ähnliches
- 13 oder 14 Monatsgehälter
- vermögenswirksame Leistungen
- Umzugskosten/Heimfahrten

Nur wenn Sie sich Ihres Verhandlungsspielraums bewusst sind, können Sie im Gespräch spontan und richtig entscheiden und kennen außerdem Ihre absoluten Grenzen.

Denken Sie immer daran, dass Sie Ihren Gehaltswunsch auch begründen müssen.

Überlegen Sie sich also lieber im Vorfeld, welche Gründe Sie anführen werden, warum Sie dieses Geld wert sind. Es genügt nicht, einfach auf »XY Jahre Berufserfahrung« oder den Branchendurchschnitt hinzuweisen, sondern es kommt darauf an, was Sie für die Firma leisten können.

Keine Angst vor Hürden

Sich zu bewerben ist nicht unbedingt einfach. Aber was für Hindernisse sich Ihnen auch in den Weg stellen, es gibt Mittel und Wege, aktiv und konstruktiv damit umzugehen.

40. Hohe Kosten: Bewerben ist so teuer. Was soll ich machen, wenn ich kein Geld habe?

Es stimmt, dass komplette Bewerbungsunterlagen, die Sie per Post verschicken, stark ins Geld gehen: Da kann ein einziges Exemplar mehr als 6 Euro kosten – und das ist die Ausführung mit dem billigsten Material.

Allerdings gibt es mittlerweile so viele verschiedene Wege, sich zu bewerben, dass für jeden Geldbeutel etwas dabei ist! Wichtig ist, dass Sie auf jeden Fall aktiv werden und die Sache anpacken. Denn wer sich nicht oder nur »tröpfchenweise« bewirbt, wird kaum eine neue Stelle bekommen oder zumindest sehr lange darauf warten.

Wenn Sie wenig Geld haben, können Sie Folgendes tun:

- Bringen Sie Ihre Bewerbungsunterlagen persönlich vorbei. Recherchieren Sie Firmen, die in Ihrer Nähe sind, und machen Sie dann einen Rundgang, um Ihre Bewerbungen gleich bei mehreren Unternehmen abzugeben, zum Beispiel in großen Bürogebäuden oder Gewerbegebieten. Gehen Sie auch auf Recruitingveranstaltungen, Tage der offenen Tür oder Messen in der näheren Umgebung, verteilen Sie dort Ihre Unterlagen und knüpfen Sie persönliche Kontakte.
- Bewerben Sie sich per Kurzbewerbung (▸ Frage 58 f., Seite 63 f.) oder online (▸ Seite 123 ff.).
- Stellen Sie sich bei Personalvermittlern vor oder auch bei Zeitarbeitsfirmen. Beide sind gute Multiplikatoren beziehungsweise bieten immer wieder die Chance, einen Fuß in die Tür zu bekommen.
- Aktivieren Sie Ihr persönliches Umfeld (▸ Frage 22, Seite 29, ▸ Frage 23, Seite 29).
- Bewerben Sie sich telefonisch.

Tipp: Sie können Bewerbungskosten auch beim Finanzamt absetzen. Und denken Sie an die Agentur für Arbeit: Teilweise werden Bewerbungs- und Reisekosten erstattet.

41. Schulenglisch: Oft verlangen Firmen gutes Englisch. Meine Englischkenntnisse stammen aber noch aus Schulzeiten. Kann ich mich dann überhaupt bewerben?

Das hängt von der Position und den damit zusammenhängenden Aufgaben ab: Sofern Kontakt mit dem Ausland dazugehört, ist es natürlich wichtig, die Sprache sehr gut zu sprechen. Je nach Tätigkeit kann perfektes und verhandlungssicheres Englisch eine absolute Voraussetzung sein. Und in internationalen Firmen ist die Unternehmenssprache häufig Englisch, das heißt, dass englische E-Mails und Telefongespräche mehr oder weniger an der Tagesordnung sind. Gerade was Sprachkenntnisse angeht, gibt es oft auf beiden Seiten wenig Klarheit. Manche Firmen pochen auf Fremdsprachenkenntnisse, obwohl diese nur sehr selten gefragt sind. Und auch Bewerber schätzen sich selbst oft völlig falsch ein. Wenn Sie nicht sicher sind oder einfach zu wenig Informationen darüber haben, ob Ihr Schulenglisch ausreicht, dann bewerben Sie sich und geben an, wie gut Ihre Sprachkenntnisse sind. Oder Sie rufen vorher an und fragen nach.

42. Berufsanfänger: Ich bin Berufsanfänger. Jede Firma will aber Leute mit Berufserfahrung. Wie soll ich die denn bekommen, wenn mir keiner eine Chance gibt?

Anstatt sich über die Unfairness von Firmen zu beklagen, versetzen Sie sich einmal in deren Lage: Natürlich hat es enorme Vorteile, jemanden einzustellen, der schon praktisch gearbeitet hat und nicht direkt von der Schule oder vom Studium kommt. Wer bereits einige Jahre in entsprechender Position oder zumindest in der Branche tätig war, ist viel schneller einsatzfähig und kann von Anfang an selbstständiger arbeiten.

Erwähnen Sie in Ihrem Lebenslauf unbedingt jede Art von praktischer Erfahrung: Nebenjobs, Praktika, Aushilfe im elterlichen Betrieb oder Ähnliches. Auch wenn es sich um eine Tätigkeit als Barkeeper oder ein Landwirtschaftspraktikum handelt und beides für einen Bürojob auf den ersten Blick irrelevant erscheint: Es zählt als Berufserfahrung! Auch ein Ehrenamt ist relevant.
Gehen Sie auch im Anschreiben auf Ihre praktischen Erfahrungen ein. Sie können Ihre Fähigkeiten »übersetzen«, indem Sie die Kenntnisse und Fertigkeiten, die Sie sich etwa als Barkeeper erworben haben, klar herausstreichen: Sie haben gelernt, auch unter Druck schnell zu arbeiten, mit den unterschiedlichsten Menschen umzugehen und sich gut zu organisieren. So sieht man, dass Sie sich Gedanken machen und einen guten Einblick in die Position haben.

Zur Probe

Wenn Sie sich schwer tun, direkt eine Festanstellung zu bekommen, dann bewerben Sie sich zunächst um Praktika, um Berufspraxis zu erhalten. Oder bieten Sie an, auf Probe zu arbeiten. Auf diesen beiden Wegen beweisen Sie dem Unternehmen direkt, was Sie alles können.

43. Abgebrochenes Studium: Ich habe mein Studium nicht abgeschlossen – macht das nicht einen schlechten Eindruck?

Natürlich ist ein abgebrochenes Studium immer etwas, was die Aufmerksamkeit auf sich zieht und Fragen aufwirft. Ganz klar, denn irgendetwas ist passiert, und die Firma interessiert sich für die Hintergründe: Haben Sie eine falsche Studienwahl getroffen, sich vor den Prüfungen gedrückt, sich nicht genügend angestrengt oder war es Ihnen zu schwer? Steckte eine andere Motivation hinter Ihrer Entscheidung? – Für einen Versager wird man Sie nicht gleich halten. Aber natürlich gibt es Personaler, für die ein abgebrochenes Studium als K.-o.-Kriterium gilt, weil der Bewerber etwas nicht durchgezogen hat.

Gleichzeitig gibt es aber auch Personalentscheider, die einem Studienabbruch nicht viel Bedeutung beimessen. Für die jedoch durchaus relevant ist, wie und ob der Bewerber seine Entscheidung begründet und vor allen Dingen, wie er dazu steht. Es gilt also, die Verantwortung für den eigenen Weg zu übernehmen und zu beweisen, was Sie auf dem Kasten haben. Fragen Sie sich daher:

- Was genau waren meine Gründe für den Abbruch? Wie war die damalige Situation?
- Wie sehe ich diese Entscheidung heute?

Wenn Sie es nachträglich bereuen, das Studium nicht beendet zu haben, dann sagen Sie das ruhig. Aber auf eine Art, die zeigt, dass Sie reflektieren und über ein gesundes Maß an Selbstkritik verfügen.

44. »Gebärfähiges« Alter: Habe ich als Frau im besagten Alter überhaupt noch eine Chance?

Natürlich! Sicherlich gibt es Firmen, die Bedenken haben, Frauen im gebärfähigen Alter einzustellen – vor allem kleinere, da es für sie eine große Belastung darstellt, wenn eine Mitarbeiterin für eine bestimmte Zeit ausfällt und »kostet«. Das hat nichts mit Kinderfeindlichkeit zu tun.

Für die meisten Unternehmen ist es jedoch kein Hinderungsgrund. Zwar erfährt man aus den Medien oft, dass die Chancen gering sind, man kennt einen Fall im Bekanntenkreis oder tut sich selbst gerade schwer, eine Anstellung zu finden. Aber auf der anderen Seite gibt es auch unzählige Frauen dieser Altersklasse, die erfolgreich ihren Job wechseln.

45. Hausmann: Ich bin »Hausmann« und kümmere mich um unser kleines Kind. Jetzt will ich wieder einsteigen. Werde ich jetzt Probleme bekommen?

Mag sein, dass Sie in Einzelfällen jemanden vor sich haben, der Sie etwas belächelt. Doch das sind Ausnahmen. Vermutlich wird man eher neugierig sein oder Sie beneiden, weil Sie Ihr Kind aufwachsen sehen.

Gekonnt anbringen

Wenn Sie sich über Ihre Beweggründe im Klaren sind und es zu Ihnen passt, können Sie Ihre Erfahrungen als »Hausmann« auch wunderbar für das Vorstellungsgespräch nutzen. Schildern Sie, inwiefern Sie persönlich davon profitiert und sich weiterentwickelt haben. Das kann ein absoluter Pluspunkt für Sie sein.

Rechnen Sie auf jeden Fall damit, dass man Sie fragt. Aus persönlicher Neugier und um Details darüber zu erfahren, was genau das »Kümmern« alles umfasst. Und um herauszufinden, ob Sie nach der Auszeit noch beruflich up-to-date sind (gerade in Bereichen, die sich schnell verändern, zum Beispiel der IT-Branche, kann es ein Problem sein, wenn Sie nicht am Ball geblieben sind) und wie die Kinderbetreuung geregelt ist. Ob Sie nun tauschen und die Mutter Ihres Kindes zu Hause bleibt. Oder ob Sie sich weiterhin alleine kümmern (und ob sich dadurch gewisse zeitliche Einschränkungen ergeben).
Bereiten Sie sich gut auf diese Frage und alle damit zusammenhängenden Themen vor, damit Sie offen und ohne aggressiv zu werden Ihren Standpunkt erklären können.

46. Zu alt: Ich bin 35. Darf ich mich trotzdem bewerben, auch wenn eine Firma schreibt, sie möchte nur Bewerber bis 30?

In Deutschland wurde im Sommer 2006 das »Antidiskriminierungsgesetz« (eigentlich: Allgemeines Gleichbehandlungsgesetz, AGG; ▸ Seite 250) verabschiedet. Darum werden Sie derlei Anzeigen künftig wohl gar nicht mehr lesen.
Aber die Frage bleibt natürlich dennoch wichtig, denn es kann jederzeit vorkommen, dass Sie mit dem Thema »jüngeres Team« konfrontiert werden. Wenn ein Firmenchef gerne einen neuen Mitarbeiter in einem bestimmten Alter hätte, dann kann das einfach daran liegen, dass er sich davon eine leichtere Integration in das bestehende Team verspricht. Oder

vielleicht ist der Vorgesetzte jünger und befürchtet Probleme, wenn einer seiner Mitarbeiter deutlich älter ist als er selbst. So oder so: Lassen Sie sich nicht abschrecken. Erst recht nicht, wenn Sie nur ein paar Jährchen älter sind. Und auch sonst können Sie jederzeit Ihr Glück versuchen: Wenn Sie die fachlichen und persönlichen Anforderungen erfüllen und sich offen, sympathisch und »auf Zack« präsentieren, spielt das Alter wirklich eine zweitrangige Rolle.

Seien Sie aber auch ehrlich mit sich selbst und denken Sie an Chef und Kollegen: Wenn der Altersunterschied sehr groß ist, können Sie vielleicht mit diesen nicht wirklich etwas anfangen oder fühlen sich richtig unwohl. Das kann einfach der Fall sein, wenn Sie 35 sind und alle anderen Anfang 20.

47. 40 plus: Ich bin über 40 und etwas verunsichert. Stimmt es wirklich, dass ich in dem Alter keinen Job mehr bekomme?

Lassen Sie sich durch solche Statements nicht verunsichern. Es ist keineswegs richtig, dass man mit 40 schon zum alten Eisen gehört! Würde man alles für bare Münze nehmen, was man hört und liest, dürfte eigentlich niemand mehr Arbeit finden: Die jungen Leute, weil sie Berufseinsteiger sind und noch keine Erfahrung haben, Menschen in den 30ern, weil sie möglicherweise eine Familie gründen werden, und Bewerber ab 40, weil sie zu alt sind. Das entspricht keineswegs der Realität!

Es gibt viele Jobs, bei denen Lebenserfahrung erwünscht ist. Kürzlich fand eine Studie sogar heraus, dass ältere Bewerber meistens jüngeren vorgezogen werden, wenn denn Bewerbungen der höheren Semester überhaupt eingehen. Und das ist eine wichtige Botschaft: Lassen Sie sich durch negative Statements und Ihre Befürchtungen niemals dazu verleiten, sich erst gar nicht oder nur halbherzig zu bewerben! Achten Sie lieber darauf, dass Sie in Ihren Unterlagen und im Interview nicht defensiv wirken, weil Sie mit Gegenwind rechnen oder unterstellen, sowieso keine Chance zu haben! Konzentrieren Sie sich besser auf eine gute Selbstpräsentation.

48. Überqualifiziert: Von meiner Ausbildung und meiner Berufspraxis her bin ich überqualifiziert. Warum sind Firmen nicht einfach froh darüber, dass ich mehr kann?

Weil die Angst da ist, dass Sie nach der anfänglichen Euphorie schnell unterfordert und unzufrieden sind. Dass Sie sich, wenn Sie mal Führungskraft waren, schwer tun, nicht mehr den Chef herauszukehren, normales Teammitglied zu sein und sich von anderen etwas sagen zu lassen. Dass Sie sich für bestimmte Aufgaben »zu schade« sind. Und vor allen Dingen, dass Sie in kürzester Zeit eine neue Tätigkeit fordern oder kündigen. Dann müsste die Firma wieder mit der Suche beginnen, hätte Zeit und Energie in Ihre Einarbeitung gesteckt.

Fragen Sie sich ehrlich, ob Sie sich in der Stelle, für die Sie sich beworben haben, wirklich wohl fühlen würden. Häufig ist man zwar enttäuscht, wenn man eine Absage mit dem Hinweis auf Überqualifizierung bekommt, muss aber im Rückblick einräumen, dass sie einen vor einem echten Fehler bewahrt hat.

Wenn Sie an einer Stelle wirklich interessiert sind, sollten Sie Ihre Bewerbung so gestalten, dass Ihre Überqualifizierung nicht sofort deutlich wird, zum Beispiel durch eine clevere Gestaltung Ihres Lebenslaufs (▸ Frage 96, Seite 100). Viele Bewerber machen übrigens den Fehler, sich im Anschreiben selbst über den Klee zu loben und ihre Positionen künstlich aufzublähen, so dass sie überqualifiziert wirken.

49. Gehaltsabstriche: Bisher habe ich ziemlich gut verdient. Ich bin bereit, für weniger zu arbeiten. Soll ich mein bisheriges Gehalt angeben?

Das bisherige Gehalt anzugeben ist hier nicht ratsam, weil der Empfänger dann davon ausgeht, dass Sie diese Summe auch weiterhin verdienen möchten. Bessere Möglichkeiten sind

- das Thema Gehalt auf das Bewerbungsgespräch zu verschieben und im Anschreiben einen Satz wie »Meine Gehaltsvorstellungen würde ich gerne persönlich mit Ihnen besprechen« anzubringen,

- Ihre Gehaltsvorstellungen für die Zukunft anzuführen, also die Summe, die Sie auf jeden Fall weiterhin verdienen möchten (und müssen),
- die Sache zu thematisieren und im Anschreiben explizit anzusprechen, dass das Finanzielle für Sie nicht die Hauptrolle spielt, sondern andere Gründe dominieren.

Wenn für den Empfänger klar ist, dass Sie bisher ziemlich viel verdient haben müssen (etwa aufgrund der Position oder des Arbeitgebers, der für hohe Gehälter bekannt ist), sollte schon aus der Bewerbung hervorgehen, warum Sie diesen »Abstieg« in Kauf nehmen möchten.

50. Quereinsteiger: Ich möchte den Beruf wechseln. Werde ich nicht sofort aussortiert, wenn man meinen Lebenslauf sieht?

Natürlich kann das passieren – ganz besonders in Zeiten, in denen es viele Bewerber gibt. Allerdings können Sie sich als interessanten Kandidaten präsentieren, wenn Sie Ihre Bewerbung geschickt formulieren, indem Sie

- in Ihrem Anschreiben Ihre Qualitäten verdeutlichen,
- die für die angestrebte Stelle relevanten persönlichen und fachlichen Qualitäten hervorheben,
- Ihre bisherigen Erfahrungen aus der vorherigen oder einer früheren Stelle »übersetzen«, also den Personaler nicht mit der Interpretation alleinlassen, sondern zeigen, wie sie auf die neue Position übertragbar sind,
- Ihre Motivation für den Wechsel in den neuen Bereich deutlich und nachvollziehbar machen,
- Ihren Lebenslauf korrekt wiedergeben, aber nicht das Rampenlicht auf die Fremdqualifizierung richten und diese betonen (▸ Frage 96 f., Seite 100 f.),
- eventuell ein Tätigkeitsprofil zu Hilfe nehmen, um Ihre »Universal«-Qualifizierung deutlich zu machen und herauszustellen (▸ Frage 95, Seite 100),
- hervorheben, was Sie im Gegensatz zu Ihren Mitbewerbern an Erfahrungen bieten können.

Lassen Sie sich nicht verunsichern, wenn Sie häufig Absagen bekommen. Das liegt in der Natur der Sache: Es gibt meist nur eine Stelle zu besetzen. Und dass Sie als Quereinsteiger hinter den Bewerbern mit einschlägiger Ausbildung und vielen Jahren Berufserfahrung rangieren, ist einfach klar.
Haben Sie keine einschlägige Ausbildung, kaum Erfahrungen und auch nicht wirklich etwas für die angestrebte Stelle vorzuweisen, dann sind Ihre Chancen höchstwahrscheinlich gleich null. Überdenken Sie Ihr Berufsziel gründlich oder gleichen Sie die Defizite zum Beispiel durch eine Fortbildung aus, bevor Sie sich bewerben.

51. Jobhopper: Ich bin in meinen letzten Stellen nicht so lange geblieben, aus unterschiedlichen Gründen. Bekomme ich jetzt das »Jobhopper«-Etikett?

Gut möglich. Aber es ist müßig, darüber zu spekulieren: Denn Ihr Werdegang ist so, wie er nun mal ist. Daran lässt sich nichts ändern. Die eigentlich relevante Frage lautet: Gehören Sie zu den Menschen, die es überall nur kurz aushalten – entweder weil ihnen langweilig wird, sie Schwierigkeiten bekommen oder einfach das Handtuch werfen? Oder haben sich die häufigen Wechsel durch verschiedene Umstände ergeben, die Sie vielleicht überhaupt nicht beeinflussen konnten?
Dass ein Personalentscheider nicht gerade begeistert ist, wenn ein Bewerber alle paar Monate gewechselt hat, dürfte klar sein: Denn Firmen brauchen Mitarbeiter, die verlässlich einsetzbar sind und nicht nach der Einarbeitungszeit gleich wieder gehen. Das ist nicht nur eine Kostenfrage, sondern hat weitreichende Folgen für das bestehende Team und je nach Position auch Auswirkungen auf die Kundenbeziehungen und die Außenwirkung des Unternehmens.
Halten Sie sich also nicht damit auf, darüber nachzugrübeln, wie Ihr Lebenslauf wohl ankommen wird, sondern kümmern Sie sich lieber darum, sich überzeugend und individuell zu bewerben. Und machen Sie sich darauf gefasst, dass man Sie im Bewerbungsgespräch auf Ihr »Jobhopping« ansprechen wird.

Flucht nach vorn

Ist Ihr Lebenslauf extrem bewegt, dann gehen Sie am besten in die Offensive. Waren Sie überall nur kurz tätig und bestätigen die Zeugnisse, dass Sie immer selbst gekündigt haben (beziehungsweise – was die Angelegenheit noch schwieriger macht – Ihnen immer gekündigt wurde), dann hilft oft nur, schon im Anschreiben die Flucht nach vorn anzutreten und die Hintergründe überzeugend zu erklären.

52. »Starke Frau«: Mir scheint, dass Männer ein Problem mit starken Frauen haben. Wird mir deshalb so oft abgesagt?

Hüten Sie sich vor solchen Interpretationen: zu stark, zu alt, zu schön, zu dick, zu klug … Wenn Sie sich auf solche Unterstellungen einlassen, verlieren Sie schnell den ehrlichen und kritischen Blick auf sich selbst: Auf die Auswahl der Stellen, auf die Sie sich bewerben, auf die Qualität Ihrer Bewerbung und auf Ihre Selbstpräsentation.
Natürlich kann es passieren, dass Sie einen Job nicht bekommen, weil man Sie als zu dominant erlebt oder man sich einen Mitarbeiter wünscht, der die Dinge weniger hinterfragt. Doch lässt sich das nicht pauschal sagen. Es hängt eher von den Anforderungen der betreffenden Stelle ab. Und es hat auch überhaupt nichts damit zu tun, ob der Personalentscheider ein Mann oder eine Frau ist.
Wenn man sicher zu wissen glaubt, dass andere ein bestimmtes Problem mit einem haben, dann handelt es sich meistens um etwas, das einen manchmal selbst stört oder womit man schon ungute Erfahrungen gemacht hat. Versuchen Sie Ihr Verhalten mal objektiv zu betrachten und richten Sie deshalb den Blick auf sich selbst: Sind Sie wirklich »stark« im Sinne von selbstbewusstem Auftreten? Oder könnte es vielleicht sein, dass Sie in bestimmten Situationen eher zu unnachgiebig wirken oder schnell aufbrausen?

53. Behinderung: Ich habe eine Behinderung. Aber wenn ich das angebe, lädt mich doch keiner mehr ein, oder?

Es kommt darauf an, welcher Art die Behinderung ist. Wenn sie nur eine leichte Einschränkung mit sich bringt, dann ist es vorteilhafter, wenn Sie erst im Gespräch darauf zu sprechen kommen. Wenn es sich jedoch um eine Behinderung handelt, die Ihre Arbeit einschränkt oder bestimmte Erfordernisse mit sich bringt (etwa rollstuhlgerechte Räumlichkeiten), dann müssen Sie es gleich ansprechen.

Beispiel: Eine Unternehmensberaterin, die sehr stark hörgeschädigt ist, kann nicht telefonieren und muss sich in Meetings auf Lippenlesen verlassen. Das erfordert, dass ihr Aufgabengebiet hauptsächlich aus schriftlichen Tätigkeiten besteht und Kollegen wie Kunden in persönlichen Gesprächen besondere Rücksicht nehmen.

Übrigens kann es auch sein, dass Sie gerade wegen Ihrer Behinderung bevorzugt eingestellt werden. Und das nicht nur von Behörden, sondern auch von sozial eingestellten Unternehmen, die Menschen wie Sie unterstützen möchten.

Versuchen Sie mit Ihrer Behinderung souverän umzugehen. Haben Sie sich dazu entschlossen, diese im Anschreiben oder Telefongespräch zu erwähnen? Dann nennen Sie die Dinge beim Namen und laden Sie den Personalentscheider dazu ein, offen und unverblümt alle Fragen zu stellen, die er auf dem Herzen hat. Damit vermeiden Sie beim Gesprächspartner Hemmungen und die Angst vor Peinlichkeiten und können konstruktiv über Bedenken und Vorbehalte sprechen.

Haben Sie den Schwerbehindertenstatus, muss die Firma bestimmte Auflagen erfüllen und daher darüber informiert sein.

54. Krankheit oder Reha: Muss ich eine Krankheit oder Reha angeben?

Dieses Thema ist zu komplex, um eine pauschale Antwort geben zu können. Grundsätzlich gilt: Wenn es sich um eine Krankheit handelt, die Ihren Arbeitseinsatz beeinträchtigt,

oder wenn Sie die Tätigkeit nur eingeschränkt ausüben können, dann muss das Unternehmen das vorher wissen.
Nun gibt es Krankheiten, die beim Gegenüber aufgrund mangelnder Informationen eine gewisse Scheu auslösen. Wenn Sie beispielsweise in eine Bewerbung schreiben, dass Sie Epilepsie haben, wird der Leser möglicherweise zurückschrecken, weil er nicht damit umzugehen weiß und nicht einschätzen kann, was das genau bedeutet. In diesem Fall gilt, was bereits in ▸ Frage 53 thematisiert wurde: Gehen Sie in die Offensive und sprechen Sie das Thema souverän an. Und bitten Sie den Personaler, seine Fragen und Bedenken ganz offen zu äußern.
Entstand durch einen Krankenhausaufenthalt oder eine Reha-Maßnahme eine größere Lücke im Lebenslauf, müssen Sie dort ohnehin eine Erklärung geben. Sonst wundert man sich über den langen Zeitraum, in dem Sie scheinbar nichts getan haben. Bei einem längeren Ausfall wegen Krankheit ist es aber auch deshalb empfehlenswert, ein paar Worte darüber zu verlieren, damit der Leser Ihrer Bewerbung nicht mutmaßt, dass Sie möglicherweise noch beeinträchtigt sind.

Geheimhaltung?

Denken Sie auch an sich selbst: Wenn Sie eine Krankheit haben, die Sie zwar im Alltag nicht weiter beeinträchtigt, aber bestimmte Verhaltensweisen erfordert – zum Beispiel eine bestimmte Diät –, dann würde es für Sie unter Umständen sehr anstrengend, das ständig geheim halten zu müssen.

Beispiel: Wer nach einem Autounfall über ein halbes Jahr im Krankenhaus lag, der hatte offensichtlich einen so schweren Unfall, dass dieser möglicherweise immer noch gesundheitliche Probleme nach sich zieht.
Versuchen Sie, diese Bedenken auszuräumen. Natürlich sollen und brauchen Sie nicht in die medizinischen Details zu gehen. Am besten wechseln Sie die Perspektive: Wenn Sie der Personaler wären, der Ihre Bewerbung vor sich liegen hat – welche Fragen würden Sie sich stellen?

Warum sind Unternehmen so unrealistisch?

Wir alle kennen die teils widersprüchlichen Anforderungen, die heute scheinbar gestellt werden. Berufsanfänger soll man sein, weil das »billig« für die Firma ist, aber gleichzeitig 20 Jahre Berufserfahrung mitbringen. Für simple Jobs werden hohe Berufsabschlüsse gefordert. Warum suchen Unternehmen den unerreichbar perfekten Arbeitnehmer?

Rosinen picken

Es gibt Firmen, die generell viel zu hohe Anforderungen stellen, genau wie viele Menschen bei der Partnersuche einem Ideal hinterherlaufen. Das kann nach hinten losgehen: Denn es ist schwerer, jemanden zu finden, man verpasst gute Leute und es kommt vor, dass die zuvor gesetzten Kriterien für die Position überhaupt nicht nötig sind. Dann ist der neue Mitarbeiter möglicherweise unterfordert und fühlt sich vielleicht sogar getäuscht.

Häufiger liegt der Grund in Angebot und Nachfrage. Je mehr Bewerber sich um eine Stelle reißen, desto mehr Auswahl hat die Firma. Und es gibt Firmen, die gezielt damit werben, nur »makellose und perfekte« Mitarbeiter zu haben. Doch der Eindruck, dass Firmen generell »Eier legende Wollmilchsäue« suchen, ist nicht immer richtig.

Wie entsteht eine Stellenanzeige?

Wenn sie gut gemacht ist, überlegt sich die Firma:

- Was ist das Aufgabengebiet?
- Was muss der Bewerber idealerweise mitbringen (an Ausbildung/fachlicher Qualifikation, Erfahrung, Kontakten)?
- Wie ist jemand idealerweise (Charakter/Persönlichkeit)?

Natürlich kommt es leider auch vor, dass Stellenanzeigen nicht durchdacht sind, sondern einfach alte Formulierungen verwendet werden oder von anderen Anzeigen abgekupfert wird (»Was schreiben denn andere so, die eine kompetente Chefsekretärin suchen?«).

Versetzen Sie sich in die Firma

Gehen wir vom positiven – und häufigen – Fall aus: Durch die wohldurchdachte Formulierung, vor allen Dingen aber auch durch spezifisch genannte Anforderungen, soll erreicht werden, dass:

- sich nicht »jeder« bewirbt, sondern sich nur diejenigen angesprochen fühlen, die prinzipiell dem geforderten Profil entsprechen (man will also einen sinnvollen Filter setzen, um die Flut unqualifizierter Bewerbungen von vornherein einzudämmen),
- gewisse Kernkompetenzen beziehungsweise Ausbildungsschwerpunkte von sämtlichen Bewerbern so gut wie möglich erfüllt werden.

Die Firma möchte durch ihre Formulierungen und das Anforderungsprofil die für sie wahrscheinlich vielversprechendsten Bewerber ansprechen.

Beispiel: Eine Firma sucht einen Vertriebsleiter, der sowohl stark im Kaufmännischen als auch in Strategie ist, Personalverantwortung übernehmen und auch mit wichtigen Kunden sicher verhandeln kann.

Nahe liegende Anforderungen sind daher ein BWL-Studium und mehrjährige Berufserfahrung im Vertrieb. Vielleicht wünscht sich die Firma gleich jemanden, der einschlägige Branchenkontakte mitbringt, dann würde auch das im Anforderungsprofil aufscheinen.

Sind Unternehmen flexibel?

Prinzipiell ja! Natürlich ist jede Firma anders. Und so ist das eine Unternehmen strenger an seine genannten Anforderungen gebunden als das nächste. Meist geben die Formulierungen darüber Aufschluss, ob etwas ein Muss-Kriterium ist oder nicht.

Dennoch sollten Sie sich, wenn Sie sich für qualifiziert halten, niemals nur durch die Eckdaten in einer Anzeige abschrecken lassen. Sie haben kein Studium, sind aber bereits viele Jahre in vergleichbarer Position erfolgreich tätig?
Kein Problem: Dann punkten Sie eben mit Ihrer langjährigen Praxiserfahrung!

Wort für Wort – die schriftliche Bewerbung

Ihre Bewerbungsunterlagen prägen den ersten Eindruck, den der Personalentscheider von Ihnen bekommt: Hier können Sie Ihre Person, Ihre Qualifikation und Ihre Motivation so überzeugend darstellen, dass Sie die erste Hürde nehmen und die Chance auf ein Vorstellungsgespräch bekommen. Denn wie so oft entscheiden die Details darüber, ob Sie hinter Mitbewerbern zurückstehen oder die Nase vorn haben.

So können Sie sich bewerben

Die schriftliche Bewerbung bietet die unterschiedlichsten Varianten, was den Inhalt und die Gestaltungsmöglichkeiten betrifft. Doch was sollte eine komplette Mappe enthalten? Und wie gut kommen Alternativen zur klassischen Mappe eigentlich an?

55. Bestandteile: Was muss ich denn alles in eine Bewerbung packen?

Eine komplette Bewerbungsmappe enthält:

- Anschreiben
- Lebenslauf und Foto
- wenn sinnvoll: Tätigkeitsprofil (▸ Frage 95, Seite 100)
- Arbeitszeugnisse (oder auch Referenzen)
- wenn relevant: Zertifikate über Weiterbildung etc.
- Nachweise (zum Beispiel über Praktika)
- bei männlichen Bewerbern: Wehrdienst-/Zivi-Nachweis
- wenn vorhanden: Uni-Abschluss
- wenn vorhanden: Zeugnis Berufsausbildung
- höchstes Abschlusszeugnis Schule

Sie können außerdem auch Arbeitsproben beilegen. Aber nur, wenn diese für die aktuelle Position wirklich relevant sind.

56. Deckblatt nötig: Gehört ein Deckblatt unbedingt dazu?

Nein. Dennoch ist es ein empfehlenswertes Detail, denn damit geben Sie Ihren Unterlagen einen schönen Rahmen und schaffen, wenn Sie eine Mappe mit transparentem Deckel nutzen, einen Wiedererkennungswert.

Sie können außerdem punkten, indem Sie das Deckblatt personalisieren: Wenn Sie das jeweilige Unternehmen und die Position, für die Sie sich bewerben, erwähnen, sieht die Firma, dass Sie sich besonders bemüht haben. Natürlich darf dann das Anschreiben kein »Serienbrief« sein, sonst ist dieser positive Eindruck zerstört.

Muster

Bewerbung
als
Sales Managerin

bei
ROC Musikverlag GmbH

Karin Oberhuber
Johann-Sebastian-Bach-Weg 3
80805 München
Tel. 089 36107847
E-Mail: k.oberhuber@domain.de

57. Infos auf Deckblatt: Welche Informationen schreibe ich auf das Deckblatt?

Ideal ist es, wenn Sie die Position, auf die Sie sich bewerben, das Unternehmen, ein sympathisches, gutes Foto und Adresse und Kontaktdaten angeben. Es ist nicht nötig, auf dem Deckblatt alle Anlagen einzeln aufzuführen. Wenn Sie kein gutes Foto haben oder sich einfach nicht damit wohlfühlen, wenn Ihr Konterfei auf dem Deckblatt prangt, lassen Sie das Bild an dieser Stelle weg und gestalten die Seite ansprechend mit Ihren persönlichen Angaben.

Tipp: Nehmen Sie für das Deckblatt ein etwas stärkeres Papier, damit die nachfolgende Seite nicht durchscheint.

58. Anlass für Kurzbewerbung: Wann brauche ich nur eine Kurzbewerbung zu schicken?

Eine Kurzbewerbung ist angebracht, wenn Sie

- sich initiativ – per Post oder E-Mail – bewerben (▸»Initiativ, aber nicht blind«, Seite 66 ff.),
- persönlich vorstellig werden (zum Beispiel auf einer Messe),
- ein Unternehmen zunächst um einen Lebenslauf bittet.

Wenn Sie erst einmal vorfühlen möchten, wie Ihre Chancen stehen, können Sie ebenfalls auf eine Kurzbewerbung zurückgreifen, etwa wenn Sie sich bei einem Headhunter/Personalvermittler vorstellen oder einer Firma ganz unverbindlich Ihr Profil zukommen lassen möchten. Generell ist jedoch eine vollständige Bewerbung vorzuziehen. Ein Nachhaken bedeutet für die Firma nicht nur unnötige Mehrarbeit, sondern ist auch unwahrscheinlich, wenn genug andere Bewerbungen vorliegen.

Eine Kurzbewerbung kann auch ein notwendiger »Kunstgriff« sein, wenn eine vollständige Bewerbung nicht möglich ist oder sich sogar nachteilig für Sie auswirken könnte. Zum Beispiel:

- Sie können Ihre Unterlagen nicht rechtzeitig kopieren.
- Sie sind finanziell so knapp, dass Sie sich keine vollständigen Unterlagen leisten können.
- Sie haben so schlechte Zeugnisse, dass Sie dadurch immer von Haus aus abgewiesen würden.

59. Bestandteile der Kurzbewerbung: Ist es richtig, dass eine Kurzbewerbung nur aus Anschreiben und Lebenslauf besteht?

Ja, eine Kurzbewerbung stellen Sie aus einem individuell formulierten Bewerbungsbrief, einem Lebenslauf (mit Foto) und, sofern es sinnvoll ist, einem Tätigkeitsprofil (▸ Frage 95, Seite 100) zusammen.

60. Flyer: Wie wirkt es, wenn ich einen Flyer über mich entwerfe?

Ein »Prospekt« über sich selbst ist immer eine Kurzbewerbung. Diesen sollten Sie, wie in ▸ Frage 58 beschrieben, nur in bestimmten Fällen nutzen.

Die sinnvollste Einsatzmöglichkeit für einen Flyer ist der persönliche Erstkontakt auf einer Fach- oder Recruitingmesse. Nachteil eines Flyers ist, dass er sehr wenig Platz bietet. Die Angaben zum Lebenslauf aus Platzgründen zusätzlich zu kürzen ist nicht empfehlenswert. Man sieht auch häufig, dass die Schriftgröße stark verkleinert wird, um mehr Informationen unterzubringen. Darunter leidet allerdings die Lesbarkeit.

Wichtig: Nur wenn der Text sinnvoll aufgeteilt und angeordnet und der Druck einwandfrei ist, ist die Variante Flyer auch tatsächlich eine Option.

61. CD-ROM: Kann ich mich mit einer CD bewerben?

Das ist nicht empfehlenswert, auch wenn der Gedanke auf den ersten Blick verlockend erscheint, da es »mal etwas anderes« ist und Sie sich auf besondere Art vorstellen können. Der Personalentscheider hat üblicherweise stapelweise Bewerbungsmappen vor sich. Extra eine CD einzulegen bedeutet nicht nur unnötige Arbeit, sondern ist auch unpraktisch für das weitere Procedere (Vergleich der Unterlagen, Bewerberverwaltung etc.). Selbst wenn Sie die CD so aufbauen, dass Ihre Unterlagen ganz problemlos ausgedruckt werden können, bedeutet es einen zusätzlichen Aufwand. Und sollte sich der Personaler tatsächlich die Mühe machen, konkurriert Ihre Loseblatt-

sammlung mit den vollständigen Bewerbungsmappen anderer. Die Praxis zeigt zudem, dass die wenigsten Bewerber so eine digitale Vorstellung auch wirklich professionell hinbekommen. Auch wenn es technisch und gestalterisch klappt, sollten Sie bedenken, dass das Installieren einer Extra-Software wiederum Mehrarbeit bedeutet beziehungsweise aus Sicherheitsgründen abgelehnt wird.
Der einzige Fall, in dem eine CD sinnvoll sein könnte, ist dieser: Sie schicken Ihre kompletten Unterlagen und legen die CD als ergänzende Arbeitsprobe bei, etwa wenn Sie als Fotograf Beispiele Ihrer Aufnahmen mitsenden.

62. Unkonventionelle Bewerbung: Muss ich mich immer nach Standard bewerben oder geht es auch unkonventioneller, etwa indem ich einen Gag mitschicke?

Es stimmt nicht, dass der Einsatz einer unkonventionelleren Bewerbung in bestimmten Bereichen garantiert gut ankommt: À la die Werbebranche ist generell offen für Witze und ernstere Branchen sind es nicht.
Alles, was aus dem Rahmen fällt, polarisiert. Das heißt, dass Sie mit einer witzigen Bewerbung voll ins Schwarze treffen können. Aber auch, dass Sie eventuell sofort aussortiert werden. Dessen sollten Sie sich bewusst sein.
Sofern Sie dieses Risiko eingehen möchten, muss der Gag in irgendeiner Form relevant und 1 A ausgeführt sein. Nur einen Witz um des Witzes willen zu machen kommt nicht gut.
Beispiel: Ein Vertriebsassistent bewirbt sich, indem er zuerst einen Apfel verschickt und zwei Tage später eine Bewerbung. Dummerweise kommt die Bewerbung schneller an als sein Päckchen. Der Personaler kann mit dem kryptischen Einstiegssatz »Hat Ihnen der Apfel geschmeckt?« überhaupt nichts anfangen. Auch als etwas später der Apfel ankommt, ergibt die ganze Aktion überhaupt keinen Sinn. Der Bewerber wollte nur gern auffallen. Aber Art und Ausführung waren leider kontraproduktiv.

Initiativ, aber nicht blind

Wenn Sie schnell eine neue Stelle finden möchten, ist es wichtig, nicht nur Stellenanzeigen zu sichten und als Reaktion darauf hin und wieder eine Bewerbung zu verschicken. Auch Initiativbewerbungen sind gefragt, doch was ist speziell dabei zu beachten?

Gezielt recherchieren!

Schicken Sie nicht »blind« allgemeine Bewerbungen an irgendwelche Firmen, von denen Sie denken, dass sie schon irgendwie passen werden. Gerade, wenn Sie sich unaufgefordert bewerben, sollte die Firma auf den ersten Blick erkennen, dass Sie zielgerichtet vorgehen.

- Recherchieren Sie Unternehmen, die Sie wirklich interessieren und die jemanden mit Ihrer Qualifikation höchstwahrscheinlich brauchen.
- Gerade bei »Blindbewerbungen« lohnt sich die Mühe, besonders intensiv Informationen über das Unternehmen einzuholen. Der einfachste Weg dafür ist das Internet. Dort finden Sie Fakten über die Firma, deren Produkt- oder Dienstleistungspalette, Kunden und Projekte und bekommen ein Gespür für Auftritt und Philosophie des Unternehmens. Greifen Sie ausgewählte Informationen in Ihrer Bewerbung auf, um der Firma zu zeigen, dass Sie sich individuell angestrengt haben.

Besonders bei einer Initiativbewerbung spielt die Motivation eine große Rolle. Immerhin bewerben Sie sich ohne konkrete Ausschreibung gezielt bei dieser Firma! Punkten Sie mit guten Gründen, dann haben Sie die Nase gleich weit vorne. Machen Sie Ihre Motivation nicht klar und bekommt das Unternehmen dadurch den Eindruck, Sie verschicken Bewerbungsunterlagen nach dem Gießkannenprinzip und wollen nur irgendeinen Job, befördern Sie sich schnell ins Aus.

Wie sieht eine Initiativbewerbung aus?

Prinzipiell unterscheidet sich die Initiativbewerbung nicht von der »normalen« Bewerbung. Allerdings müssen Sie in

Sachen Selbstpräsentation etwas geschickter vorgehen: Denn bei einer Initiativbewerbung haben Sie keine Anhaltspunkte, was die Firma konkret braucht.

Bei einer Stellenanzeige wissen Sie genau, um welche Position Sie sich bewerben, wie in etwa die Tätigkeit aussieht und welche Anforderungen gestellt werden. Und Sie haben zumindest einige Informationen darüber, welche Art von Qualifikation gefragt ist.

Unabhängig davon, ob Sie Ihre Initiativbewerbung telefonisch, persönlich oder schriftlich starten, ist es also wichtig, ein aussagekräftiges und umfassendes Profil zu erstellen, damit die Firma erkennt, dass sie mit Ihnen einen wertvollen Mitarbeiter bekommen könnte.

Sagen Sie konkret, wohin Sie wollen

Ein großer Fehler bei Initiativbewerbungen ist, völlig offen zu lassen, wofür man sich bewirbt. Um möglichst keinen Filter zu setzen und so die Chancen zu erhöhen, werden entweder gar keine Informationen über den möglichen Bereich gegeben (»Die Firma wird mir dann schon irgendwas anbieten, von dem sie glaubt, dass es passt.«) oder gleich mehrere genannt, was unglaubwürdig wirkt.

Zeigen Sie also eindeutig, was Sie wollen und wofür Sie einsatzbereit sind, indem Sie eine ganz bestimmte Position nennen (Sales Manager, Empfangssekretärin, Buchhalter). Sich allgemein für eine Abteilung oder einen Unternehmensbereich zu bewerben ist nur dann sinnvoll, wenn Sie Ihren Beruf oder Ihre Fähigkeiten im Anschreiben so klar herausstreichen, dass man Sie sofort zuordnen kann.

Eine Fachkraft, die sich gleichzeitig als Buchhalter und Marketingfachmann bewirbt, wirkt unglaubwürdig. Haben Sie jedoch ein Berufsbild, für das die Abteilung zweitrangig ist, kann die Bewerbung erfolgreicher werden, wenn Sie den Leser auf die Idee bringen, an verschiedene Abteilungen zu denken. So könnte sich eine Teamassistentin für Buchhaltung, Vertrieb oder Marketing bewerben, da diese zuarbeitende Position unabhängig von einzelnen Fachabteilungen im Unternehmen ist.

Setzen Sie Schwerpunkte

Auch wenn Sie nicht wissen, was die Firma speziell sucht, so haben Sie drei wichtige Anhaltspunkte, was die gewünschten Kompetenzen betrifft:

1. Was ist für die angestrebte Tätigkeit gefragt? Von einem Vertriebler erwartet man andere Qualifikationen als von einem Techniker, strebt man Personalverantwortung an, kommen weitere Anforderungskriterien hinzu. Es ist nicht nötig, die jeweilige Firma zu kennen, denn die wesentlichen Anforderungen lassen sich aus der Aufgabe ableiten.

2. Sie können anderen Stellenanzeigen, die ein Unternehmen schaltet, oder dem Internetauftritt entnehmen, worauf die Firma Wert legt beziehungsweise was sie in Bezug auf Mitarbeiter für besonders wichtig erachtet: Wie spricht die Firma über sich selbst? Was sind ihre Werte und Ziele? Wie stellt sie ihre Mitarbeiter vor?

3. Ganz unabhängig von der Bewerbung wissen Sie, was Ihnen speziell wichtig ist: Ihr fachliches Profil, das sich aus Ihrer Erfahrung, Ihrem Wissen und Ihren Fähigkeiten zusammensetzt. Aber auch, was Sie als Person auszeichnet und was Sie zu einem guten Mitarbeiter macht.

Die Initiativbewerbung per Telefon

Sich telefonisch initiativ zu bewerben ist nicht besonders empfehlenswert. Denn Sie können in einem kurzen Telefongespräch nicht genug von sich vermitteln. Und wenn Sie sich zu schnell festlegen und fragen: »Stellen Sie im Bereich XY ein?«, passiert es Ihnen vielleicht, dass man gleich abwinkt. Wenn Sie Pech haben einfach deshalb, weil die Person am Telefon nichts von aktuellen oder künftigen Vakanzen weiß. Es kann auch sein, dass Sie wegen einer Position anfragen, die tatsächlich nicht besetzt wird, das Unternehmen jedoch, wenn es über Ihr Profil Bescheid wüsste, ein anderes Einsatzgebiet für Sie hätte.

Von daher sollten Sie bei der Initiativbewerbung immer eine aussagekräftige schriftliche Bewerbung (auf dem Postweg oder auch per E-Mail) vorausschicken und erst daraufhin telefonisch nachhaken.

Sofern Sie telefonisch Kontakt aufnehmen, achten Sie darauf, dass Sie

- Ihr Interesse, sich bei dem Unternehmen zu bewerben, vermitteln (und Ihre Motivation!),
- höflich und zuvorkommend sind und einen positiven Eindruck hinterlassen,
- klar und zielgerichtet auf den Punkt bringen, wofür Sie sich bewerben, und auch in der Lage sind, auf Rückfragen zu Zielen und Qualifikation kurz und aussagekräftig Auskunft zu geben.

Persönlicher Kontakt

Sofern Sie sich persönlich bewerben, etwa auf einer Messe mit einem Personalvertreter sprechen, bei einer Zugfahrt mit dem Nebenmann plaudern oder bei einer privaten Veranstaltung einen Firmenchef oder Abteilungsleiter kennenlernen, ist es wichtig,

- in einem Satz zu erklären, was Sie tun: Also nicht nur zu sagen »Ich bin Ingenieur« oder »Ich habe viele Jahre Bankensoftware programmiert und gewartet«, sondern Ihre Tätigkeit verständlich zu vermitteln und zwar so, dass auch ein Fachfremder erkennen kann, was Sie tun und inwiefern diese Fähigkeiten für das eigene Unternehmen interessant sein könnten.
- auf den Punkt zu kommen: Fragen Sie nicht nur ganz allgemein nach dem Unternehmen und wie gerade die Personalsituation ist, sondern sagen Sie: »Ich würde gerne bei Ihnen arbeiten.« Oder: »Darf ich Ihnen meine Bewerbungsunterlagen schicken?«

Haben Sie vereinbart, dass Sie Ihre Unterlagen nachsenden, zum Beispiel, weil Sie sich zufällig kennengelernt haben und Sie darum kein Profil in der Tasche hatten, dann nehmen Sie unbedingt auf das Gespräch Bezug!

Ist Ihr Gesprächspartner nicht der Empfänger der Bewerbung, dann sollten Sie vorab klären, ob Sie den Namen Ihrer Kontaktperson als Referenz nutzen dürfen. Fragen Sie immer sofort nach und lassen Sie sich alle Namen buchstabieren, damit Sie sie in Ihren Unterlagen nicht falsch schreiben.

Die Basics: Material und Ausstattung

Natürlich spielt das Drumherum auch eine Rolle, wie gut Ihre Bewerbung ankommt. Doch keine Sorge: Niemand wird nur deswegen eine Absage bekommen, weil eine Farbe unglücklich gewählt war.

63. Kartonmappen: Muss ich wirklich diese teuren Kartonmappen nehmen?

Auch wenn die mehrteiligen Kartonmappen mittlerweile üblich sind, ist es absolut kein Muss, diese zu verwenden! Sie können aus der Bandbreite an erhältlichen Mappen diejenige wählen, die Ihnen am besten gefällt und Ihren Finanzen entspricht. Achten Sie auf

- eine gute Verarbeitung der Mappe und
- Robustheit (ob Pappe oder Plastik: Es gibt Materialien, bei denen schnell ein Knick entsteht oder sich Fingerabdrücke unschön abzeichnen).

Es ist sehr unwahrscheinlich, dass Ihre Bewerbung bereits beim ersten Mal erfolgreich ist. Ihre Unterlagen – inklusive Mappe – sollten also einen mehrfachen Versand gut überstehen.

Die üblichen Klippmappen werden gern gesehen und sind auch praktisch, weil man die Unterlagen schnell kopieren und ebenso fix wieder zusammenstecken kann.

Kaufen Sie Mappen erst, nachdem Sie sie persönlich in Augenschein genommen haben. Was nützt Ihnen eine Mappe, die von außen gut aussieht, deren Papierhalterungen innen aber ungenügend fixieren oder die beim ersten Gebrauch bereits verknickt und damit unbrauchbar wird?

64. Firmenfarben: Ist es sinnvoll, die Farbe der Mappe nach den Firmenfarben auszusuchen?

Das ist ein Mythos, denn es macht überhaupt keinen Unterschied, ob Sie die Unternehmensfarben nutzen oder nicht. Was Farben angeht, bleiben die meisten Bewerber auf der sicheren Seite und nutzen vornehmlich Dunkelbau, Schwarz, Grau und Weiß. Das trägt zur Uniformität bei: Man geht zum einen sehr viel leichter im Einerlei unter, außerdem wirken solche Unterlagen schnell trist. Trauen Sie sich ruhig an farbige Mappen heran.

65. Farbiges Papier: Darf ich auch farbiges Papier nehmen?

Selbstverständlich. Allerdings sollten Sie sich auf dezent eingefärbtes Papier beschränken (ein helles Beige oder Grau oder eine Pastellfarbe), damit die Lesbarkeit nicht erschwert wird. Apropos Papier: Das übliche »Schreibmaschinenpapier« (80 g) ist absolut in Ordnung. Dennoch macht es einen merklichen Unterschied, wenn Sie für Anschreiben und Lebenslauf ein etwas festeres Papier (90 oder 100 g) nutzen. So scheint auch die nachfolgende Seite nicht durch.

66. Klarsichthüllen: Sollte ich alle Blätter noch mal in Klarsichthüllen stecken?

Nein. Ganz im Gegenteil, das wird überhaupt nicht gerne gesehen: Denn beim Kopieren Ihrer Bewerbung entsteht unnötiger Aufwand. Generell ist es unpraktisch, eine Mappe zu lesen, in der jede Seite in einer eigenen Folie steckt, denn die einzelnen Hüllen gleiten aneinander ab und die Mappe fällt immer wieder von selbst zu.

67. Führungsposition: Ich bewerbe mich auf eine Führungsposition. Kann ich auch den ganz normalen Schnellhefter nehmen?

Auch für Führungskräfte gilt alles, was für eine übliche, überzeugende Bewerbungsmappe empfohlen wird. Dennoch sollte Ihr gesamtes Auftreten auch der Position entsprechen. Wenn Sie sich für eine höhere Führungsposition mit einer billig anmutenden Plastikmappe bewerben und windiges Papier benutzen, passt die Eigenpräsentation weder zur angestrebten Position noch beweisen Sie gutes Selbstmarketing.

So überzeugt Ihr Anschreiben

Kommen wir zum Herzstück Ihrer Bewerbung: Im Anschreiben können Sie Profil zeigen, den Personalentscheider neugierig auf sich machen und sich positiv von anderen Kandidaten absetzen.

68. Länge: Darf das Anschreiben wirklich nur eine Seite lang sein?

Es ist richtig, dass in der Regel eine Seite wunderbar ausreicht. Besonders, da ein gutes Anschreiben kurz, knackig und aussagekräftig (und natürlich individuell formuliert) sein soll. Wenn Sie etwas mehr zu sagen haben, das auch wirklich relevant ist, dann nehmen Sie lieber eine zweite Seite dazu. Bitte nicht quetschen und auch keine Tricks versuchen, indem Sie die Schriftart so stark verkleinern, dass Sie mehr Text auf eine Seite bekommen. Das macht das Lesen mühsam und überfrachtet Ihren Brief.

69. Ausführlichkeit: Die einen sagen, das Anschreiben soll möglichst kurz sein, weil es sonst keiner liest, andere meinen, ausführlich wäre besser. Was ist denn nun richtig?

Versetzen Sie sich in den Personalentscheider eines Unternehmens: Sie haben einen Stapel Unterlagen vor sich und müssen nun auswählen, welche Bewerber Sie in die engere Wahl nehmen. Dafür brauchen Sie einen möglichst guten Eindruck von der jeweiligen persönlichen und fachlichen Qualifikation. Sie sind also darauf angewiesen, dass Ihnen der Bewerber nicht nur seinen Werdegang präsentiert und Zeugnisse vorlegt, sondern Ihnen die Person »hinter der Bewerbung« nahebringt. Und der einzige Platz dafür ist das Anschreiben.
Darum gilt: So kurz wie möglich (= auf den Punkt gebracht), aber so ausführlich wie nötig (= alles Relevante zu Ihrer Erfahrung, Fachkenntnis und Person). Vergessen Sie dabei nicht, auch Ihre Motivation klar herauszustellen.

Wichtig: Verbessern Sie Ihr Anschreiben, indem Sie nach der Formulierung zwei Korrekturdurchgänge machen: Einen, um unnötige Einleitungen und umständliche Umschreibungen zu eliminieren. Das erreichen Sie, indem Sie in diesem Durchgang ganz bewusst so stark kürzen wie nur möglich. So befreien Sie Ihr Anschreiben von Wortmüll! Und einen weiteren, um Fehlerfreiheit zu garantieren.

70. Gliederung und Inhalt: Wie ist ein Anschreiben üblicherweise gegliedert und was muss alles hinein?

Ein gutes Anschreiben hat einen klaren Einstieg, einen Hauptteil und einen Schluss. Alle diese Teile können Sie dazu nutzen, Ihre Persönlichkeit greifbar zu machen.
Inhaltlich vermittelt Ihr Bewerbungsbrief

- **Ihre Motivation, sich zu bewerben:**
  Belassen Sie es nicht nur beim üblichen »Ihre Stelle interessiert mich«, sondern begründen Sie, was Sie an der Position oder am Unternehmen reizt.
- **Ihre Erfahrung und Ihr fachliches Know-how:**
  Auch hier sollten Sie konkrete Aussagen treffen. Der bloße Verweis auf den Lebenslauf oder ein pauschales »Ich werde allen Ihren Anforderungen gerecht« reicht nicht aus! Im Anschreiben sollten Sie Ihre Erfahrungen und Ihre fachliche Expertise darstellen und damit belegen, welche Voraussetzungen Sie für die angestrebte Stelle mitbringen.
- **Ihre persönlichen Kompetenzen:**
  Gehen Sie auch auf Ihre Persönlichkeit ein! Nicht sehr überzeugend wirken die üblichen Schlagwörter (»Ich bin kommunikativ, flexibel, teamfähig …«), wenn Sie sie einfach nur aufzählen. Sagen Sie, was Sie zu bieten haben, bauen Sie es in die Schilderung Ihres Werdeganges ein oder beschreiben Sie, inwiefern Sie die angestrebte Stelle gut ausfüllen.

Beantworten Sie jede Frage des Unternehmens, beispielsweise auch die nach Ihren Gehaltsvorstellungen (▸»Gehalt – Wie viel Geld darf's denn sein?«, Seite 44).

71. Betreff: Ich bin für verschiedene Jobs qualifiziert – was soll ich denn im Betreff schreiben, wenn ich keine spezielle Position angeben will?

Hüten Sie sich davor, im Betreff einen Bauchladen-Eindruck zu machen. Wer sich für völlig unterschiedliche Positionen gleichzeitig bewirbt (»Bewerbung als Vertriebsmitarbeiter, Marketing-Fachkraft oder Controller«), macht einen wenig überzeugenden Eindruck, selbst wenn er alles in der Vergangenheit bereits gemacht hat: Zum einen scheint der Bewerber nicht zu wissen, was er will beziehungsweise wirklich gut kann. Zum anderen scheint es ihm egal zu sein. Beides führt leider eher zu Minuspunkten.

Überlegen Sie sich also immer vorab, wofür Sie sich wirklich bewerben möchten, und argumentieren Sie dann auch gezielt in diese Richtung.

Sind Sie unsicher, welche Positionen frei sind, weil Sie sich initiativ bewerben, oder haben tatsächlich einen breiteren Qualifikations- und Interessen-Horizont, dann geben Sie einfach konkrete Unternehmensbereiche an und spezifizieren im Anschreiben näher, wofür Sie sich bewerben.

72. Kein Ansprechpartner: Wie lautet die Anrede, wenn ich keinen konkreten Ansprechpartner habe?

Wenn Sie wirklich überhaupt nichts wissen, können Sie mit »Sehr geehrte Damen und Herren« nichts falsch machen. Das ist aber die absolute Notlösung!

Schauen Sie genau nach, ob nicht doch eine Ansprechperson genannt ist. Tatsächlich kommt es gar nicht so selten vor, dass der Name übersehen wird. Oder sogar, dass der Name zwar in der Anschrift genannt, aber dann eine neutrale Anrede benutzt wird. Hier ist das Internet sehr hilfreich!

Ansonsten gilt: lieber anrufen und die richtige Kontaktperson erfragen. Diese Auskunft kann Ihnen in der Regel sogar die Telefonzentrale geben. Fragen Sie nach Vor- und Zunamen. Lassen Sie sich den Namen immer buchstabieren! So vermeiden Sie Hörfehler.

73. Einleitung: Der erste Satz ist immer am schwierigsten: Wie fange ich am besten an?

Vermeiden Sie die typischen Floskeln wie »Hiermit bewerbe ich mich als ...« oder »Ich habe Ihr Inserat gelesen, und es interessiert mich«. Diese Information sollte bereits aus dem Betreff hervorgehen beziehungsweise Ihr Interesse setzt man voraus, wenn Sie sich bewerben.

Der erste Satz ist die prominenteste Stelle in Ihrem Anschreiben und beeinflusst sehr stark, wie interessiert der Personalentscheider Ihre Bewerbung betrachtet. Beginnen Sie deshalb mit Informationen, die für den Empfänger interessant sind und die zeigen, dass Sie Ihre Bewerbung individuell verfasst haben und nicht ein austauschbares Serienanschreiben versenden.

Sie können beispielsweise

- **darauf eingehen, was die Firma sucht:**
  »Sie suchen eine praxiserprobte Sekretärin mit sehr guten Buchhaltungskenntnissen ...«, »Ihr Sales-Team braucht Verstärkung: Ich ...«
- **anführen, was Sie besonders an der Anzeige oder am Unternehmen anspricht:**
  »Mit Freude habe ich gelesen, dass Sie engagierte Mitarbeiter für Ihre neue Niederlassung in Hamburg suchen, die neben fachlichem Know-how auch eine Leidenschaft für ihren Beruf mitbringen.«
- **schreiben, was Sie an der Position reizvoll finden:**
  »Die Möglichkeit, eine neue Abteilung mitzuplanen und weiterzuentwickeln, spricht mich sehr an. Ich ...«

Gehen Sie nach der Einleitung nahtlos zu sich selbst über: entweder indem Sie auf Ihre aktuelle Stelle eingehen, Ihre Ausbildung hervorheben oder auf Ihre Eigenschaften oder Ziele verweisen. In welcher Reihenfolge Sie die verschiedenen Informationen (▸ Frage 74, Seite 81) einbringen, bleibt Ihnen überlassen!

Haben Sie vorab mit dem Personalentscheider telefoniert oder gemailt, nehmen Sie darauf Bezug: »Vielen Dank für das nette und informative Gespräch/die E-Mail von gestern ...«

Nicht nur der Inhalt zählt

Sorgen Sie auch dafür, dass Ihr Anschreiben gut aussieht – zum einen, weil es dann einen sorgfältigeren und angenehmeren Eindruck hinterlässt, und zum anderen, weil durch ein gutes Layout relevante Informationen auch beim schnellen Lesen leichter hängen bleiben.

Ein ansprechendes Layout

- **Den Inhalten Luft lassen**
  Vermeiden Sie eine »Bleiwüste«, indem Sie ausreichend Rand lassen und Ihren Text in Absätze gliedern. Diese ergeben sich automatisch, wenn ein neues »Thema« beginnt oder wenn Sie eine Information, beispielsweise Ihre Selbstcharakterisierung, deutlicher absetzen möchten. Ein Absatz entspricht einer Leerzeile (weniger wirkt gequetscht und erschwert das Lesen, zu große Abstände zerreißen den Text optisch).
- **Linksbündig schreiben**
  Der so genannte Flattersatz ist vorteilhafter, da für das Auge besser lesbar. Blocksatz erzwingt außerdem häufig unschöne, zu große Lücken im Text.
- **Ränder festlegen**
  Sofern Sie Ihr Anschreiben in eine Mappe heften, achten Sie auf einen großzügigen linken Rand, damit kein Text im Falz verschwindet. Versenden Sie Unterlagen per E-Mail, sollten Sie nicht zu nah an den Blattrand zu schreiben, da Sie nicht wissen, welchen Drucker der Empfänger hat.
- **Einfacher Zeilenabstand**
  Schreiben Sie mit einzeiligem Abstand. Eineinhalbzeilig zieht das Anschreiben unnötig in die Länge.
- **Sparsam betonen**
  Setzen Sie Betonungen wie Fett- oder Farbdruck, Unterstreichungen und kursiv sparsam ein. Es ist sehr schön, den Betreff durch ein solches Stilelement zu betonen, im Fließtext selbst würde es stören. Überlegen Sie, warum Sie eine optische Hervorhebung brauchen: Möchten Sie

eine Information betonen, setzen Sie lieber durch die Formulierung Akzente.

- **Aufzählung nutzen**
  Möchten Sie etwas stichpunktartig in den Mittelpunkt rücken, etwa einige Ihrer Stärken, dann nutzen Sie ruhig auch im Anschreiben eine kurze Gliederung.

Auch die Schrift wirkt

Verwenden Sie eine klare Schrift und wählen Sie als Schriftgröße 11 oder 12 Punkt. Darunter wird es meist zu klein und damit beschwerlich zu lesen.

Setzen Sie Schriften, die sehr schnörkelig sind, bitte – wenn überhaupt – nur sparsam ein, etwa als Überschrift. Typische Standardschriften, die auch bei elektronischer Übermittlung auf einen anderen Rechner einwandfrei dargestellt werden, sind Arial, Times New Roman und Courier.

Ihr Absender

Gestalten Sie einen simplen Briefkopf. Verwenden Sie keine Spielereien wie ein eigenes Logo, das wirkt bei einem Bewerber affig. Zu einem vollständigen Briefkopf gehören:

- Vorname und Name (akademischer Grad nur, wenn für die aktuelle Bewerbung vorteilhaft)
- Straße und Hausnummer
- Postleitzahl und Ort
- Telefon, Fax (wenn vorhanden)
- Mobilnummer (sofern Sie unterwegs in Ruhe und konzentriert telefonieren können)
- E-Mail-Adresse (nur wenn Sie Ihre E-Mails täglich abrufen)

Geben Sie bei den Kontaktdaten nicht Ihren jetzigen Arbeitgeber an! Ein potenzieller neuer Arbeitgeber wird es nicht begrüßen, wenn Sie Ihre Bewerbungsaktivitäten am Arbeitsplatz erledigen. Und auch an Ihrer jetzigen Arbeitsstelle sollte Ihre Suche nicht bekannt werden.

Die korrekte Empfängeradresse

Geben Sie den Empfängernamen idealerweise mit Vor- und Zunamen an. Eine Anrede ist selbstverständlich. Handelt es sich um ein größeres Unternehmen, ist die Angabe der Abteilung sinnvoll. Einen »Persönlich«-Vermerk schreiben Sie in die erste Zeile der Anschrift.

Übrigens: Ein »z. Hd.« oder »z. H.« (zu Händen) ist veraltet, auch wenn man es in Stellenanzeigen oft noch sieht.

Die Leerzeile zwischen Straße und Ort ist abgeschafft. Eine Auslandskennung wie »D-«, »A-« oder Ähnliches vor der Postleitzahl ist nur dann nötig, wenn die Bewerbung auch wirklich ins Ausland geht.

Das Datum

Es genügt, wenn Sie nur noch das Datum selbst schreiben. »Ort« oder gar »Ort, den« ist nicht nötig und wird im Geschäftsleben nur dann gebraucht, wenn der Briefkopf verschiedene Adressen auflistet und man wissen muss, woher ein Brief kommt.

Ein aussagekräftiger Betreff

Dieser soll dem Empfänger auf Anhieb mitteilen, worum es in dem Brief geht. Setzen Sie den Betreff mit genügend Abstand zur Firmenadresse und der Anrede ab. Nach der DIN 5008 sind das jeweils zwei Leerzeilen. Sie können aber natürlich auch mehr Freifläche vor und nach dem Betreff nutzen, um Ihrem Anschreiben ein stimmiges, »luftiges« Layout zu geben (außer Sie bewerben sich für eine Stelle, bei der Sie eine genaue Kenntnis der DIN 5008 demonstrieren möchten und müssen).

Sie können den Betreff fett oder farbig drucken. Das Wort »Betreff« oder »Betr.« wird schon seit längerer Zeit nicht mehr davorgeschrieben.

Halten Sie den Betreff aussagekräftig. Ein allgemeiner Begriff wie »Bewerbung« reicht nicht aus. Zusätzlich zur Position können Sie erwähnen, wie Sie auf die Stelle/das Unternehmen aufmerksam geworden sind.

Beispiel:
Bewerbung als Teamassistentin/Vertrieb
Ihre Stellenanzeige in der Süddeutschen Zeitung vom
10. Februar 2007

Die richtige Anrede

Sprechen Sie den Empfänger immer persönlich an, also kein allgemeines »Sehr geehrte Damen und Herren«. Nach der Anrede steht ein Komma (kein Punkt oder Ausrufezeichen) und der Brief beginnt klein geschrieben – außer Sie beginnen mit der Höflichkeitsform »Sie«.

Mit »Sehr geehrte/r Frau/Herr XY« liegen Sie immer richtig. Sie können aber – wenn es Ihnen gefällt und zu Ihrer Persönlichkeit passt – auch moderne Varianten wählen:

- Guten Tag, Herr Meier,
- Hallo, sehr geehrte Frau Huber,

Ein reines »Hallo« oder gar »Liebe/r« wäre fehl am Platz, da es zu persönlich und locker klingt. Ausnahme ist, wenn es bereits einen freundlichen und positiven Kontakt gab oder Sie den Empfänger besser kennen.

Die angemessene Grußformel

Zwischen Briefinhalt und Grußformel gehört ein normaler Absatz, also eine Leerzeile.

Die Standardvariante ist »Mit freundlichen Grüßen« oder »Freundliche Grüße«. Etwas unterkühlt klingt der »freundliche Gruß«. Gar nicht zu empfehlen ist das distanzierte »Hochachtungsvoll«. Sie können aber auch bei der Grußformel wieder eine modernere Variante wählen:

- Freundliche Grüße nach Köln
- Viele Grüße und eine schöne Woche

Ihre Unterschrift

Als Privatperson brauchen Sie Ihre Unterschrift nicht getippt zu wiederholen, da aus der Absenderadresse klar hervorgeht, wie Sie heißen. Unterschreiben Sie also einfach nach der Grußformel mit Ihrem Vor- und Zunamen.

Das Anlagenverzeichnis

Lassen Sie nach der Grußformel genug Platz für Ihre Unterschrift und setzen Sie dann das Wort »Anlage« oder »Anlagen« darunter. Damit zeigen Sie an, dass Ihrem Brief weitere Dokumente beigefügt sind. Wenn Sie möchten, können Sie alle Ihre Anlagen einzeln auflisten.

Muster

Karin Oberhuber

Johann-Sebastian-Bach-Weg 3, 80805 München
Tel. 089 36107847, E-Mail: k.oberhuber@domain.de

ROC Musikverlag GmbH
Herrn Paul Korn
Dietersheimer Straße 19
80805 München

10. Januar 2007

Bewerbung als Sales Managerin
Ihre Stellenanzeige in der Süddeutschen Zeitung

Guten Tag, Herr Korn,

mit Begeisterung habe ich Ihr Inserat gelesen: In Eigenregie Ihren Vertrieb komplett neu aufzubauen, Teams zusammenzustellen und Nachwuchsführungskräfte zu coachen, das ist genau die Aufgabe, die ich mir vorstelle.

Seit 1999 bin ich Sales Managerin in einer Bildagentur. Wir verkaufen die Nutzungsrechte von Fotos für redaktionelle und werbliche Zwecke. Wie der ROC Musikverlag hat auch mein derzeitiger Arbeitgeber in den letzten Jahren stark expandiert. Ich habe deshalb einige Male erfolgreich neue Vertriebsstrukturen geschaffen und auch eine Niederlassung komplett neu aufgebaut. Meine Erfahrungen bei der Personalauswahl, Identifizierung von Führungspotenzial bei bestehenden Mitarbeitern und dem Zusammenstellen erfolgreicher Verkaufsteams würde ich gerne bei Ihnen einbringen.

Ich bin ein „Macher", der sich sehr gut organisieren kann. Dabei strebe ich immer danach, ökonomisch an Aufgaben heranzugehen und langfristig zu denken. Gerade im Vertrieb erlebt man es leider häufig, dass nur auf kurzfristige Erfolge geachtet wird. Mein Ansatz ist, natürlich auch kurzfristig umsatzträchtige Maßnahmen durchzuführen, jedoch immer mit festem Blick auf tragfähige Kundenbeziehungen. Meine Mitarbeiter schätzen meine faire Art und offene Kommunikation – auch wenn ich mal etwas strenger durchgreifen oder eine unpopuläre Entscheidung treffen muss.

Wechseln möchte ich, weil ich nun fast fünfzehn Jahre im gleichen Unternehmen tätig bin und dort alles erreicht habe. Ich habe so viel zu bieten und möchte gerne wieder Pionierarbeit leisten und eine erfolgreiche Abteilung für Sie aufbauen.

Meine Gehaltsvorstellung liegt bei 55.000 Euro brutto p. a. Als Führungskraft habe ich eine etwas längere Kündigungsfrist: Wenn ich bis Ende Februar kündige, könnte ich am 1. Juni beginnen.

Ich freue mich, in einem persönlichen Gespräch mehr über Ihr Unternehmen und die Position zu erfahren.

Viele Grüße

Karin Oberhuber

74. Hauptteil: Ist es nicht doppelt gemoppelt, wenn ich einfach meinen Lebenslauf wiederhole?

Es geht nicht darum, berufliche Stationen aneinanderzureihen, sondern Ihre Kompetenzen zu vermitteln und Ihre Person umfassender darzustellen. Am überzeugendsten wird ein Anschreiben, wenn es verschiedene Elemente miteinander verbindet, anstatt eines nach dem anderen aufzuzählen.

- **Flechten Sie bei der Schilderung der beruflichen Station die jeweiligen fachlichen Kompetenzen ein:**
  »Als einzige Angestellte der Rechtsanwaltskanzlei hatte ich gleich nach der Ausbildung die volle Verantwortung – auch für sensible Fristsachen. Dadurch habe ich gelernt, selbstständig und genau zu arbeiten.«
- **Gehen Sie von den wichtigsten fachlichen Kompetenzen aus und legen Sie dar, wo Sie diese bisher erfolgreich eingesetzt haben:**
  »Ich kann mich sehr gut durchsetzen und sicher verhandeln. Als Vertriebsassistentin habe ich das aus Lieferantensicht gelernt. Später habe ich die Einkaufsabteilung komplett neu aufgebaut und viele Jahre erfolgreich geleitet.«
- **Nennen Sie den »Ursprung« einer Fähigkeit oder einen Beweis dafür:**
  »Da ich fast zehn Jahre in einem internationalen Unternehmen mit Haupthaus in London tätig war, spreche ich fließend Englisch.«
- **Bringen Sie schlüssige Entwicklungen ein:**
  »Als Teamassistentin habe ich mir meine Sporen verdient und bin aufgrund meiner guten Leistungen bereits nach einem halben Jahr zur Sachbearbeiterin aufgestiegen.«
- **Verknüpfen Sie positive Wesenszüge mit den beruflichen Erfolgen:**
  »Da ich mich sehr gut auf die unterschiedlichsten Menschen einstellen kann und ein positives Wesen habe, konnte ich den mir übertragenen Kundenkreis noch stärker an das Unternehmen binden. Das hat sich natürlich auch positiv in meinen Umsätzen niedergeschlagen.«

Verschiedene Möglichkeiten, Ihren Werdegang darzustellen

Am Anfang beginnen (mit der Ausbildung oder dem Zeitpunkt, als Ihr Interesse für den Bereich geweckt wurde):	
Für: Berufsanfänger, Umsteiger und für Leute, die schon immer im gleichen Bereich tätig waren und auch weiterhin bleiben möchten.	»Meine Eltern leiten ein eigenes Hotel, in dem ich schon als Kind mitgeholfen habe. Dienstleistung liegt mir sozusagen im Blut ...«
Mit Ihrer ersten beruflichen Position anfangen und sich chronologisch bis zur aktuellen/letzten Tätigkeit »vorarbeiten«:	
Dieser Aufbau ist dann geeignet, wenn Sie einen geradlinigen Lebenslauf und nicht so oft gewechselt haben: So können Sie Ihre langjährige Erfahrung sichtbar machen und betonen.	»Meine Ausbildung machte ich in einer Großdruckerei. Dort bekam ich sehr viel Einblick in digitale Druckverfahren. Da ich mich schnell in neue Programme einarbeite und auch einen Sinn für Grafik habe, entschloss ich mich zu einer weiteren Ausbildung als Mediengestalter ...«
Mit Ihrer letzten/aktuellen Position beginnen und sich auf vergangene Erfahrungen beziehen:	
Gut, wenn Sie Karriere gemacht haben – etwa als Sachbearbeiter begonnen, aufgestiegen und sich jetzt als Führungskraft bewerben. Oder bei Umorientierung (Sie haben eine andere Ausbildung gemacht oder in einem ganz anderen Bereich begonnen und sich dann verändert).	»Seit drei Jahren leite ich die Versandabteilung eines Online-Buchhändlers. Diese Führungsposition wurde mir nach zweijähriger Tätigkeit als Versandsachbearbeiterin anvertraut, da ich mir aufgrund meines Know-hows und Fingerspitzengefühls im Umgang mit Menschen ein sehr gutes Image bei Vorgesetzten und Kollegen erworben hatte ...«

Wichtig: Gehen Sie idealerweise auch – konkret – darauf ein, warum Sie sich ausgerechnet für diese Stelle oder dieses Unternehmen bewerben. Leider sind Anschreiben häufig sehr gekünstelt formuliert, weil sich die Bewerber um einen neutralen und geschäftsmäßigen Tonfall bemühen. Viel besser ist es, lebendiger zu schreiben. Schreiben Sie, wie Sie sprechen, und beachten Sie die folgenden Tipps für einen guten Stil:

- Formulieren Sie lieber persönlich statt im distanzierten und veralteten Kanzleistil.
- Schreiben Sie aktiv statt passiv.
- Verwenden Sie kurze Sätze statt Bandwurmsätze.
- Ziehen Sie Verben den Hauptwörtern vor.
- Verzichten Sie auf nichtssagende Floskeln.

75. Stärken aufzählen: Eigentlich kann doch jeder behaupten, wie überaus kommunikativ und teamfähig er ist. Bringt es überhaupt etwas, auf »Stärken« einzugehen?

Natürlich ist Papier geduldig. Dennoch sollten Sie Ihre Fähigkeiten und die guten Gründe, Sie einzustellen, ins richtige Licht rücken und es nicht darauf ankommen lassen, dass der Personalentscheider schon die richtigen Schlüsse ziehen wird. Dazu kommt, dass für die Bewertung Ihrer Bewerbung (und der dahinterstehenden Person) auch relevant ist, wie Sie über sich selbst sprechen, also was Sie in welcher Weise erwähnen. Daraus macht sich der Personalentscheider ein Bild davon,

- wie reflektiert Sie sind,
- wie konkret Sie werden,
- wie selbstbewusst Sie in Bezug auf die eigenen Stärken sind,
- wie individuell Sie sich Gedanken darüber gemacht haben, was für die aktuelle Position wichtig ist.

Sich einfach mit den üblichen Schlagworten zu begnügen ist tatsächlich negativ. Darum ist es umso wichtiger, dass Sie konkret werden und aussagekräftig auf Ihre persönlichen und fachlichen Qualitäten eingehen (▸ Stärken-/Schwächen-Fragen ab Seite 174).

76. Ich-Sätze: Das Formulieren bereitet mir Schwierigkeiten. Wie kann ich von mir erzählen, ohne ständig Ich-Ich-Ich zu schreiben?

Es ist natürlich absolut in Ordnung, einige Sätze in der Ich-Form zu schreiben. Schöner, interessanter zu lesen, flüssiger und weniger ich-bezogen ist es jedoch, wenn Sie einen abwechslungsreichen Schreibstil pflegen. Das erreichen Sie, indem Sie bestimmte Aussagen aus Sicht des Unternehmens formulieren, Statements auch neutraler ausdrücken und mit eigenen Ansichten verknüpfen, Aufzählungen nutzen und implizite Aussagen treffen. Wie das praktisch aussieht, vermittelt Ihnen die nebenstehende Tabelle.

77. Besser erst im Gespräch: Ich finde es nicht gut, alles von vornherein in die Bewerbung zu schreiben – das lässt sich doch viel besser nachher im Gespräch erklären, oder nicht?

Ins Gespräch müssen Sie erst einmal kommen … und das Ticket dafür soll Ihnen Ihre schriftliche Bewerbung besorgen. Es ist also sehr wichtig, dass Sie alles, was Sie als vielversprechenden Kandidaten auszeichnet, bereits in Ihren Unterlagen erwähnen und dadurch den Personalentscheider so neugierig machen, dass er gerade Sie einlädt und nicht jemand anderen.

78. Selbstständigkeit: Soll ich im Anschreiben erläutern, warum ich nicht mehr selbstständig sein will?

Ja! Versetzen Sie sich in die Lage des Unternehmens. Sie würden sich auch fragen:

- Warum will der Bewerber seine Selbstständigkeit aufgeben?
- Wird er mit der normalen Hierarchie/mit einem Vorgesetzten (wieder) zurechtkommen?
- Ist er für uns möglicherweise zu teuer?

Die Firma interessiert also, wie Sie Ihre Motivation für die Bewerbung – insbesondere auch dafür, sich wieder anstellen zu lassen – begründen sowie typischen Fragen und Hindernissen, die mit diesem Schritt einhergehen, vorgreifen.

Empfehlenswerte Möglichkeiten, um von sich zu erzählen		
Aussage des Unternehmens aufgreifen	»Sie schreiben, dass Sie besonderen Wert darauf legen, dass Ihre Mitarbeiter selbstständig und eigenverantwortlich arbeiten. Das hat mich besonders angesprochen!«	Zeigt Zustimmung und vermittelt, dass man dieses Ziel teilt (impliziert: Bewerber arbeitet selbstständig und übernimmt Eigenverantwortung).
Statement zur Position abgeben	»Ein erfolgreicher Vertriebsmitarbeiter muss einerseits einen ›guten Draht‹ zu seinen Kunden haben, andererseits auch immer das Geschäft im Auge behalten. Denn nur eine gute Beziehung nützt nichts, wenn der Umsatz nicht stimmt.«	Durch die Darstellung, wie der Bewerber einen guten Vertriebler sieht, hat er vermittelt, was ihm selbst wichtig ist und sagt damit über sich: Ich kann gut mit Leuten und bin auf Beziehungen, aber auch auf gute Umsätze bedacht!
Aufzählungen	»Ich bin ■ .... ■ .... ■ .... ■ ....«	Sie können auch einfach Gliederungspunkte nutzen und einige Ihrer (für die Stelle besonders relevanten!) Stärken – aussagekräftig formuliert – auflisten. Dadurch fallen die Stärken noch mehr ins Auge und Sie ersparen sich lauter aneinandergereihte Sätze: »Ich bin ... Außerdem ... etc.«

Wenn Sie Ihr Business aufgegeben haben, weil es finanziell nicht erfolgreich war, dann wäre es kontraproduktiv, Erfolg vorzugaukeln und irgendeinen Grund vorzutäuschen. Gehen Sie lieber kurz und selbstkritisch darauf ein, warum es nicht geklappt hat: Etwa dass Sie fachlich sehr gut sind, aber die Akquise Ihnen nicht liegt. Damit machen Sie viel mehr Punkte, weil Sie zeigen, dass Sie daraus gelernt haben.

79. Altersangabe: Ist es gut, gleich zu schreiben, dass ich »alt« bin?

Das kommt darauf an. Bewerben Sie sich auf eine Position, die bereits in der Ausschreibung auf ein bestimmtes Alter begrenzt ist (was es künftig kaum noch geben wird, ▸ AGG, Seite 250), dann sollten Sie in die Offensive gehen. Ist eine Stelle »bis 35 Jahre« ausgeschrieben und Sie sind 38, brauchen Sie das nicht extra erwähnen. Das Unternehmen setzt mit einer Altersangabe nur einen ungefähren Filter.
Überlegen Sie sich vorher, welche Art von Fragen oder möglichen Vorbehalten es geben könnte.

Beispiel: Jemand ist in den 50ern und bewirbt sich für eine Assistenzstelle. Die Firma stellt sich Fragen wie:

- Lässt sich der Bewerber in diesem Alter etwas von jüngeren Kollegen sagen beziehungsweise kann er sich gut ins bestehende Team integrieren?
- Würde es funktionieren, wenn der Vorgesetzte deutlich jünger ist (und zwar von beiden Seiten)?
- Ist der Bewerber flexibel und fit (zum Beispiel, was Hektik, häufige Veränderungen oder Technik angeht)?
- Ist die Person vielleicht zu teuer (immerhin hat sie viele Jahrzehnte Berufserfahrung)?

Derlei Fragen sind nahe liegend und absolut legitim. Bauen Sie keine Abwehrhaltung auf, etwa indem Sie herauslesen, dass man Ihnen eine gewisse Flexibilität von vornherein abspricht. Zeigen Sie, dass Sie souverän mit Ihrem Alter umgehen.
Überlegen Sie dann, wie Sie diese Punkte im Anschreiben aufgreifen möchten: Der Punkt »vielleicht zu teuer« lässt sich

abhaken, indem Sie Ihre Gehaltsvorstellungen angeben, auch wenn dies von der Firma nicht explizit angefragt wurde.
Ihre Flexibilität und weitere Eigenschaften können Sie inhaltlich hervorheben, ohne sie in Bezug zum Alter zu setzen (Details dazu ab ▸ Frage 74, Seite 81).
Stehen Sie einige Jahre vor dem Ruhestand, dann machen Sie aus der Not eine Tugend. Ein Vorteil ist beispielsweise, dass Sie ganz sicher kein Jobhopper sind.
Wichtig: Achten Sie darauf, nicht jammernd oder defensiv zu wirken à la: »Bitte geben Sie mir eine Chance.« Auch humorig gemeinte Umschreibungen wie das »alte Eisen« unterminieren Ihre überzeugende Selbstpräsentation.

80. Teilzeitarbeit: Eigentlich möchte ich lieber Teilzeit arbeiten – schreibe ich das schon im Brief oder werde ich da nicht gleich aussortiert?

Wenn Sie wirklich nur eine Teilzeitstelle anstreben, ist es wichtig, das von vornherein klarzustellen. Selbstverständlich setzen Sie damit einen Filter: Wenn die Firma keine Teilzeitposition anbietet, fallen Sie sofort raus. Der Hintergedanke, das zunächst zu verschweigen, um damit an den Tisch des Personalentscheiders zu kommen, bedeutet für beide Seiten nur Zeitverschwendung. Denn wenn Sie nicht Vollzeit arbeiten wollen, die Firma aber nur Vollzeitstellen anbietet, werden Sie ohnehin niemals zusammenkommen.

81. Gehaltsvorstellungen: Muss ich wirklich Gehaltsvorstellungen angeben?

Sofern die Firma explizit um die Angabe Ihrer Gehaltsvorstellungen bittet, sollten Sie auf jeden Fall darauf eingehen. Die Frage einfach zu ignorieren wirkt unhöflich oder wenig sorgfältig und kann dazu führen, dass man Ihre Bewerbung beiseite legt. Der Grund ist: Für eine Firma – und auch für den Bewerber – ist es wenig sinnvoll, den Bewerbungsprozess zu durchlaufen, wenn von vornherein klar ist, dass die finanziellen Vorstellungen zu weit auseinanderklaffen.

Aber keine Sorge! Wenn Ihre Vorstellungen nicht wesentlich abweichen und Ihre Bewerbung interessant ist, dann kommt es nicht gleich zu einer Absage. Entweder hat die Firma etwas Spielraum oder man wird bei Ihnen nachforschen, ob Sie Ihrerseits gegebenenfalls Abschläge hinnehmen würden (beziehungsweise ob Sie mit variablen Gehaltsbestandteilen oder sonstigen Leistungen einverstanden wären).
Weichen Ihre Gehaltsvorstellungen sehr weit von den Möglichkeiten des Unternehmens ab, dann bringt es auch Ihnen nichts, sich überhaupt über die Stelle zu unterhalten. Denn die Bezahlung ist aus Ihrer Sicht dann ohnehin indiskutabel.
Schließlich ist es in vielen Fällen sehr vorteilhaft, von sich aus auf das Gehalt zu sprechen zu kommen: Damit verringern Sie das Risiko, dass man Sie als »bestimmt zu teuer« einstuft und Ihnen deshalb sofort absagt. Etwa, wenn Sie einen sehr beeindruckenden Lebenslauf haben oder sich gezielt auf eine »niedrigere« Position bewerben.
Der beste Platz für Ihre Gehaltsvorstellungen ist nach der Selbstpräsentation. Sie haben mehrere Möglichkeiten, Ihre finanziellen Wünsche anzugeben:

- »Meine Gehaltsvorstellungen liegen bei Euro 40 000 p. a.«
- »Als Jahresbruttogehalt stelle ich mir 40 000 Euro vor.«
- »Im Moment verdiene ich monatlich 1 500 Euro brutto.«

Die Abkürzung p. a. steht für »pro anno« und heißt »für das Jahr«. Achtung: Es ist nicht sehr günstig, Ihre Vorstellungen monatlich anzugeben, denn damit lassen Sie außen vor, wie viele Monatsgehälter Sie erwarten. Vielleicht bezahlt Ihr jetziges Unternehmen 13 Gehälter und Sie gehen automatisch davon aus, ein zusätzliches Gehalt zu erhalten.

82. Eintrittstermin: Wie formuliere ich den möglichen Eintrittstermin?

Ganz direkt »Mein möglicher Eintrittstermin ist der XY. Monat« oder »Ich könnte ab Monat XY bei Ihnen beginnen«. Wenn Sie eigentlich lieber noch etwas Urlaub einschieben würden, bevor Sie eine neue Stelle antreten, sollten Sie sich über Ihre Wünsche ganz im Klaren sein: Ist die freie Zeit ein Muss für Sie, dann geben Sie den möglichen Eintrittstermin entsprechend an. Wenn Sie auf den Urlaub verzichten könnten, dann erwähnen Sie, dass Sie auch früher zur Verfügung stehen. Das kann, wenn es darauf ankommt, darüber entscheiden, ob man Sie oder einen Mitbewerber nimmt.

Beispiele:

- »Mein bevorzugter Eintrittstermin wäre der 1. Oktober, möglich wäre aber auch der 1. September.«
- »Ich würde mich freuen, ab April Ihr Team zu verstärken (oder auch früher).«
- »Mein aktuelles Angestelltenverhältnis endet Mitte März. Gerne würde ich anschließend noch zwei Wochen Urlaub machen. Natürlich wäre aber auch der 15. März als Eintrittstermin möglich.«

83. Mobilität: Bringt es mir Vorteile, wenn ich erwähne, dass ich mobil bin?

Wenn die Stelle, für die Sie sich bewerben, Mobilität erfordert: Ja. Sofern Ihre Mobilität begrenzt ist, etwa auf den deutschsprachigen Raum, auf Norddeutschland oder bestimmte Bundesländer, ist es wichtig, das auch eindeutig zu sagen.

84. Schluss: Was schreibe ich am Schluss, ohne anbiedernd zu wirken?

Wenn Sie wirklich meinen, was Sie schreiben, kommt das auch nicht unterwürfig an. Das Problem ist eher, dass viele Schlusssätze zu floskelhaft klingen:

- »Ich würde mich sehr freuen, wenn Sie mich zu einem Vorstellungsgespräch einladen würden.«
- »Wenn ich Ihr Interesse geweckt habe und Sie sich vorstellen können, dass ich in Ihr Unternehmen passe, freue ich mich über eine Einladung zu einem Gespräch.«

Beides klingt sehr umständlich und vor allen Dingen unsicher. Außerdem lädt man Sie selbstverständlich nur dann ein, wenn Sie interessant erscheinen.

Formulieren Sie also den Schlusssatz immer ganz selbstbewusst und direkt:

- »Ich freue mich, im persönlichen Gespräch mehr über die Position und Ihr Unternehmen zu erfahren.«

Noch schöner ist es, das Anschreiben etwas ausführlicher zu beenden und in den Schlusssatz noch etwas mehr an Informationen zu packen:

- »In meinen bisherigen Positionen war ich auch deshalb so erfolgreich, weil ich vorausschauend denke und ganz einfach gerne gut – und effektiv – arbeite. Sehr gerne würde ich Ihr Team mit diesen Fähigkeiten unterstützen. Ich freue mich sehr, wenn Sie mich zu einem Gespräch einladen und wir uns persönlich kennenlernen.«

85. Englisches Anschreiben: Wenn ich mich bei einer internationalen Firma bewerbe, schreibe ich die Bewerbung dann am besten gleich in Englisch?

Nein. Wenn Ihre Bewerbung an eine deutsche Niederlassung geht, schreiben Sie sie natürlich auch auf Deutsch. Ausnahmen:

- Die Firma bittet um eine anderssprachige Bewerbung.
- Sie wissen, dass die Bewerbung auch an eine fremdsprachige Niederlassung geht (zum Beispiel das Haupthaus).

Entschließen Sie sich, Ihre Bewerbung auf Englisch zu schreiben, achten Sie bitte darauf, dass Ihr Englisch auch korrekt ist.

86. Grafologisches Gutachten: Wenn eine Firma ein handschriftliches Anschreiben verlangt, macht sie dann ein grafologisches Gutachten?

Diesen Mythos hört man oft. Von allen Bewerbern ein grafologisches Gutachten einzuholen, wäre aus zeitlichen wie auch aus finanziellen Gründen kaum machbar. Zudem sind nach geltender rechtlicher Auffassung derlei Gutachten nur mit Einwilligung des Bewerbers zulässig, andernfalls macht sich die Firma schadenersatzpflichtig. Handschriftenproben haben meist einen viel näher liegenden Grund: Man möchte schlichtweg sehen, ob die Schrift des Bewerbers leserlich ist.

Ihre Eckdaten – der Lebenslauf

Der oft oberflächliche erste Blick in den Lebenslauf beim Durchsehen der Bewerbungen vermittelt dem Personaler einen vorläufigen Eindruck, wie interessant Ihr Werdegang für die zu besetzende Stelle ist. Hier können Sie mit einer klugen Gestaltung schnell punkten!

87. Inhalt: Was muss in den Lebenslauf?

Da der Lebenslauf die wichtigsten Informationen zu Ihrer Person und zu Ihrem bisherigen beruflichen Werdegang vermitteln soll, enthält er:

- Ihre persönlichen Daten
- Auskunft zu Schule und Ausbildung
- Angaben zum Wehr- bzw. Zivildienst
- Ihre bisherigen beruflichen Stationen
- etwaige Praktika/Nebenjobs
- weitere Kenntnisse und Fähigkeiten (Sprachen, PC ...)
- optional: Hobbys/Interessen

Die persönlichen Daten umfassen bisher:

Vorname, Name: Weisen Sie auf etwaige Namensänderungen (durch Heirat, Adoption ...) hin. So beugen Sie Verwirrungen vor, falls Sie Zertifikate und/oder Zeugnisse beilegen, die auf einen anderen Namen ausgestellt sind.

Komplette Anschrift und Kontaktdaten: Geben Sie im Lebenslauf immer Ihre kompletten Kontaktdaten an. So machen Sie es dem Personalentscheider leicht, Kontakt mit Ihnen aufzunehmen. (▸ Frage 89, Seite 95).

Kontaktmöglichkeiten: Neben Ihrer Telefonnummer bieten sich außerdem an: Mobiltelefon-Nummer, Fax und E-Mail (täglich prüfen!). Geben Sie Ihre Handy-Nummer nur an, wenn Sie auch in Ruhe telefonieren können.

Geburtsdatum/-ort: Sollten Sie im Ausland geboren sein, ist es sinnvoll, das Land mit anzugeben.

Staatsangehörigkeit: Wenn Sie sich nicht innerhalb Ihres Geburtslandes bewerben, nennen Sie Ihre Staatsangehörig-

Muster

Lebenslauf

Karin Oberhuber
Johann-Sebastian-Bach-Weg 3
80805 München

Tel. (0 89) 36 10 78 47
E-Mail: k.oberhuber@domain.de

geb. am 10. Oktober 1960 in Lana/Südtirol
verheiratet, eine Tochter (17 Jahre)

beruflicher Werdegang

seit 03/92	Creativ Bildagentur, München von 01/99 – dto. **Sales Managerin** - Personalverantwortung für 16 Mitarbeiter - Betreuung von Key Accounts - Budgetverantwortung von 04/95 – 12/98 **Aufbau und Interimsmanagement** der neuen Niederlassung in Hamburg von 04/92 – 03/95 **Vertriebsassistentin**
11/89 – 03/92	Familienpause
10/88 – 03/89	Befristete Mitarbeit im **Vertriebsinnendienst**, Holz & Siegfried Electronic GmbH, Freising
05/85 – 09/88	**Vertrieb/Außendienst**, Merk Hard- und Software, Planegg
11/81 – 04/85	**Vertriebsassistentin**, Das Computerhaus, München

Muster

- 2 -

Praktika & Nebenjobs

September 1991	vierwöchiges Praktikum Vertriebsabteilung, Creativ Bildagentur, München
01/90 – 10/90	Mini-Job Telemarketing, Anzeigenverkauf, Münchener Tagblatt
02/80 – 12/80	Servicekraft in der Gastronomie (Wochenenden), „Das Kaffeehaus“, München

Schule & Ausbildung

10/78 – 09/81	**Ausbildung zur Einzelhandelskauffrau,** Elektro Heinz, München
	ausbildungsbegleitend: Berufsschule München
1978	Abitur

weitere Kenntnisse und Fähigkeiten

Computer:	MS Office, Internet, Lotus Notes
Sprachen:	Italienisch - verhandlungssicher Englisch - sehr gut in Wort und Schrift
Hobbys:	englische Filme, Yoga, Musik

München, Januar 2007

Karin Oberhuber

keit. Weisen Sie auch auf eine eventuell erforderliche Aufenthalts- beziehungsweise Arbeitserlaubnis hin.

Familienstand/Kinder: Geben Sie im Lebenslauf Ihren Familienstand an. Auch ob Sie Kinder haben und in welchem Alter, ist relevant (► Frage 90).

Wichtig: Das Allgemeine Gleichbehandlungsgesetz (AGG) wird die Angaben im Lebenslauf wahrscheinlich künftig beeinflussen. Etwa weil die Unternehmen darum bitten, keine Angaben zu machen, die im Widerspruch zum AGG stehen.

88. Länge: Ich habe schon so viel gemacht, dass mein Lebenslauf sehr lang wird. Muss ich wirklich alles auf eine Seite quetschen?

Nein. Der Lebenslauf darf selbstverständlich länger als eine Seite sein, sollte aber zwei A4-Seiten nicht überschreiten. Denn jeder Lebenslauf passt auf zwei Seiten! Detail-Informationen zu einzelnen Tätigkeiten können Sie in einem separaten Tätigkeitsprofil unterbringen (► Frage 95, Seite 100).

Der Lebenslauf soll einen schnellen Überblick über Ihren Werdegang geben. Es muss also möglich sein, beim schnellen Lesen alles einwandfrei zu erfassen. Die folgenden Tipps zum Layout helfen Ihnen dabei, ihn gut zu strukturieren.

Abstände:

- Lassen Sie genug Platz zwischen den einzelnen Rubriken.
- Halten Sie einheitliche Abstände ein.

Überschriften:

- Wählen Sie eine größere Schrift.
- Betonen Sie die Überschrift etwas durch Fettdruck.
- Eine Unterstreichung oder Schattierung, die über die gesamte Breite der Seite geht, teilt das Blatt und die Informationen deutlicher ein und sieht gut aus.

Von links nach rechts:

- Nutzen Sie die übliche Leserichtung (von links nach rechts).

Zeitleiste:

- Halten Sie die linke Spalte schmal, damit rechts genug Platz ist und sich der Lebenslauf nicht unnötig in die Länge zieht.

- Wählen Sie ein einheitliches Format – ideal ist die kurze Datumsform in Zahlen (MM/JJ oder MM/JJJJ).

89. Kontaktdaten: Meine Kontaktdaten schreibe ich immer ins Anschreiben. Kann ich sie dann im Lebenslauf nicht weglassen? Das spart ja auch Platz.

Dass die Kontaktdaten üblicherweise ganz oben im Lebenslauf stehen, hat gute Gründe: Zum einen machen Sie es dem Personalentscheider so leicht wie möglich, mit Ihnen in Kontakt zu treten. Der wichtigere Grund ist jedoch, dass manche Firmen den Lebenslauf separat weitergeben oder aufbewahren, selbst wenn sie die gesamte Mappe zurückschicken. Will man später auf Sie zukommen, ist das schwierig oder gar unmöglich, wenn auf dem Lebenslauf keine Kontaktdaten stehen.

90. Familienstand und Kinder: Ich habe zwei Kleinkinder und bin alleinerziehend. Wenn ich das schreibe, lädt mich doch niemand ein. Muss ich unbedingt Angaben zu Familienstand und Kindern machen?

Zwar ist es kein Muss, aber natürlich sind Kinder ein Thema: Sind sie noch klein, ist dies durchaus relevant für den Arbeitgeber. Denn dann stellt sich einfach die legitime Frage, wie die Betreuung geregelt ist (generell und im Krankheitsfall) und ob es irgendwelche zeitlichen Beschränkungen gibt. Das hat übrigens gar nichts mit Antihaltung oder familienfeindlicher Politik zu tun, sondern es ist eine Realität, dass Sie als alleinerziehender Elternteil mit zwei kleinen Kindern bestimmte besondere Gegebenheiten und zwangsläufig auch Einschränkungen haben werden. Diese Einschränkungen, wie etwa bestimmte Arbeitszeiten, die Sie strikt einhalten müssen, um Ihre Kinder zum Beispiel aus dem Hort zu holen, sind auch für Sie ein Muss. Es ist also in Ihrem eigenen Sinne, das direkt zu klären. Ein Unternehmen, das andere Arbeitszeiten hat oder das grundsätzlich keine Rücksicht nehmen kann oder möchte, würde auch nicht zu Ihnen und Ihren persönlichen Anforderungen passen.

Was ist die »dritte Seite«?

Dem Lebenslauf können Sie – wenn Sie das möchten – auch eine so genannte »dritte Seite« anhängen, die zusätzliche persönliche Informationen über Sie enthält.

Diese Seite ist dazu da, damit Sie noch einmal wesentliche Pluspunkte hervorheben können und der Personalentscheider einen noch individuelleren Eindruck von Ihnen erhält.

In der Praxis fallen diese dritten Seiten leider häufig sehr ungelenk oder oberflächlich aus, weil es nicht jedem liegt, sich in dieser Form zu präsentieren. Und weil sich Bewerber in der Regel auf die üblichen Schlagworte beschränken.

Nutzen Sie diese Möglichkeit nur dann, wenn Sie sich wohl damit fühlen und wenn Sie authentische und glaubwürdige Informationen bieten können. Vom Informationswert her ist diese ergänzende Seite nicht unbedingt nötig, wenn Sie ein gutes Anschreiben verfasst haben.

Verschiedene Varianten

Sie können sich die dritte Seite für ganz unterschiedliche Zwecke zunutze machen:

- Heben Sie besondere Eigenschaften/Fähigkeiten/Kenntnisse noch einmal hervor:
  »Ich bin ...«, »Meine Stärken sind ...«
- Teilen Sie alles über Ihre beruflichen Ziele mit, was Sie für erwähnenswert halten:
  »Meine Ziele/Perspektiven sind ...«
- Betonen Sie, was Ihnen wichtig im Beruf ist:
  »Mir ist wichtig, dass ...«, »Mein Motto ist ...«
- Legen Sie dar, warum man Sie einstellen sollte:
  »Sie sollten sich für mich entscheiden, weil ...«

Belassen Sie es bitte nie nur bei einer Aufzählung der üblichen Schlagworte (»Ich bin flexibel, kommunikativ, kreativ«) und achten Sie darauf, dass Begriffe immer auch verschieden aufgefasst werden können: Ein »Ich kann mich gut durchsetzen« kann sehr gut ankommen, aber ohne nähere

Erklärung auf den Leser auch negative Auswirkungen haben beziehungsweise Fragen aufwerfen: Ist die Person vielleicht unnachgiebig oder stur? Auf welche Art setzt sie sich durch?

Freie Hand bei der Gestaltung

Wie Sie diese Eigencharakterisierung gestalten, liegt ganz bei Ihnen. Sie können eine Tabelle oder eine Gliederung erstellen oder einige Aussagen über sich auf der Seite verteilen. Sie können auch nach dem obigen Schema mit einer Überschrift Sätze einleiten (»Ich bin ...«) und dann darunter Ihre Aussagen über sich treffen.

Worauf es ankommt

Wichtig ist, dass Sie sich kurz fassen und aussagekräftige, individuelle Formulierungen wählen, damit man versteht, was genau Sie ausdrücken möchten.

Schön ist es natürlich, wenn Sie die gewählten Elemente miteinander in Zusammenhang setzen. Haben Sie beispielsweise ein Zitat, das Sie einbringen möchten, dann beziehen Sie sich direkt darauf: Was genau heißt es für Sie? Welche Fähigkeiten nützen Ihnen, es umzusetzen?

Starten Sie mit einem Brainstorming!

Bevor Sie sich für Inhalte der dritten Seite entscheiden, beantworten Sie sich folgende Fragen schriftlich:

- Was macht Sie aus? Welche Eigenschaften beschreiben Sie am besten?
- Warum sollte man Sie einstellen? Was bringen Sie persönlich und fachlich für diese Position mit? Denken Sie für die dritte Seite besonders an Fähigkeiten und Erfahrungen, die Mitbewerber nicht oder nicht in dem Maß besitzen.
- Wenn Sie bestimmte Karrierepläne haben: Wie sieht Ihr Zukunftsmodell aus (zum Beispiel in eine Führungsposition hineinwachsen)?
- Welche Fähigkeiten oder Charaktereigenschaften sind in der Stellenanzeige genannt beziehungsweise lassen sich aus dem angestrebten Tätigkeitsprofil ableiten?

Umgekehrt ist es nur vorteilhaft, die Fakten auf den Tisch zu legen. Wenn Sie der Firma sagen, wie Sie die Betreuung geregelt haben und wenn die Arbeitszeit-Vorstellungen passen, dann harmonieren Sie wunderbar.

91. Eltern: Muss ich Angaben zu meinen Eltern machen und wenn ja, welche?

Bei einer Bewerbung für einen Ausbildungsplatz sind Angaben zu den Eltern nach wie vor üblich. Da ein Schüler noch nicht so viel vorweisen kann, gibt man dem Unternehmen dadurch etwas Einblick in die Familiensituation. Als Teenager würden Sie also Name und Beruf der Eltern schreiben. Als Erwachsener brauchen Sie das nicht mehr zu tun.

92. Tabelle: Gibt es heute nur noch den tabellarischen Lebenslauf?

Der Lebenslauf in Aufsatzform, der früher neben dem tabellarischen Lebenslauf möglich war, ist fast ausgestorben. Wenn ein Unternehmen nicht explizit nach einem Lebenslauf »in Prosa« verlangt, ist immer der tabellarische Lebenslauf gefordert.

93. Reihenfolge: Wie verfasse ich den Lebenslauf: chronologisch oder das Neueste zuerst?

Beide Varianten sind in Ordnung. Wenn Sie schon länger im Beruf und damit Ihre Angaben im Lebenslauf umfassender sind, ist es sinnvoll, wenn Sie die antichronologische Form wählen: Denn den Personalentscheider interessiert vorrangig Ihre aktuelle Erfahrung. Besonders sinnvoll ist das auch für alle, deren Ausbildung für die aktuelle Bewerbung überhaupt nicht maßgebend ist: Angenommen ein Schreiner hat umgesattelt und ist seit einigen Jahren im IT-Bereich tätig. Sortiert er den Lebenslauf chronologisch, fällt dem Personaler, der eine IT-Fachkraft sucht, als Erstes die Schreinerlehre ins Auge. Das ist – besonders gegenüber Mitbewerbern mit einschlägiger Ausbildung – kein vorteilhafter erster Eindruck, da sich sofort eine vermeintliche Fehlqualifizierung festsetzen kann.

Varianten bei der Reihenfolge

Variante 1 (chronologisch):
- persönliche Daten
- Schule und Ausbildung
- bei männlichen Bewerbern: Zivil- oder Wehrdienst
- bisherige berufliche Stationen, beginnend bei der ersten
- weitere Kenntnisse und Fähigkeiten (Sprachen, Computer ...)
- eventuell Hobbys/Interessen

Variante 2 (umgekehrt chronologisch):
- persönliche Daten
- bisherige berufliche Stationen, beginnend bei der aktuellen
- bei männlichen Bewerbern: Zivil- oder Wehrdienst
- Schule und Ausbildung
- weitere Kenntnisse und Fähigkeiten (Sprachen, Computer ...)
- eventuell Hobbys/Interessen

94. Zusätzliche Erläuterungen: Führe ich nur jeweils die Stelle auf oder auch, wie man das jetzt oft sieht, einzelne Aufgaben in Stichpunkten?

Wenn Ihr Lebenslauf nicht allzu lang ist (um nicht mehr als zwei Seiten zu schreiben, ▸ Frage 88, Seite 94), können Sie durchaus einzelne Positionen etwas näher erläutern, indem Sie das Aufgabengebiet umreißen.

Beispiel:

08/2002–06/2006	Vertriebsleiterin, XY Software GmbH, München • Personalverantwortung (12 MA) • Betreuung der Key Accounts • Erschließen neuer Märkte • Budgetierung

Wichtig: Beim näheren Aufschlüsseln einer Tätigkeit sollten Sie sich im Lebenslauf aus Platzgründen auf einige wenige Stichpunkte beschränken. Möchten Sie Ihre weitreichende Berufserfahrung demonstrieren, ist es besser, Sie nutzen ein zusätzliches Tätigkeitsprofil.

95. Tätigkeitsprofil: Was ist ein Tätigkeitsprofil?

Mit einem Tätigkeitsprofil beschreiben Sie eine bestimmte berufliche Station etwas näher und können so Ihre Qualifikation unterstreichen. Das ist dann sinnvoll, wenn Sie

- einen komplexen Tätigkeits-/Verantwortungsbereich hatten,
- in einer Position Zusatzaufgaben übernommen haben,
- eine Berufsbezeichnung haben, die einen gedanklich gleich in die Richtung »Ach, die/der ist ja eigentlich« bringt und den Leser sofort festlegt.

96. Überqualifiziert: Wenn ich die Stationen in meinem Lebenslauf korrekt angebe, bekomme ich überall eine Absage mit der Begründung, ich sei überqualifiziert. Kann ich einfach etwas weglassen?

Nein. Der Lebenslauf muss Ihren Werdegang komplett wiedergeben. Sie dürfen nicht einfach Stellen unter den Tisch fallen lassen. Wenn Sie ahnen, dass Sie sofort als überqualifiziert »abgestempelt« werden, prüfen Sie:

- Bewerben Sie sich auf Positionen, für die Sie tatsächlich überqualifiziert sind? Versetzen Sie sich in einen Personaler und schreiben Sie sich konkret auf, inwiefern man Sie als überqualifiziert sehen wird: So erkennen Sie, ob Sie manche Aspekte durch die Darstellung im Lebenslauf relativieren können (zum Beispiel, indem Sie eine frühere Führungsposition nicht detailreich aufführen und damit die Aufmerksamkeit darauf richten).
- Haben Sie Ihren Lebenslauf aufgebläht? Also Stationen, auf die Sie sehr stolz sind, besonders hervorgehoben, alle möglichen Weiterbildungen aufgeführt? Was können Sie abgespeckt darstellen, um nicht überqualifiziert zu erscheinen?

Muster

Tätigkeitsprofil:
Verkaufsleiterin, Creativ Bildagentur

- Personalverantwortung für vier Vertriebsteams (jeweils 3 Verkäufer und 1 Team-Assistent) inkl. Auswahl und Einstellung neuer Mitarbeiter
- Budgeterstellung und -verantwortung
- Setzen von Zielen und Erfolgskontrolle:
  - Umsatzziele und Maßnahmen zur Erreichung
  - individuelle Mitarbeiterentwicklung (Hard und Soft Skills)
- Reporting für die lokale Niederlassung und das englischsprachige Haupthaus
- Betreuung von Key Accounts
- Durchführen interner Schulungen (neue Mitarbeiter, Akquise, Verhandlungsführung)
- Aufbau einer neuen Niederlassung in Hamburg

Projektarbeit:

- Konzeption eines Systems für Mitarbeitergespräche und Beurteilung des Managements (inklusive finanzieller Bonusregelung)
  Erstellen der Fragebögen und Bewertungsskala
- Mitarbeit Pflichtenheft, lokale Anpassung, Test und Implementierung eines neuen Warenwirtschafts-systems
- Internationales Business-Redesign-Projekt: Analysieren und Optimieren der bestehenden Arbeitsabläufe in den drei deutschsprachigen Niederlassungen und Abstimmung/Best Practice mit der Zentrale und den Niederlassungen

- Wie sieht das Layout Ihres Lebenslaufs aus? Allein durch Fettdruck oder sonstige Stilmittel oder auch durch die Reihenfolge (mit dem Neuesten oder mit der Ausbildung beginnen) setzen Sie andere Akzente oder können bestimmte Dinge auch mehr in den Hintergrund rücken.
- Haben Sie ein Tätigkeitsprofil, das einen Schwerpunkt auf die Qualifikationen setzt, die für die aktuelle »niedrigere« Position relevant sind?

97. Infos weglassen: Kann ich Angaben, die für die aktuelle Bewerbung nicht relevant sind oder vielleicht sogar stören könnten, einfach weglassen?

Die Kern-Informationen zu Schule, Ausbildung und Beruf müssen immer vollständig enthalten sein, denn der Lebenslauf bildet Ihren Werdegang ab. Es geht also nicht, dass Sie einfach einzelne berufliche Stationen verfälschen oder ganz weglassen, nur weil sie Ihnen gerade nicht genehm sind.
Natürlich können – und sollten – Sie Ihren Lebenslauf insgesamt möglichst gut auf die jeweilige Anzeige anpassen. So kann es sein, dass Sie Angaben zu Weiterbildung anders gestalten, dass Sie eine Station stärker hervorheben oder ausführlicher schildern und dadurch andere Positionen etwas mehr in den Hintergrund treten lassen.
Beispiel: Sind Ihre letzten Stellen für die Bewerbung nicht relevant, aber die vorvorletzte? Dann drucken Sie diese Positionsbezeichnung fett und schreiben einige Stichworte hinzu.

98. Arbeitslosigkeit: Wie kaschiere ich am besten Zeiten der Arbeitslosigkeit?

Gar nicht. Zum einen gehören Lücken zu Ihrem Werdegang dazu, wenn Sie zwischendurch arbeitslos waren. Zum anderen ist es gar nichts Schlimmes, sondern völlig normal, dass man auch einmal eine berufslose Zeit hatte. Der Personalentscheider weiß doch auch, dass heutzutage nicht jeder immer sofort eine neue Stelle findet. Sofern Sie zwischen einzelnen Positionen nur kurze Zeit ohne Arbeit waren, beispielsweise zwei Monate, brauchen Sie diese im Lebenslauf nicht extra auszuweisen. Haben Sie über einen längeren Zeitraum Arbeit gesucht, etwa über ein Vierteljahr, dann geben Sie es entsprechend an. Haben Sie in dieser Zeit etwas getan, also einen Nebenjob ausgeübt oder eine Fortbildung gemacht, dann führen Sie dies bitte auf. Ansonsten geben Sie die Zeitspanne an und schreiben »arbeitssuchend« hinzu.

99. Selbstständigkeit: Ich war einige Jahre selbstständig. Wie schreibe ich das denn in den Lebenslauf und wie kommt es an?

Ihr Lebenslauf ist eine Zusammenfassung Ihres Werdegangs – dazu gehört auch ein eigenes Unternehmen. Fügen Sie die Zeit der Selbstständigkeit an der chronologisch richtigen Stelle in die Auflistung Ihrer beruflichen Positionen ein und zwar so, dass man gleich erkennt, dass es eine selbstständige Tätigkeit war. Konkretisieren Sie auch die Natur Ihrer Geschäftstätigkeit (also nicht nur »selbstständige Tätigkeit«, sondern etwa »freiberufliche Grafikerin« oder »selbstständig mit einer Finanzberatung«). Sofern Sie sich aus der Selbstständigkeit heraus anstellen lassen möchten, sollten Sie das in Ihrem Anschreiben ansprechen (▸ Frage 78, Seite 84).
Wie eine Selbstständigkeit ankommt, können Sie nie wissen: Je nach Zusammenhang und Einstellung des Personalentscheiders kann es ein Pluspunkt oder eine Hürde sein.

100. Nebenjobs: Ich habe einige Jahre in einer Kneipe gekellnert. Nehme ich so einen Nebenjob in den Lebenslauf mit auf?

Nebenjobs sind auch eine wichtige Berufserfahrung. Gerade Berufsanfänger sollten ihre praktische Erfahrung immer mit einbringen. Sind Sie schon länger berufstätig, kann der damalige Kellner-Job beispielsweise noch interessant sein, wenn man dadurch etwa erfährt, dass Sie sich damit Ihr Studium finanziert haben (was eine gewisse Selbstständigkeit erfordert und auch ein Grund dafür sein kann, dass sich ein Studium

länger hingezogen hat). Oder wenn Sie sich auf eine Stelle bewerben, bei der ein alter Nebenjob wieder Relevanz bekommt.
Beispiel: Ein Ingenieur möchte in die Kundenbetreuung gehen. Seit seinem Studienabschluss hat er immer nur in der Entwicklung, also ohne Kundenkontakt, gearbeitet. Während des Studiums war er jedoch viele Jahre in Gastronomie und Einzelhandel tätig.
Achten Sie auf die Formulierung. Statt »Kellner in Kneipe« schreiben Sie »Servicekraft in der Gastronomie«. Denken Sie ebenso an Aushilfstätigkeiten im eigenen Familienbetrieb oder bei Bekannten.

101. Diplomarbeit: Muss ich meine Diplomarbeit mit erwähnen – oder gar Noten?

Sofern das Thema Ihrer Diplomarbeit für die aktuelle Stelle von besonderem Interesse ist, geben Sie die Diplomarbeit an. Noten nur dann, wenn diese sehr gut sind und Sie sie deshalb in den Mittelpunkt stellen möchten. Sofern Sie als einer unter vielen Bewerbern für Stipendien und Ähnliches ausgewählt wurden oder Ihnen eine besondere Auszeichnung zuteil geworden ist, ist das natürlich auch erwähnenswert.

102. Sprachkenntnisse: Wie gebe ich Sprachkenntnisse genau an?

Am besten so differenziert wie möglich: Wer nur »Englisch, Französisch, Spanisch« angibt, lässt den Leser darüber im Unklaren, wie gut seine Sprachkenntnisse tatsächlich sind. Es ist viel aussagekräftiger, wenn Sie schreiben:

- Englisch – verhandlungssicher
- Französisch – mündlich: sehr gut
  – schriftlich: Grundkenntnisse

Wichtig: Verwenden Sie keine nichtssagenden Begriffe wie »ausbaufähig«. Diese werden häufig von Bewerbern benutzt, die entweder gar nichts können oder so selbstkritisch sind, dass sie eine Sprache zwar fließend sprechen, aber immer noch der Ansicht sind, sie könnten und müssten sich verbessern.

103. Auf Referenz verweisen: Es ist ja nicht mehr so üblich, Referenzen anzugeben. Ich finde das aber ganz gut: Kann ich trotzdem auf Personen verweisen, die mich positiv bewerten?

Selbstverständlich. Wenn Sie über gute Referenzen verfügen, die vor allen Dingen auch echt sind, geben Sie diese ruhig an. Dem Personalentscheider bleibt es dann überlassen, ob er die betreffende Person tatsächlich kontaktiert. Auch wenn dies nicht der Fall ist, kann es sein, dass sich die bloße Erwähnung einer Referenz positiv auswirkt.

104. Referenzen angeben: Was ist zu beachten, wenn ich jemanden als Referenz nenne – und wie schreibe ich das in den Lebenslauf?

Geben Sie nur Leute als Referenz an, die wirklich etwas über Ihre Person und Ihre Arbeitsweise sagen können – und das auch wollen. Der erste Schritt ist also, die betreffende Person zu fragen, ob Sie sie als Referenz nennen und welche Kontaktmöglichkeiten (Telefon, Mobiltelefon-Nummer, E-Mail) Sie angeben dürfen. Tabu sind erfundene Referenzen, etwa ein Freund, der als früherer Chef auftritt. Bitte lügen Sie nicht, damit würden Sie sich nur selbst ein Bein stellen!
Schreiben Sie eine Extra-Rubrik »Referenzen« in den Lebenslauf (am Schluss, aber vor den Hobbys/Interessen) und geben Sie dann möglichst komplette Informationen – natürlich unter Berücksichtigung der Angaben, die Ihnen die Referenzperson erlaubt hat:

- Vorname, Name (gegebenenfalls Titel)
- wie die Person zu Ihnen steht (gegebenenfalls Unternehmen/Organisation nennen)
- Kontaktmöglichkeiten

Beispiel:
Sabine Jaschke
Geschäftsführerin Excellent Solutions
– ehemalige Vorgesetzte –
Tel. (089) 40906961

Was tun bei Lücken?

Eine Auszeit, Familiengründung, Arbeitslosigkeit, Krankheit oder auch einfach nur, wenn sich eine neue Stelle nicht nahtlos an die letzte angeschlossen hat – es ist eher die Ausnahme, wenn es gar keine »Zwischen-Zeiten« gibt. Doch kaum ein Thema verunsichert Bewerber so wie die Angst, eine Lücke im Lebenslauf könnte ihre Chancen schmälern.

Besteht überhaupt eine Lücke?

Manche Bewerber gestalten ihren Lebenslauf so ungünstig, dass man Lücken vermutet, wo vielleicht gar keine sind. Wer beispielsweise bei seinen beruflichen Stationen lediglich die Jahreszahlen angibt, der lässt den Leser darüber im Unklaren, wann er genau wo war. Es ist lästig, sich die Daten selbst zusammensuchen zu müssen, um den Werdegang überhaupt erst nachvollziehen zu können.

Beispiel:

- 2002–2004 Fachverkäuferin, Bäckerei Kern, Hamburg
- 2004–2006 Verkäuferin, elektromarkt AG, Stuttgart

Hier erkennt niemand, ob und für wie lange eine Lücke bestand. Gibt es Zeiträume, die nicht nachvollziehbar sind, wird sich der Personalentscheider fragen: Was war denn da? Oder sogar: Will der Bewerber mir etwas verheimlichen?

Nichts verbergen!

Stehen Sie zu Ihrem Werdegang und versuchen Sie nicht krampfhaft, Lücken zu kaschieren. Leider wird oft empfohlen, etwas zu erfinden, das man nicht nachprüfen kann, etwa einen Sprachaufenthalt oder einen pflegebedürftigen Familienangehörigen. Doch oft fühlen sich Bewerber dann schlecht, weil sie lügen, oder kommen in die Bredouille, wenn sie nach Details gefragt werden.

Seien Sie ehrlich und machen Sie etwaige Lücken nachvollziehbar: Es gab Gründe dafür und Sie haben in dieser Zeit auch etwas getan. Das interessiert den Personaler. Dass ein Lebenslauf bewegter ist und der berufliche Werdegang auch einmal unterbrochen war, ist völlig normal.

Wie Sie die Lücke erklären

Arbeitslos (▸ Frage 98, Seite 102): Jeder Personaler weiß, dass es nicht immer möglich ist, nahtlos in eine neue Stelle zu wechseln. Selbst in Zeiten, in denen der Arbeitsmarkt nicht angespannt ist, kann es Wochen oder Monate dauern, bis man eine neue Anstellung findet. Wenn Ihre letzte Stelle kurz (maximal einige Wochen) zurückliegt, geben Sie sie im Lebenslauf einfach komplett (von – bis) an. Dann ist klar, dass Sie sich seitdem auf Arbeitssuche befinden.
Ist die Zeitspanne größer, sollten Sie schreiben, dass Sie momentan Arbeit suchen. Sonst fragt sich der Personaler, ob Sie einfach eine alte Version Ihres Lebenslaufs geschickt haben oder was Sie derzeit tun.

Familie: Ordnen Sie Erziehungszeiten chronologisch zwischen Ihren beruflichen Stationen ein. Dann kann man klarer Ihren Werdegang nachvollziehen. Bezeichnen Sie etwaige Teilzeitstellen/Nebenjobs bitte auch als solche.

Unfall/Krankheit: Manchmal wird man durch Unfälle oder Krankheit aus dem Berufsleben geworfen. Im Extremfall mehrere Monate oder sogar Jahre.
Die Frage, wie offensiv man bereits in der schriftlichen Bewerbung mit dem Thema Krankheit umgehen sollte, ist nicht so einfach zu beantworten. Denn hier kommt es sehr stark auf die Art der Krankheit und die eventuellen Folgen an (▸ Frage 54, Seite 56).

Bewusste Auszeit: Haben Sie bewusst eine Pause gemacht, etwa um sich neu zu orientieren oder eine lange Reise zu machen, oder ein so genanntes Sabbatjahr eingelegt, schreiben Sie das mit dazu. Häufig registrieren das Personaler sogar positiv oder werden neugierig. Denn eine bewusste Auszeit zeigt, dass Sie eine Entscheidung getroffen und »durchgezogen« haben. Der Interviewer wird höchstwahrscheinlich nachfragen, um von Ihnen mehr über die Motivation für die Auszeit zu erfahren und auch, wie Sie die Zeit für sich genutzt oder was Sie daraus für sich mitgenommen haben. Nutzen Sie diese Gelegenheit, erworbene Erkenntnisse und Fähigkeiten zu vermitteln und so Ihr persönliches Profil zu schärfen.

Auch die Optik zählt – das Foto

Auch wenn das Allgemeine Gleichbehandlungsgesetz die Bewerbungsformalitäten künftig verändern wird, hat das Bild zur Zeit noch einen Platz in der Bewerbung. Nutzen Sie also die Chance, mit einem sympathischen Foto den positiven Eindruck Ihrer Unterlagen zu unterstützen.

105. Platzierung: Wohin kommt eigentlich das Foto? Vorne auf das Deckblatt oder auf den Lebenslauf?

Sie können Ihr Foto entweder auf dem Deckblatt (▸ Frage 57, Seite 63) oder auf dem Lebenslauf anbringen.

Platzieren Sie das Foto auf dem Deckblatt, achten Sie darauf, den weiteren Text vorteilhaft anzuordnen: Ein sehr kleines Foto wirkt sonst leicht verloren. Kommt Ihr Bild auf den Lebenslauf, dann lassen Sie ihm genug Raum, sonst wirkt es schnell gequetscht (▸ Beispiel auf Seite 92 f.).

Schreiben Sie Ihren Namen auf die Rückseite und befestigen Sie das Foto immer so, dass es gut hält: also entweder kleben oder mit festen Foto-Ecken. Verwenden Sie keine Büroklammern, weil sich das Bild sonst leicht selbstständig macht und man es dann nicht mehr zuordnen kann. Und außerdem drücken sich die Büroklammern so stark ins Bild ein, dass das Foto schnell unansehnlich und damit unbrauchbar wird.

106. Scannen und drucken: Kann ich das Foto auch einscannen und auf die Bewerbung drucken?

Das kommt darauf an. Ausgedruckte Fotos sind mehr und mehr im Kommen, da die technische Ausstattung von PCs und Peripheriegeräten auch für den Privatbereich mittlerweile hervorragend ist: Sofern ein Foto ordentlich eingescannt ist und in Farbe und in hoher Qualität ausgedruckt wird, ist ein Ausdruck oft auf den ersten Blick gar nicht mehr von einem Fotoabzug zu unterscheiden. Entscheiden Sie sich dafür nur, wenn Sie sich mit der Technik gut auskennen, und verwenden Sie für den Ausdruck idealerweise spezielles Fotopapier.

Tipp: Für den Ausdruck scannen Sie mit 300 dpi ein. Ist das Bild zu dunkel, können Sie es in Ihrem Bildbearbeitungsprogramm per Knopfdruck etwas aufhellen (Informationen dazu finden Sie in der Hilfe-Sektion oder im Handbuch). Stellen Sie dann im Druckmenü die höchste Druckqualität ein.

107. Fotograf: Muss ich zum Fotografen gehen oder kann ich auch selbst ein Foto machen?

Professionelle Bilder sind zu empfehlen. Auch wenn mit den Digitalkameras das Fotografieren noch einfacher, schneller und günstiger geworden ist, ist oft die Qualität selbst gemachter Fotos nicht so gut. Aber wenn Sie jemanden kennen, der gut fotografieren kann und dabei auch auf Kontraste, Umgebung und richtiges Licht achtet, steht einer gekonnten Privataufnahme nichts im Weg. Verwenden Sie jedoch keine Spontan-Knipsereien oder Automatenbilder!

Checkliste: Wie gelingt das Foto?

- ☐ Liegt der Fokus auf Ihrem Gesicht?
- ☐ Sitzt die Frisur?
- ☐ Haben Sie Kleidung zum Wechseln dabei oder Utensilien, um die Frisur zu ändern (etwa einmal hochgesteckt, einmal offen)?
- ☐ Haben Sie unmittelbar vor dem Shooting noch mal in den Spiegel gesehen?
- ☐ Haben Sie geprüft, welchen Hintergrund der Fotograf gewählt hat? Kontrastreich genug zu Ihrer Kleidung/Haarfarbe? Hell genug, damit kein düsteres Trauerbild daraus wird? Ist die Farbe vorteilhaft gewählt/schmeichelt sie Ihnen?
- ☐ Können Sie jemanden mitnehmen, den Sie kennen? Das macht locker und eine vertraute Person wird Ihnen sagen, wenn Sie verkrampft wirken, die Haare komisch abstehen oder Ihre Haltung seltsam aussieht (nicht jeder Fotograf achtet darauf).

108. Urlaubsfoto: Aus meinem letzten Urlaub habe ich ein sehr schönes Bild. Darf ich es auch für Bewerbungen benutzen?

Wenn der Fokus auf Ihrem Gesicht liegt, Sie sympathisch und für eine Bewerbung seriös genug wirken (Frisur, Kleidung, Gesichtsausdruck, Umgebung), dann spricht nichts dagegen. Nachteilig wären zu saloppe Kleidung, ein Sonnenbrand, windzerzauste Haare oder der Caipirinha im Vordergrund.

109. Bildformat: Wie groß muss ein Bewerbungsfoto eigentlich sein?

Üblich ist das Passbild-Format (4,5 x 3,5 cm). Fotos, die als Bewerbungsbild ausgewiesen sind, sind oft geringfügig größer. Möchten Sie Ihr Portrait auf das Deckblatt kleben, können Sie ruhig ein etwas größeres Foto nutzen.

110. Farbe oder Schwarzweiß: Sollte ich lieber ein Farbfoto verwenden oder eins in Schwarzweiß?

Das können Sie machen, wie Sie möchten. Ein gutes Farbfoto mit ordentlichem Kontrast wirkt tendenziell freundlicher. Ein Schwarzweiß-Foto kann elegant und künstlerisch wirken und schmeichelt oft etwas mehr. Achten Sie bei Schwarzweiß jedoch auf die Machart und sehen Sie sich vorab Musterbilder des ausgewählten Fotografen an.
Denken Sie auch an getönte Bilder: Ein Schwarzweiß-Foto mit Blaustich oder sepiafarben ist eine interessante Variante.

111. Bildausschnitt: Zeige ich besser nur das Gesicht oder auch den Oberkörper oder den ganzen Körper?

Üblich ist ein Portrait oder Halbportrait. Ganzkörperaufnahmen verwenden Sie nur, wenn das Unternehmen diese fordert (beispielsweise bei einer Bewerbung als Flugbegleiter).
Ihr Gesicht muss im Mittelpunkt stehen. Bei vielen Halbportraits, gerade bei dunkler Oberbekleidung, nimmt die Kleidung sehr viel Fläche des Bildes ein und lenkt so vom Gesicht ab. In diesen Fällen sollten Sie das Foto etwas beschneiden.

112. Gesichtsausdruck: Wie schaue ich denn am besten für ein gutes, aber seriöses Foto?

Sehen Sie den Betrachter direkt an. Achten Sie auf einen offenen und sympathischen Blick. Sie dürfen durchaus lächeln! Wenn Sie sich wohler mit einem ernsteren Gesichtsausdruck fühlen, dann ist das vollkommen in Ordnung: Schauen Sie aber bitte entspannt, sonst kann das Ernsthafte schnell verkniffen oder düster wirken.

113. Lange Haare: Ich habe gehört, dass Frauen langes Haar auf dem Foto keinesfalls offen tragen sollten. Muss ich meine Haare wirklich zusammenbinden oder hochstecken?

Selbstverständlich können Sie Ihre Haare auch offen tragen. Achten Sie aber darauf, dass die Haare nicht unbeabsichtigt abstehen, »fliegen« oder Ihr Gesicht verdecken. (Das vermittelt den Eindruck, als ob Sie sich hinter einem Haarvorhang verstecken möchten.)

114. Dekolleté: Wie viel Dekolleté ist erlaubt?

Wenn Sie sich für ein Portrait-Foto entscheiden, ist es ziemlich egal, was Sie tragen: Denn dann sieht man ohnehin nur etwas mehr als den Hals. Bei einem Halbportrait kleiden Sie sich besser angemessen, also mit einem für das Geschäftsleben passenden Outfit.

Kontraproduktiv wären natürlich

- zu tief ausgeschnittene T-Shirts/Tops,
- transparente Kleidung oder bauchfrei (absolut tabu!),
- eine zu tief aufgeknöpfte Bluse.

115. Anzug und Krawatte: Sollte ich auf dem Foto Anzug und Krawatte tragen?

Bewerben Sie sich bei einer Branche (Bank …) oder für eine Position, bei der Anzug und Krawatte einfach dazugehören (Kundenberater …), dann kleiden Sie sich auch für das Bewerbungsfoto entsprechend.

Wie beweisen Sie Ihr Können?

Was ist bei Arbeitszeugnissen wichtig? Interessieren alte Schulzeugnisse noch? Ist das VHS-Zertifikat relevant oder nicht? Hier erfahren Sie, was Sie mitschicken sollten und wie mit unvorteilhaften Zeugnissen umzugehen ist.

116. Kein aktuelles Zeugnis: Kann ich mich auch ohne ein aktuelles Zeugnis bewerben?

Ja. Jeder Personalentscheider weiß, dass über eine aktuelle oder kürzlich beendete Stelle oft noch kein Nachweis vorhanden ist. Gerade Bewerber, die noch in Anstellung sind, scheuen sich oft davor, um ein Zwischenzeugnis zu bitten.
Haben Sie in Ihrer jetzigen Stelle andere Aufgaben/Verantwortungsbereiche inne, als Ihre bisherigen Arbeitszeugnisse belegen, dann verfassen Sie ein Tätigkeitsprofil (▸ Frage 95, Seite 100): So können Sie die potenzielle neue Firma über Ihre aktuellen Aufgaben und Erfahrungen informieren.
Verfahren Sie auch so, wenn Sie nur wenige oder gar keine anderen Nachweise haben. Beispielsweise, weil es Ihre erste Stelle ist, oder weil Sie schon viele Jahre in demselben Unternehmen in der gleichen Position tätig sind.
Wichtig: Sie sollten sich generell ein Zwischenzeugnis geben lassen, wenn Ihr Arbeitsgebiet oder Ihr Vorgesetzter wechselt. Nur so stellen Sie sicher, dass Ihre unterschiedlichen Tätigkeiten auch ordentlich gewürdigt und festgelegt sind.

117. Schulzeugnisse: Es interessiert doch niemanden mehr meine Mathenote von vor 10 Jahren! Muss ich Schulzeugnisse überhaupt noch beilegen?

Eine komplette Bewerbung beinhaltet auch Ihre Schulabschlusszeugnisse. Ganz egal, wie lange Ihr Quali, Abi oder die FOS schon her ist. Keine Sorge: Liegt Ihre Schulzeit länger zurück, wird man Sie ganz sicher nicht mehr mit alten Noten konfrontieren. Der Personalentscheider ordnet deren Bedeutung schon richtig ein.

118. Fehlende Zeugnisse: Was kann ich tun, wenn mir Zeugnisse fehlen?

Ein Zeugnis ist eine »Holschuld«: Ein Unternehmen braucht es nur auf Anfrage auszustellen und ist nicht etwa, wie oft gemeint, dazu verpflichtet. Idealerweise sind Ihre Unterlagen komplett und dazu gehören lückenlose Nachweise.
Sie sollten sich auch nachträglich darum bemühen, fehlende Zeugnisse noch einzuholen. Fragen Sie bei der betreffenden Firma freundlich nach. Haben Sie Ihre Ausfertigung des Zeugnisses verloren, braucht man es dort nur noch einmal auszudrucken. Hatten Sie damals keines angefordert und liegt Ihre Tätigkeit auch schon länger zurück, kann man Ihnen vielleicht nur noch ein einfaches Zeugnis ausstellen, also den Nachweis, dass und wann Sie dort tätig waren und welche Position und Aufgaben Sie hatten.
Ist nachträglich kein Nachweis mehr zu erhalten, etwa weil es das Unternehmen nicht mehr gibt, können Sie über ein Tätigkeitsprofil wenigstens Ihren Aufgabenbereich skizzieren.

119. Schlechte Zeugnisse: Ich habe ein Zeugnis, das nicht so gut ist. Kann ich es einfach weglassen?

Nein, denn dann wird die Firma ohnehin annehmen, dass das Zeugnis nicht gut ist und Sie es verbergen möchten, oder aber Sie wirken schlampig, weil die Anlagen nicht vollständig sind. Sofern Sie komplette Bewerbungsunterlagen verschicken, müssen auch alle Zeugnisse mit dabei sein.
Ausnahme: Wenn alle Ihre Zeugnisse so schlecht sind, dass Sie wahrscheinlich sofort eine Absage erhalten werden, können Sie auf eine Kurzbewerbung ausweichen (▸ Frage 58 f., Seite 63 f.), um zumindest eingeladen zu werden.
Übrigens: Viele Bewerber deuten ihre Zeugnisse oft sehr viel schlechter, als diese tatsächlich sind. Denken Sie daran, dass ein Zeugnis immer insgesamt betrachtet wird und sich ein Personaler niemals nur an einem Satz »aufhängt«. Stellen Sie sich aber darauf ein, dass Sie auf ein schlechtes Zeugnis oder eine kritische Anmerkung angesprochen werden.

120. Beglaubigung: Muss ich Kopien von Zeugnissen beglaubigen lassen?

Normalerweise ist das unnötig. Sollte es im Ausnahmefall verlangt werden, fragen Sie Ihre Stadtverwaltung oder Gemeinde. Auch Pfarrämter beglaubigen Schriftstücke.

121. Fremdsprachige Zeugnisse: Was mache ich mit Zeugnissen, die nicht in Landessprache vorliegen?

Sind Sie unsicher, ob der Empfänger Ihrer Unterlagen die betreffende Sprache beherrscht, legen Sie besser eine Übersetzung bei. Bewerben Sie sich bei einer international tätigen Firma, ist davon auszugehen, dass man dort ein englisches Zeugnis lesen kann. Haben Sie aber ein Auslandspraktikum in Tschechien gemacht oder eine Referenz auf Portugiesisch, ist eine Übersetzung notwendig. Dasselbe gilt, wenn die Benotung auf einem fremden System beruht, das man bei uns nicht kennt.
Das muss nicht gleich eine amtliche Übersetzung sein (außer diese ist von vornherein für die Bewerbungsunterlagen gefordert), sondern dient dazu, dass der Leser Ihrer Unterlagen die Zeugnisse versteht. Die Übersetzung muss aber stimmen, darf also nicht absichtlich oder auch irrtümlich falsche Informationen wiedergeben oder ein Zeugnis sogar beschönigen.

122. Anzahl der Zertifikate: Ist es wichtig, möglichst viele Zertifikate zu haben?

Im Gegenteil! Bewerbungen, die besonders umfangreich sind, erkennt der Personalentscheider sofort als »künstlich aufgebläht«. Legen Sie nur relevante Zeugnisse bei, denn der Personaler nimmt sich für das erste Durchsehen Ihrer Unterlagen nicht viel Zeit und sollte daher nicht von Nebensächlichem abgelenkt werden.

123. Auswahl der Zertifikate: Welche Zertifikate sollte ich überhaupt beilegen?

Alles, was inhaltlich relevant für die Position beziehungsweise Ihre Qualifikation und auch wirklich aussagekräftig ist. Und

Sie müssen die bescheinigten Fähigkeiten tatsächlich beherrschen und im Berufsalltag einsetzen können.

Beispiele:

- Wenn Sie vor Jahren einen Business-Englisch-Kurs besucht haben, aber völlig aus der Übung sind und eigentlich gar nicht mehr gut Englisch sprechen, ist dieses Seminar nicht mehr von Belang – im Gegenteil: Durch diese Information nimmt man an, Sie sprächen hervorragend Englisch.
- Computerkurse für veraltete Programme sind belanglos.

Achten Sie darauf, dass aufgeführte Seminare nicht zum Eigentor werden. Bewerben Sie sich also zum Beispiel für eine Stelle in der Telefonzentrale und besuchen ständig Seminare zum Thema Mitarbeiterführung und Controlling, kann das einerseits positiv wirken, weil man Ihnen Ambitionen in Richtung leitende Position unterstellt. Es kann aber auch das Aus sein, wenn die Firma wirklich nur jemanden für die Telefonzentrale sucht und eben niemanden, der das offensichtlich nur als vorübergehende Stelle ansieht.

Setzen Sie aber keinen zu strengen Filter: So sind beispielsweise bei einem Maschinenbau-Ingenieur Zertifikate für Rhetorikkurse durchaus relevant, da häufig über Verständigungsprobleme zwischen Technikern und Laien geklagt wird.

124. Kein Weiterbildungsnachweis: Was ist, wenn ich keine Nachweise habe, obwohl ich einige Seminare besucht habe?

Sie können die Angaben zu besuchten Seminaren oder Fortbildungen auch einfach im Lebenslauf aufführen. Legen Sie dazu eine eigene Rubrik »Weiterbildung« mit den entsprechenden Seminaren an. Beschränken Sie sich auf die für die aktuelle Stelle relevanten Fortbildungen und geben Sie nur die Seminare an, deren Fähigkeiten Sie aktuell haben. Sofern die Anzahl der Seminare überschaubar ist, nennen Sie auch Datum/Dauer und Veranstalter.

Tipp: Sie können jederzeit bei dem Veranstalter der Weiterbildung um ein nachträgliches Zertifikat bitten.

125. Arbeitsproben: Soll ich Arbeitsproben beilegen oder lieber erst zum Gespräch mitbringen?

Natürlich ist es für ein Unternehmen immer schön, auch schon in den Unterlagen ein paar Einblicke in die Fähigkeiten des Bewerbers zu erhalten. Die Arbeitsproben sollten jedoch Fähigkeiten belegen, die für die aktuelle Stelle relevant sind.

Beispiele:

- Eine Werbefachfrau sendet eine von ihr konzipierte gelungene Broschüre mit.
- Eine Journalistin legt veröffentlichte Artikel bei.

Aber übertreiben Sie nicht: Also lieber nur ein, zwei wirklich gute Arbeitsproben beilegen (und weitere mitnehmen, wenn Sie zum Gespräch eingeladen werden).

Arbeitsproben können jedoch auch den Eindruck erwecken, dass der Bewerber eigentlich andere Interessen hat und sich nur als Notlösung bewirbt. Eine Journalistin, die mehrere ihrer Artikel beilegt, sich aber für den Anzeigenverkauf bewirbt, würde sich einen Bärendienst erweisen, wenn beim Personaler der Eindruck entsteht, dass sie eigentlich lieber weiterhin redaktionelle Beiträge schreiben würde. Denn diese Fähigkeit ist beim Vertrieb von Anzeigenplätzen nicht gefragt.

Achten Sie auch auf Interna und Vertraulichkeit! Ein Projektleiter etwa disqualifiziert sich selbst, wenn er einfach firmeninterne Projektabläufe oder -ergebnisse in die Bewerbung einfließen lässt.

126. Fiktive Arbeitsproben: Wenn ich keine echten Arbeitsproben habe: Kann ich auch »Fake«-Arbeitsproben erstellen, um der Firma meine Kompetenz zu demonstrieren?

Selbstverständlich! Kennzeichnen Sie dann aber, dass es sich um fiktive Projekte handelt. Das ist besonders vorteilhaft, wenn Sie noch keine Berufserfahrung haben.

Tipp: Handelt es sich bei Ihrem Fachgebiet um eine Dienstleistung, also etwa Telefonakquise, dann bieten Sie doch an, diese persönlich zu demonstrieren.

Ab die Post

Ihre Unterlagen sind zusammengestellt. Jetzt heißt es, Ihre Bewerbung gut und sicher ans Ziel zu bringen: Von der Empfängeranschrift bis hin zu unversehrten Unterlagen gibt es einiges zu beachten.

127. Rückumschlag: Soll ich einen Rückumschlag beilegen, damit die Unterlagen auch sicher wieder zurückkommen?

Nein. Denn damit zeigen Sie dem Unternehmen, dass Sie mit einer Absage rechnen, und wirken resigniert. Bewerben kostet Geld und natürlich sind Sie daran interessiert, Ihre Unterlagen zurückzuerhalten. Dennoch müssen Sie leider immer mit etwas »Schwund« rechnen. Wenn Ihr Geld sehr knapp ist, dann nutzen Sie zeitgleich mehrere Bewerbungsformen (E-Mail-Bewerbung, Kurzbewerbung im Lang-DIN-Kuvert) und verwenden die kompletten Unterlagen nur für die wichtigsten Bewerbungen.

128. Sondermarken: Bringt es irgendwelche Vorteile, Sondermarken zu nutzen?

Dieser Mythos ist nicht totzukriegen. Ihre Bewerbung wird mit der Eingangspost bearbeitet. Selbst wenn das Kuvert aus Datenschutzgründen direkt zur Personalabteilung kommt, ist dort jemand für die Post zuständig, der erst einmal nur öffnet und sortiert. Der Personalentscheider bekommt Ihre Briefmarke gar nicht zu Gesicht. Und selbst wenn, würde diese auf keinen Fall irgendeine gesteigerte Aufmerksamkeit auf Ihre Bewerbung lenken.

129. Beschädigung: Wie kann ich verhindern, dass die Post meine Unterlagen zerknickt?

Sie können einige Vorsichtsmaßnahmen treffen: Nutzen Sie eine Bewerbungsmappe, die ein bisschen stabiler und nicht so leicht zu beschädigen ist. Und achten Sie auf ein geeignetes

Kuvert. Einfache Papier- oder Luftpolsterumschläge sind ungeeignet, weil sie zwar schützen, aber zu flexibel sind. Sie können ein großes Stück Pappe mit hineinlegen (das aber neutral und sauber geschnitten sein muss – nicht einfach eine Seite aus der Toasterverpackung herausreißen). Oder Sie benutzen ein Kuvert, das ganz oder teilweise aus Karton besteht.
Leider haben Sie nicht unter Kontrolle, wie das Unternehmen Ihre Unterlagen zurücksendet. Was Sie dagegen positiv beeinflussen können, ist Ihr Briefkasten: Passt ein großes Kuvert gut hinein? Wenn nicht, dann sprechen Sie mit Ihrem Postboten und bitten ihn, die großen Kuverts wenn möglich auf den Briefkasten (oder an eine sonst verabredete Stelle) zu legen. Wenn man freundlich fragt und erklärt warum, sind die meisten Menschen hilfsbereit.

130. Porto sparen: Darf ich meine Kurzbewerbung auch knicken, um weniger Porto zu bezahlen, oder kommt das schlecht an?

Selbstverständlich können Sie Ihre Kurzbewerbung in einem normalen Briefkuvert verschicken und müssen dann nur das entsprechende Briefporto bezahlen. Achten Sie aber immer darauf, dass Sie sauber dritteln, damit Brief und Lebenslauf beim Aufklappen ordentlich aussehen und keine schiefen Knicke aufweisen.
Versenden Sie lieber mehr Bewerbungen (auch durch Kurzbewerbungen), als aufgrund angespannter Finanzen zu wenig Bewerbungsversuche zu starten.

131. Persönlich überbringen: Kann ich die Bewerbung nicht einfach vorbeibringen?

Selbstverständlich können Sie Ihre Bewerbungsunterlagen auch persönlich im Unternehmen abgeben. So bekommen Sie auch einen ersten Eindruck (vom Firmenort und dem Unternehmen). Rechnen Sie aber bitte nicht damit, dass Sie den Personalentscheider persönlich treffen. In der Regel werden Sie Ihre Unterlagen am Empfang hinterlassen.

Was es beim Versand zu beachten gilt	
Empfänger-adresse kontrollieren	Sind alle Angaben korrekt? Ein kleiner Zahlendreher in der Postleitzahl kann dazu führen, dass Ihre Bewerbung nicht ankommt. Tippfehler in der Anschrift machen auch einen schlechten Eindruck.
An eine konkrete Person adressieren	Geben Sie den kompletten Namen (inklusive Vornamen) und gegebenenfalls die Abteilung an. Achten Sie auf die korrekte Schreibweise des Namens!
Vertraulichkeits-vermerk	Üblicherweise werden Personalsachen immer vertraulich behandelt. Generell gilt: Schreiben Sie den Namen des Empfängers in die erste Zeile, also vor den des Unternehmens, sollte der Brief auch nur von dieser Person geöffnet werden. Allerdings wird das nicht überall beachtet. Um sicherzugehen, können Sie auch den Vermerk »persönlich« oder »vertraulich« vor die Adresse setzen.
Absender komplett angeben	Geben Sie Ihren Absender auf dem Kuvert an, damit die Sendung gegebenenfalls zurückgeschickt werden kann. Es wäre schade, wenn Sie sich darüber ärgern, dass eine Firma sich nicht meldet, obwohl die Post aufgrund Ihres eigenen Fehlers nicht angekommen ist.
Termin zu knapp?	Wurde Ihnen ein Stichtag für die Bewerbung genannt und sind Sie zu spät dran für den Postversand, dann rufen Sie an und fragen nach, ob es in Ordnung ist, wenn Ihre Unterlagen etwas später eintreffen. Wenn nicht, können Sie als Alternative anbieten, Ihre Bewerbung zu faxen oder per E-Mail zu senden und die kompletten Unterlagen parallel loszuschicken.

Wie Sie am besten nachhaken

Sie sind im Bewerbungsprozess und haben länger nichts gehört? Oder die Firma hat Ihnen einen Anruf in Aussicht gestellt und sich noch nicht gemeldet? Dann haken Sie nach!

Ab wann dürfen Sie nachfragen?

Es gibt keine allgemeine Regel, wann ein guter Zeitpunkt zum Nachfassen ist, denn der Bewerbungsprozess läuft in jedem Unternehmen unterschiedlich ab. Auch wenn Sie ungeduldig auf Antwort warten: Ein Unternehmen erhält auf eine Stellenausschreibung massenweise Bewerbungen. Der Personaler wird die ersten ein- bis eineinhalb Wochen abwarten – das ist der Zeitraum, in dem das Gros der Bewerbungen eintrifft. Jetzt kann er eine Vorauswahl treffen. Für Sie bedeutet das, dass ein Nachhaken erst nach zwei, besser noch drei Wochen sinnvoll ist.

Haben Sie etwas zu sagen!

Überlegen Sie, bevor Sie zum Hörer greifen, ganz konkret, was der Grund Ihres Anrufs ist:

- Möchten Sie wissen, wie der Stand der Dinge ist? Also wie der Zeitplan und die Vorgehensweise für die Besetzung der Stelle aussehen?
- Oder haben Sie noch ergänzende Fragen zur Position, die Sie bei dieser Gelegenheit gleich klären möchten?

Legen Sie sich bereit:

- die Stellenausschreibung und Ihre Bewerbungsunterlagen
- Ihren »Spickzettel«, was Sie erreichen möchten
- Schreibzeug

Sie können durch einen freundlichen Nachhak-Anruf durchaus Punkte sammeln. Lassen Sie sich nicht verunsichern, falls Sie an jemanden geraten, der unwirsch ist: Ein guter Personaler begrüßt es, wenn Sie als Bewerber aktiv sind. Bereiten Sie sich jedoch gedanklich darauf vor, dass sich spontan ein Bewerbungsgespräch entwickeln könnte.

So telefonieren Sie erfolgreich

Lassen Sie sich von Freunden ehrliche Rückmeldungen geben, wie man Sie am Telefon erlebt! Wenn Sie am Telefon keinen besonders überzeugenden Eindruck hinterlassen oder einfach zu viel Angst haben, dann haken Sie lieber schriftlich nach.

Können Sie jedoch gut telefonieren und wirken dabei sympathisch, beherzigen Sie noch die folgenden Punkte:

- Sorgen Sie für Ruhe (keine Geräuschkulisse durch Radio oder offenes Fenster, nicht von unterwegs mit dem Handy anrufen) und machen Sie sich Notizen.
- Fragen Sie sich zur richtigen Person durch. Diese ist entweder in der Stellenausschreibung genannt oder Sie erkundigen sich bei der Zentrale.
- Stellen Sie sich klar und deutlich mit vollem Namen vor und sagen Sie, für welche Position Sie sich beworben haben. So kann der Gesprächspartner Ihren Anruf schnell einordnen. Direkt mit dem Nachfragen loszulegen würde nur verwirren: Für Sie selbst geht es natürlich um Ihre Bewerbung. Für den Personalentscheider sind Sie eine Person unter vielen.
- Achten Sie auf Ihre Wortwahl: Formulieren Sie freundlich und positiv – nicht etwa vorwurfsvoll, weil es aus Ihrer Sicht zu lange gedauert hat. Unsichere oder negative Aussagen wirken sich ebenfalls nachteilig aus (»Die Stelle ist wohl schon weg?«).
- Fragen Sie freundlich nach, wie der Stand der Dinge ist, beziehungsweise stellen Sie Ihre weiteren Fragen zur Tätigkeit. Ist noch keine Entscheidung getroffen, so fragen Sie direkt nach, wie der weitere Ablauf sein wird. Damit vermeiden Sie »Ping-Pong-Anrufe« und können sich auf mögliche weitere Wartezeiten einstellen.

Sofern Sie auf glühenden Kohlen sitzen, etwa weil Sie an dieser Stelle viel mehr interessiert wären, jedoch bereits ein anderes Angebot haben, über das Sie schnell entscheiden müssen, sagen Sie das! Ein guter Personaler gibt Ihnen in diesem Fall gerne eine schnellere Antwort.

Neue Wege: die Online-Bewerbung

In den letzten Jahren haben sich Online-Aktivitäten bei der Personalbeschaffung etabliert, und das Internet hat die Bewerbungsmöglichkeiten erweitert und sehr gut ergänzt. Sie können Ihre Bewerbung heute einfacher, schneller und günstiger auf den Weg bringen als je zuvor. Und keine Angst, die technischen Anforderungen sind durchaus zu meistern, wenn Sie die folgenden Grundsätze berücksichtigen.

Schnell und modern: E-Mail

Wenn Sie sich per E-Mail bewerben, gilt es einiges zu beachten. Und Sie brauchen keinen eigenen Internetzugang, sondern können auch bei Freunden, in der Bücherei oder im Internetcafé Ihr E-Mail-Postfach überprüfen.

132. Chancen: Habe ich genauso große Chancen mit einer E-Mail-Bewerbung?

Das kommt darauf an: Lädt eine Firma explizit dazu ein, sich auch per E-Mail zu bewerben, ist dieser Weg in Ordnung. Gehen Sie aber bitte nicht einfach davon aus, dass jedes Unternehmen eine Online-Bewerbung begrüßt. Es kann passieren, dass eine E-Mail weniger Aufmerksamkeit erhält. Gerade wenn ein Unternehmen sehr viele Bewerbungsmappen vorliegen hat, braucht man sich dort nicht die Mühe zu machen, auch noch mit Mails und angehängten Dateien zu hantieren (was mehr Arbeit bedeutet). Und: Nicht jeder hat an seinem eigenen Arbeitsplatz einen PC mit Internet-Zugang.

Wichtig: Eine E-Mail-Bewerbung, die als Ausdruck und »Loseblattwerk« im allgemeinen Bewerbungsstapel landet, muss mit den »handfesten« Bewerbungsmappen Ihrer Mitbewerber konkurrieren. Obwohl eigentlich der Inhalt ausschlaggebend sein sollte, bestimmt auch die Präsentation den allgemeinen Eindruck wesentlich mit.

133. Firmen-Mailadresse: Ist es in Ordnung, meine Bewerbungs-Mail an eine allgemeine Adresse, z. B. info@..., zu schicken?

Bei allgemeinen Postfächern kann es leider passieren, dass Ihre Bewerbung nicht die richtige Stelle erreicht, im Nirwana verschwindet oder erst mit Verzögerung bei der richtigen Ansprechperson landet.

Prüfen Sie lieber auf der Website des Unternehmens, ob ein Ansprechpartner für Bewerbungen genannt ist. Finden Sie keine Angaben dazu, rufen Sie einfach das Unternehmen an.

Keine Serienbewerbung!

Schicken Sie nie Ihre E-Mail-Bewerbung gleichzeitig an mehrere Firmen! Diese Art der offensichtlichen »Serienbewerbung« bedeutet das sofortige Aus, da man in den jeweiligen Unternehmen davon ausgehen wird, dass Sie nicht speziell an dieser Stelle interessiert sind. Das gilt sowohl für einen sichtbaren Verteiler an mehrere Empfänger als auch für einen versteckten Adress-Verteiler.

134. Private Mailadresse: Kann ich meine private Mailadresse für die Bewerbung nutzen?

Sie sollten auf jeden Fall eine persönliche Mailbox verwenden und unter keinen Umständen die Geschäftsadresse Ihres aktuellen Arbeitsplatzes! Das wäre nicht nur unklug, weil Ihre E-Mails eingesehen werden könnten, sondern auch, weil die Firma, bei der Sie sich bewerben, dann einen schlechten Eindruck von Ihnen bekommt. Ihre Mailadresse muss seriös sein. Private Gag-Adressen (toastbrot@domain.de) oder Spitznamen (matze@domain.de) sind bei einer Bewerbung nicht angebracht. Gleiches gilt auch für Ihren Anrufbeantworter.

Tipp: Kostenfreie E-Mail-Postfächer erhalten Sie in Minutenschnelle bei so genannten Freemail-Anbietern (zum Beispiel gmx.de, yahoo.com oder web.de). Sie brauchen noch nicht einmal eine eigene E-Mail-Software, sondern können Ihre E-Mails bequem auf der Homepage des betreffenden Anbieters lesen, senden und abspeichern.

135. Betreffzeile: Was ist beim Betreff zu beachten?

Aus der Betreffzeile sollte sofort und eindeutig hervorgehen, was der Zweck Ihrer E-Mail ist. Es genügt nicht, im Betreff einfach »Bewerbung« zu erwähnen. Formulieren Sie so genau wie möglich, worauf Sie sich bewerben oder beziehen, zum Beispiel: Bewerbung Vertriebsassistenz

Etwaige interne Nummern oder Stichworte können Sie voransetzen: 10/07 – Bewerbung Vertriebsassistenz

Sie können auch in den Betreff schreiben, wie Sie von der freien Position erfahren haben: Bewerbung Vertriebsassistenz/Anzeige SZ vom XX.XX.XXXX
Auch wenn die Betreffzeile nicht komplett im Mailprogramm des Empfängers angezeigt wird, so kommt die Information beim Öffnen der E-Mail dennoch vollständig an.
Wenn die E-Mail-Adresse allgemeiner Natur ist (zum Beispiel info@firma.de, ▸ Frage 133, Seite 123), Sie aber den Empfängernamen kennen, dann fügen Sie diesen am besten in den Betreff ein: Für Peter Huber: Bewerbung Vertriebsassistenz

136. Schriften: Gibt es bei Schriften irgendeine besondere Vorgabe, wenn ich mich online bewerbe?

Wählen Sie für Ihre elektronische Bewerbung eine Standardschrift (zum Beispiel Arial, Times New Roman). Eine Schriftart, die auf dem PC des Empfängers nicht installiert ist, wird durch eine andere ersetzt. Das kann dazu führen, dass sich Ihr Layout unschön verschiebt.
Wollen Sie auf Nummer Sicher gehen, ersetzen Sie außerdem die Umlaute durch ae, oe, ue und machen auch aus dem ß ein ss. Sofern Sie sich allerdings im deutschsprachigen Raum bewerben, können Sie davon ausgehen, dass die normale Schreibweise in Ordnung ist.

137. Unterschrift: Wenn ich mich per E-Mail bewerbe, was mache ich dann mit der Unterschrift?

Sie brauchen bei der Online-Bewerbung keine handschriftliche Unterschrift. Im E-Mail-Text genügt Ihr getippter Name. Möchten Sie in einem Dateianhang Ihre Unterschrift anbringen, können Sie diese einscannen und einfügen. Dann gilt allerdings wieder, dass Sie diese als ordentlich komprimierte Bilddatei einbinden.
Für eine Unterschrift bedeutet das:

- Wählen Sie Schwarz-Weiß aus (statt Farbe).
- Wählen Sie eine geringe Auflösung (72 dpi).
- Für Strichzeichnungen ist GIF das beste Dateiformat.

138. Kontaktdaten: Schreibe ich meine Kontaktdaten auch in die E-Mail oder nur in den Anhang?

Machen Sie es dem Personalentscheider so einfach wie möglich, mit Ihnen in Kontakt zu treten, indem Sie Ihre kompletten Kontaktdaten in der E-Mail nennen. Dafür bietet sich die so genannte Signatur an.
Die Signatur setzen Sie etwas vom E-Mail-Text ab – Sie können diese mit Strichen oder Sternchen optisch hervorheben.
Beispiel:

****

Hannah Müller
Hauptstraße 21, 81669 München
Tel. (089) 12345678
E-Mail: hannah.mueller@domain.de
****

Sie können eine Signatur einmalig in Ihrem E-Mail-Programm eingeben und dann bei Bedarf abrufen oder auch standardmäßig an jede E-Mail anhängen.

139. Viren: Was muss ich wegen Viren beachten?

Prüfen Sie unbedingt alle Dateianhänge mit einem aktuellen Virenscanner, bevor Sie sie verschicken. Und bedenken Sie, dass jeden Tag neue Viren in Umlauf kommen – wenn Ihr letztes Update einige Wochen her ist, nützt Ihnen der Viren-Check schon nicht mehr viel. Auch viele der kostenfrei im Internet erhältlichen Virenscanner sind sehr lückenhaft.

140. Anlagen: Welche Unterlagen schicke ich als Anlage mit?

Üblicherweise ist eine E-Mail-Bewerbung lediglich eine Kurzbewerbung, Sie sollten also einen Lebenslauf anhängen (siehe auch ▸ Frage 142, Seite 128). Auch wenn Sie eine Bewerber-Homepage haben, senden Sie bei der E-Mail immer den aussagekräftigen Lebenslauf mit und verweisen nur hinsichtlich ergänzender, relevanter Angaben auf die Homepage.

141. Anschreiben: Wird das Anschreiben extra angehängt, etwa als Word-Dokument, oder reicht der E-Mail-Text?

Bei der E-Mail-Bewerbung ist das Anschreiben die E-Mail selbst. Tabu ist es, nur auf die Anlagen zu verweisen nach dem Motto: »Alles Weitere entnehmen Sie bitte den angehängten Dateien.« Auch für das E-Mail-Anschreiben gilt: kurz, knackig und aussagekräftig. Denn nur, wenn der Empfänger einen guten Eindruck von Ihnen bekommt und neugierig wird, wird er sich auch näher mit Ihrer E-Mail befassen.

- Gehen Sie im Text auf Ihre fachliche Qualifikation ein.
- Machen Sie sich als Person greifbar.
- Vermitteln Sie Ihre Motivation, sich ausgerechnet für diese Position/Firma zu bewerben.

Achten Sie auf eine klare Struktur Ihres Textes: Vermeiden Sie Bandwurmsätze und gliedern Sie den Text durch Absätze.

Es bietet sich an, die Zeilenlängen auf maximal 65 Zeichen zu begrenzen (das lässt sich in Ihrem E-Mail-Programm entsprechend einstellen): Damit sichern Sie ab, dass die E-Mail beim Empfänger ordentlich dargestellt wird.

Auch wenn das Medium Internet mitunter informell genutzt wird: Lassen Sie sich bitte nicht zu einem saloppen Ton verleiten. So genannte Emoticons (Smileys), Abkürzungen (»MfG« etc.) oder grundsätzliche Kleinschreibung sind in einer Bewerbung fehl am Platz!

Schicken Sie Ihre E-Mail im normalen Text-Modus. Und fügen Sie auch keine bunten Hintergründe oder Bilder direkt in die E-Mail ein. Zum einen wissen Sie nicht, wie besondere Formatierungen im E-Mail-Programm des Empfängers dargestellt werden – zum anderen erschweren bunte Bilder und Farben schnell die Lesbarkeit.

Wichtig: Sollten Sie sich dafür entscheiden, das Anschreiben lieber als Datei anzuhängen, gestalten Sie den E-Mail-Text selbst auf jeden Fall so aussagekräftig, dass man auch darin bereits erkennt, wofür Sie sich bewerben, und einige wesentliche Eckdaten von Ihnen erfährt.

142. Zeugnisse: Sollte ich alle Zeugnisse einscannen und mitschicken – oder wird das zu viel?

Sämtliche Zeugnisse und Zertifikate sollten Sie nur mitschicken, wenn das Unternehmen in der Stellenausschreibung um komplette Unterlagen gebeten hat oder wenn Sie

- eine überschaubare Anzahl von Anlagen haben,
- diese in einwandfreier Qualität eingescannt und
- so bearbeitet und abgespeichert sind, dass die Dateigrößen nicht zu groß sind.

Achten Sie also darauf, dass Sie nicht zu viele und nur relevante Anlagen mailen – und nicht lauter Einzeldokumente. Bitte senden Sie nicht jedes Zertifikat, das Sie jemals bei irgendeiner Weiterbildung bekommen haben, mit. Bewerben Sie sich initiativ, genügt eigentlich eine Kurzbewerbung.

Tipp: Halten Sie immer eine vollständige Bewerbungsmappe bereit. Es kann sein, dass ein Unternehmen Sie bittet, eine »herkömmliche« Mappe nachzureichen oder alle Unterlagen vollständig zu einem Gespräch mitzubringen.

143. Dateiformate: Welche Dateiformate darf ich benutzen?

Übliche Dateiformate sind:
*.doc (Word-Dokumente)
*.pdf (portable document format)
*.txt (Text-Dateien)
*.rtf (rich text format)

PDF hat den Vorteil, dass es noch als virensicher gilt und die Darstellung genau so bleibt wie vom Absender beabsichtigt. Allerdings braucht man dafür eine spezielle Software. Und auch wenn PDF weit verbreitet ist, kann man nicht automatisch davon ausgehen, dass der Empfänger die entsprechende Software installiert hat.

Bei anderen Formaten ist es wichtig, dass die Software-Versionen harmonieren (hat der Empfänger eine ältere Version einer Software, kann das dazu führen, dass der Anhang nicht geöffnet werden kann).

Wenn Sie unsicher sind, fragen Sie nach, welche Dateiformate gewünscht werden. So verbauen Sie sich keine Chancen, weil der Empfänger Ihre Anhänge nicht lesen kann.

144. Dateigröße: Wie groß dürfen angehängte Dateien sein?

Richtwert: Wenn Sie unbedingt sämtliche Dokumente beifügen möchten (Lebenslauf, Foto, Tätigkeitsprofil, eingescannte Zeugnisse und Zertifikate), dann sollte die Gesamtgröße Ihrer E-Mail auf keinen Fall 500 KB überschreiten! Das gilt für ungepackte Dateien. Bitte benutzen Sie nicht einfach ein Komprimierungsprogramm wie WinZip. Abgesehen vom Umfang der Datei-Anhänge können Sie nicht einfach voraussetzen, dass der Empfänger die entsprechende Software benutzt.

145. Bildgröße: Wie bekomme ich das verwendete Foto klein genug?

Nutzen Sie ein Bildbearbeitungsprogramm, um Ihr eingescanntes Foto zu optimieren:

- Wenn Ihre Vorlage größer ist als nötig, dann verkleinern Sie das Bild in der Bildbearbeitungssoftware, anstatt es einfach im Lebenslauf »kleinzuziehen«.
- Verringern Sie die Auflösung (300 dpi und mehr sind für Druckvorlagen geeignet, für den normalen Ausdruck auf einem Laserdrucker können Sie darunter bleiben).
- Verringern Sie die Anzahl der Farben und wählen Sie Graustufen aus, wenn Ihr Bild ohnehin schwarzweiß ist.
- Komprimieren Sie das Foto (beim JPG-Format haben Sie die Möglichkeit, den Komprimierungsgrad auszuwählen).

Letztlich müssen Sie im individuellen Fall einfach ausprobieren, wie viel Sie ändern können (zur Probe ausdrucken), damit die Qualität des Bildes immer noch einwandfrei ist.

Tipp: Wenn Sie sich mit der Optimierung Ihres Bildes nicht auskennen, bitten Sie am besten Bekannte, die damit vertraut sind, oder externe Dienstleister wie den Fotografen oder einen Copyshop darum, das einmalig für Sie zu erledigen.

Ihre eigene Bewerber-Homepage

Es klingt so verlockend: Einfach einmalig eine Bewerber-Website erstellen und dann nie mehr Kosten und Aufwand mit Kopieren, Zusammenstellen und Versenden der Unterlagen haben ... Doch vorteilhafter ist es, wenn Sie sie als Ergänzung zu Ihren sonstigen Aktivitäten einsetzen.

146. Vorteil bei der Bewerbung: Ist es sinnvoll oder vielleicht sogar ein Wettbewerbsvorteil, wenn ich eine eigene Bewerber-Homepage erstelle?

Die Bewerber-Homepage kann in seltenen Fällen eine gute Ergänzung darstellen, etwa zu einer vollständigen E-Mail-Bewerbung. Einfach nur eine Website ins Netz zu stellen und darauf zu warten, dass jemand sie findet, bringt hingegen gar nichts. Auch wenn die Bewerber-Website immer wieder propagiert wird und eine einfache und kostengünstige Variante für den Bewerber darstellt, ist sie die am wenigsten sinnvolle! Versetzen Sie sich in den Personalentscheider: Dieser hat in der Regel stapelweise Bewerbungsmappen vor sich liegen, die er nur aufzuklappen braucht. Vielleicht hat er auch noch E-Mail-Bewerbungen bekommen. Diese bieten ihm ebenfalls weitere Informationen durch das aussagekräftige Anschreiben und die beigefügten Anlagen. Die Wahrscheinlichkeit, dass ein Personaler sich nun die Arbeit macht, extra irgendwelche Bewerber-Homepages zu besuchen, ist deswegen sehr gering.
Die Informationen der Website müssen extra ausgedruckt werden, und selbst dann konkurriert diese »Loseblattsammlung« noch mit den Print-Bewerbungen. Und die Ausdrucke schneiden im direkten Vergleich mit sorgsam gestalteten »richtigen« Bewerbungsunterlagen meistens schlechter ab.
Sinnvoll ist eine Bewerber-Homepage nur dann, wenn man sie kombiniert: mit einer guten E-Mail-Kurzbewerbung mit aussagekräftigem Bewerbungstext und Lebenslauf. Und nur dann, wenn auf der Homepage relevante Zusatzinformationen oder Arbeitsproben gezeigt werden.

Typische Fehler bei der Bewerber-Website	
Manko	**Fehlerquellen**
Keine neuen Informationen	Oft werden einfach nur die Informationen wiederholt, die bereits in der Bewerbung oder E-Mail enthalten sind. Das kann den Personaler verärgern, weil es unnötig Zeit stiehlt.
»Serienmäßige« Anschreiben auf der Startseite	Auf der Eingangsseite findet sich ein sehr allgemein gehaltenes Nullachtfünfzehn-»Anschreiben«, das im Gießkannenprinzip alle möglichen Firmen ansprechen soll. Serienbriefe dieser Art sind immer ein Eigentor!
Schlechtes Layout	Unübersichtlicher Aufbau, nicht aussagekräftige Navigation, unsauber ausgerichteter Text, horizontale Scrollbalken, weil die Bildschirmauflösungen nicht berücksichtigt wurden.
Ungünstige Farbgebung und Bilder	Schlechte Kontraste (z. B. dunkelblauer Text auf schwarzem Grund) und unnötige Bilder oder gar Animationen erschweren das Auffinden der relevanten Informationen.
Vermischen mit Privat-Inhalten oder Werbung	Auf der Bewerber-Homepage finden sich Buchtipps, Witze, Hochzeitsbilder oder gar Werbung/Partnerprogramme, mit denen der Domaininhaber Geld verdienen will!
Schlechte Scans	Die Dateien sind viel zu groß und der Download dauert ewig. Die Scans sind zu unscharf oder so stark komprimiert, dass die Qualität gelitten hat.
Ausdrucke sind nicht gut möglich	Relevante Dokumente sind nicht ausdruckfreundlich formatiert, so dass beispielsweise ein Lebenslauf auf vier Seiten im Querformat ausgedruckt wird.
Komplizierter Passwortschutz	Der Personaler wird aufgefordert, »sich bei Interesse zu melden, um dann Zugangsdaten zu erhalten« (▶ Frage 150, Seite 133).
Schreibfehler	Schlechtes Deutsch oder Flüchtigkeitsfehler.

147. Link im Anschreiben: Setze ich in das E-Mail-Anschreiben einfach einen Link?

Der bloße Verweis auf die Homepage genügt keinesfalls! Formulieren Sie immer einen guten Bewerbungstext und ergänzen Sie diesen um den Verweis auf Ihre Website, sofern sie Zusatzinformationen bietet.
Benennen Sie die weiteren Informationen, so dass der Personaler einen Anreiz hat, auf die Website zu klicken.
Beispielsweise könnte eine Journalistin schreiben:
[...] Einige von mir veröffentlichte Reportagen finden Sie auf meiner Website: www.name.de.

148. Private Website: Kann ich meine persönliche Homepage auch für die Bewerbung nutzen oder brauche ich eine eigene Domain?

Das kommt darauf an, wie Ihre private Website heißt: Trägt sie einen seriösen Namen, können Sie sie natürlich nutzen. Heißt sie reddevil.com oder sexyhexy.de, dann natürlich nicht.
Sofern Sie bereits private Inhalte auf Ihrer Website haben, dürfen Sie auf keinen Fall die Bewerbung dazwischenmixen. Sind Ihre privaten Inhalte prinzipiell vorzeigbar, können Sie eine Unterseite anlegen – zum Beispiel www.manuelahuber.de/bewerbung – und dort Ihre Bewerber-Homepage hinterlegen. Damit haben Sie Beruf und privat getrennt, und selbst wenn sich jemand Ihre Hauptseite ansieht, ist es nicht tragisch.
Haben Sie jedoch auf Ihrer Website Bilder von Partys, eine Sammlung zweideutiger Witze oder Ähnliches, dann sollten Sie sich für die Bewerbung eine extra Webdomain besorgen.

149. Datenschutz: Was ist mit dem Datenschutz, wenn ich zum Beispiel Zeugnisse ins Internet stelle?

Was im Netz steht, ist öffentlich – darüber muss sich jeder klar sein. Auch wenn Sie Ihre Bewerber-Homepage auf einen versteckten Link setzen oder sie nicht extra bei Suchmaschinen anmelden, können die Inhalte gefunden werden. Vielleicht auch von Ihrem jetzigen Arbeitgeber.

150. Passwortschutz: Was ist, wenn meine Homepage passwortgeschützt ist?

Passwortschutz ist auch für einen Personalentscheider in Ordnung, sofern der Zugang nicht zu kompliziert ist. Geben Sie die Zugangsdaten einfach in Ihrer Bewerbung mit an.

Beispiel:

Auf meiner Internetseite www.name.de finden Sie alle meine Zeugnisse. Die Website ist passwortgeschützt. Die Zugangsdaten sind:

Name: *Bewerbung*

Passwort: *Personalabteilung*

Sie können die Zugangsdaten auch individualisieren und als Passwort den Firmennamen des Unternehmens angeben, bei dem Sie sich aktuell bewerben. Das unterstreicht noch einmal, dass Sie auf Details achten und sich individuell mit der Bewerbung bei genau diesem Unternehmen Mühe machen.

Jobbörsen und Firmen-Websites

Der herkömmliche Stellenmarkt in den Zeitungen ist mittlerweile oft sehr dürftig. Doch online finden sich zahlreiche offene Positionen. Ganz klar: Das Internet ist günstiger. Und Stellen auf der eigenen Website bekannt zu machen kostet gar nichts!

151. Online-Bewerbung: Kann ich mich immer online bewerben, wenn eine Firma Stellen auf ihrer Website veröffentlicht?

Ja. In wenigen Ausnahmen bittet eine Firma auf ihrer Website darum, sich auf dem herkömmlichen Postweg zu bewerben. Wird das explizit erwähnt, halten Sie sich bitte daran.

Tipp: Ist die E-Mail-Bewerbung willkommen, aber kein Ansprechpartner oder nur eine allgemeine info@-Adresse genannt, dann rufen Sie am besten an und erfragen die richtige Ansprechperson (▸ Frage 133, Seite 123).

152. Bewerbungsformulare: Muss ich Online-Bewerbungsformulare von Firmen unbedingt nutzen?

Manche Unternehmen akzeptieren Bewerbungen nur, wenn ihr Formular verwendet wird, weil ihre Bewerberverwaltung komplett elektronisch abgewickelt wird. Dann ist das Bewerbungsformular der erste Schritt, in das System aufgenommen zu werden. Ihre Personalien und alle weiteren Stationen des Bewerbungsprozesses werden jeweils eingegeben. So erkennt man auf Anhieb, wo Ihre Unterlagen gerade liegen oder welche Entscheidungen getroffen wurden. Und das Unternehmen kann die administrativen Schritte (Zwischenbescheide, Einladungen, Absagen) zügiger abwickeln – was auch immer ein Vorteil für den Bewerber ist.
Sofern aus der Website hervorgeht, dass Sie auch eine andere Bewerbungsform wählen können, sehen Sie sich das Formular genauer an. So erfahren Sie, welche Angaben dem Unternehmen besonders wichtig sind.

153. Qualität des Stellenmarkts: Wie weiß ich, ob ein Online-Stellenmarkt gut ist?

Auch wenn die Größe allein natürlich nichts über die Qualität aussagt, sollten Sie sich gerade bei den bekannten großen Online-Stellenmärkten umsehen: Denn dort suchen natürlich auch die Firmen eher.
Bevor Sie sich irgendwo eintragen, sehen Sie erst einmal näher hin. Stöbern Sie in den Angeboten und prüfen Sie:

- Wie aktuell sind die Anzeigen?
- Wer inseriert?
- Wie wirkt die Website (Gestaltung, Übersichtlichkeit, Suchmöglichkeiten) auf Sie?
- Was schreibt der Betreiber des Stellenmarktes über sich, die Ziele und Ansprüche?

Achten Sie darauf, ob sich Firmen, die in Ihr »Beuteschema« passen, dort tummeln. Für viele Berufsgruppen oder auch regionale Unternehmen gibt es eigene Such-Seiten. Sehen Sie sich auch diese spezialisierten, kleineren Jobbörsen an.

Gut platziert im Internet

Ob Ihr Online-Stellengesuch auch von den richtigen Leuten gelesen wird, hängt davon ob, dass Sie es richtig platzieren.

Aufbau und Struktur

Online-Stellenmärkte fassen die Berufswelt in Tätigkeitsfelder/Branchen, um die Übersichtlichkeit zu erhöhen und den Zugriff auf relevante Gesuche zu erleichtern. Die Qualität der Struktur entscheidet, wie viel Aufmerksamkeit Ihr Stellengesuch erhält, und deshalb werden sinnvolle Rubriken geschaffen. Beispielsweise:

- Aus- und Weiterbildung
- Personalwesen/HR (Human Resources)
- Finanzen/Rechnungswesen/Controlling
- Marketing/Produktmanagement/PR
- Consulting
- Einkauf
- Medienberufe
- soziale Berufe

Manche Stellenmärkte mischen jedoch Branchen-Rubriken mit Positionsbezeichnungen. So kann es sein, dass Führungs- oder Ingenieurpositionen separat aufgeführt sind.

Bevor Sie Ihr Gesuch eintippen

Da sich die Plattformen unterscheiden, hilft ein pauschaler Rat nicht weiter.

- Lesen Sie in den Hilfetexten für Unternehmen, wonach gesucht werden kann. Gibt es eine Volltextsuche, die ein gesamtes Gesuch durchforstet, oder bezieht sich die Suche nur auf die Betreffzeile? Dann müssen Sie Ihren Betreff eventuell umformulieren und den wahrscheinlichsten Suchbegriff (Berufsbezeichnung) in geeigneter Form hinterlegen.
- Gibt es sowohl Branchen-Rubriken als auch Berufsbezeichnungen, überlegen Sie also genau, was für Ihr Ziel am sinnvollsten ist.

Beispiel: Es gibt die Rubriken »kaufmännische Berufe« und »TV/Film/Fernsehen«, Sie sind kaufmännische Angestellte, möchten aber unbedingt in den Medienbereich einsteigen – dann ist Ihr Gesuch vielleicht in der Medienrubrik besser aufgehoben.

Finger weg von Jobbörsen, die nur sehr wenige und alte Anzeigen oder lediglich Anbieter für Nebenjobs oder Strukturvertriebe enthalten. Übrigens: Ein seriöser Stellenmarkt ist für Sie als Bewerber kostenfrei.

154. Überschrift im Stellengesuch: Wie formuliere ich denn die Überschrift, wenn ich in einem Online-Stellenmarkt ein Gesuch schalte?

Bringen Sie klar auf den Punkt, für welchen Bereich Sie sich bewerben. Denken Sie daran: Die Überschrift ist das Erste, was ein recherchierender Personalentscheider sieht. Nur wenn er Sie dem richtigen Berufsbild zuordnen kann, wird er auf Ihr Gesuch klicken. Nichtssagende Überschriften wie »Hier klicken!«, pseudo-lustige Sprüche wie »Ich habe Ihnen gerade noch gefehlt« oder überdramatische Großschreibung mit zig Ausrufezeichen wirken sich negativ aus.
Belassen Sie es aber auch nicht bei der bloßen Job-Bezeichnung, sondern bringen Sie ruhig etwas von sich ein:
Beispiel:
»Sekretärin mit Elan sucht Assistenzstelle mit Verantwortung«
Sie können natürlich auch etwas dicker auftragen, aber nur, wenn Sie Ihre Versprechungen auch wirklich halten können. Ein Sales Manager könnte in der Überschrift versprechen »Ich steigere Ihren Umsatz!«.

155. Freitext-Feld: Was schreibe ich am besten als Selbstpräsentation in ein Freitext-Feld?

Das Freitext-Feld erfüllt praktisch den Zweck des Anschreibens. Hier bekommen Sie also die Möglichkeit, sich vorzustellen und den Leser neugierig zu machen. Die Nachteile: Sie haben weniger Platz und Sie können nicht auf das Unternehmen speziell eingehen.
Überlegen Sie sich daher gut, wie Sie in wenigen Absätzen Ihre Qualifikationen und Kompetenzen auf den Punkt bringen und so dem Personaler Anhaltspunkte dafür geben, warum Sie ein interessanter Bewerber sind.

Völlig kontraproduktiv ist ein Ich-ich-ich-Text, bei dem nur Forderungen gestellt werden, was der Bewerber alles will und sich vorstellt, ohne etwas über sich auszusagen. Ebenfalls negativ wäre es, nur alle Informationen wiederzukäuen, die bereits in den standardisierten Feldern genannt wurden.
Wichtig: Welche Ihrer Eigenschaften, Erfahrungen, Kenntnisse und Fähigkeiten sind für die angestrebte Position vorteilhaft? Heben Sie diese noch einmal hervor. Lesen Sie dazu auch die Anregungen in »Ihr Stellengesuch«, Seite 32.

156. Zu wenig Platz: Was mache ich, wenn mein Lebenslauf nicht in das vorgegebene Schema passt oder der Platz nicht reicht?

Keine Panik! Das kommt sogar sehr häufig vor, denn der Betreiber baut eine Datenbank auf, die Standardkriterien folgt. Außerdem kann es passieren, dass derjenige, der die Datenbank konzipiert hat, an bestimmte Dinge einfach nicht gedacht hat: Und schon kommt eine bestimmte Schulform nicht vor oder gibt es kein Zusatzfeld für individuelle Erläuterungen.
Geben Sie alle Informationen korrekt an. Nutzen Sie etwaige Zusatzfelder für Erklärungen. Passt etwas überhaupt nicht, dann lassen Sie die Auswahl entweder frei und gehen im Freitextfeld kurz darauf ein. Oder, wenn es sich um ein Pflichtfeld handelt, wählen Sie die am ehesten passende Aussage und erläutern Ihre Angaben bei den Anmerkungen.

Im Notfall: Alternativen wählen

Sofern Ihr Lebenslauf überhaupt nicht mit dem Formular übereinstimmt, wählen Sie die Alternative der E-Mail-Bewerbung oder nutzen Sie den Postweg. Vermerken Sie, dass Sie gerne das Online-Formular benutzt hätten, Ihre Angaben aber nicht zu dessen Aufbau passen. Das könnte auch ein konstruktiver Hinweis für die Firma sein, das Online-Bewerbungsformular noch einmal zu prüfen und gegebenenfalls zu überarbeiten.

Fragen über Fragen: das Vorstellungsgespräch

Herzlichen Glückwunsch: Sie haben die erste Hürde geschafft und eine Einladung zu einem Bewerbungsgespräch bekommen. Das Unternehmen sieht Sie also grundsätzlich als einen interessanten und vielversprechenden Kandidaten an. Nun haben Sie im direkten Gespräch die Chance, diesen ersten positiven Eindruck zu untermauern und Ihr Gegenüber davon zu überzeugen, dass Sie der oder die Richtige sind.

Keine Panik: vor dem Gespräch

Wie Sie beim Unternehmen ankommen, hängt nicht nur davon ab, wie Sie sich im Jobinterview bewähren. Es hat auch viel damit zu tun, wie gut Sie vorbereitet sind und welchen ersten Eindruck Sie in der Firma hinterlassen.

157. Vorbereitung: Wie bereite ich mich am besten auf ein Vorstellungsgespräch vor?

Die meisten Bewerber gehen ziemlich unvorbereitet ins Job-Interview und lassen es einfach auf sich zukommen – und bleiben bei der Selbstpräsentation völlig unter ihren Möglichkeiten. Weil sie nicht auf den Punkt bringen, was sie auszeichnet, keine eigenen Vorstellungen formulieren können oder keine passenden Beispiele oder Situationen aus ihrem Werdegang parat haben. Noch schlimmer: Sie wirken nicht überzeugend, da sie gerne oberflächliche Schlagwörter benutzen und bei Nachfragen in Schwierigkeiten kommen (»Äh, gute Frage …«). Oder sie reden sich um Kopf um Kragen, indem sie über ehemalige Chefs und engstirnige Kollegen herziehen.
Eine gute Vorbereitung verhindert, dass Sie in Fettnäpfchen treten, und schützt vor verpassten Chancen. Im Wesentlichen geht es darum: sich Klarheit darüber zu verschaffen, was das Unternehmen erwartet und die Tätigkeit erfordert, und Informationen über die Branche, das Unternehmen sowie über sich selbst auf Abruf zu haben. Das erreichen Sie, indem Sie

- die Anzeige genau studieren,
- sich über das Unternehmen informieren (Internet, Fachpublikationen, Eigenwerbung),
- wissen, was Sie persönlich und fachlich ausmacht,
- den eigenen Werdegang und Ihre Erfahrungen erzählen können, ohne einfach den Lebenslauf herunterzubeten,
- sich gut präsentieren können (»Erzählen Sie mal von sich!«),
- alle Standardfragen beantworten können,
- eigene Fragen ausarbeiten,
- Klarheit über Ihre Erwartungen haben.

Wenn Sie sich um eine gute Vorbereitung kümmern, sind Sie nicht nur sicherer und selbstbewusster, sondern stechen automatisch eine ganze Reihe unvorbereiteter Mitbewerber aus.

158. Fragen notieren: Kann ich mir meine Fragen aufschreiben und mitnehmen – oder wirke ich dann zerstreut oder dumm?

Die Fragen aufzuschreiben ist sogar sehr gut. Erstens stellen Sie so sicher, dass Sie nichts Wichtiges vergessen. Und zweitens zeigen Sie, dass Sie ehrlich interessiert sind.
Wichtig: Erfragen Sie nichts, was bereits im Gespräch erläutert wurde. Sonst machen Sie den Eindruck, nicht gut zugehört zu haben. Selbstverständlich können Sie jederzeit auf eine Information zurückkommen und Genaueres erfragen (»Sie haben vorhin erwähnt, dass … Wie ist das mit …?«).

159. Erste Begegnung: Wie gehe ich mit den Leuten am besten um, denen ich als Erstes begegne?

Ein wichtiger Punkt! Zum einen, weil sich gerade die ersten Begegnungen darauf auswirken, wie wohl Sie sich fühlen. Und zum anderen, weil natürlich alle potenziellen neuen Kollegen jeden Bewerber neugierig beäugen. Der erste Eindruck beginnt also schon, bevor Ihnen der Personaler die Hand schüttelt: Das kann die Gruppe Leute sein, die unten im Hof eine Rauchpause macht, der Herr, dem Sie freundlich die Türe aufhalten (oder nicht), oder die Rezeptionistin, bei der Sie sich anmelden. Seien Sie offen, höflich und zugänglich: Lächeln Sie freundlich und grüßen Sie von sich aus. Stellen Sie sich am Empfang deutlich vor, sagen Sie, bei wem und um wie viel Uhr Sie einen Termin haben.
Tipp: Ergibt sich die Gelegenheit zu einem kurzen Gespräch, etwa weil Sie direkt an der Rezeption sitzen, während Sie warten, dann unterhalten Sie sich ruhig etwas. Zum Beispiel, indem Sie die nette Atmosphäre erwähnen (so es denn stimmt) oder die schöne Gegend. Das wirkt sympathisch und Sie werden dadurch auch gleich viel sicherer, weil Sie sich

schneller akklimatisieren. Halten Sie aber bitte niemanden von der Arbeit ab oder fragen gar unangebrachte Dinge (»Ganz schön ungemütlich und dunkel, Ihr Arbeitsplatz. Deprimiert Sie das nicht?«, »Sind Rauchpausen erlaubt?«).

160. Gesprächsangebot: Was mache ich, wenn mich Leute ansprechen, während ich warte?

Gehen Sie darauf ein! Natürlich sind die Mitarbeiter gespannt, wer sich da alles vorstellt und vielleicht ein neuer Kollege wird. Wenn Sie beim Warten angesprochen werden, ist das Gespräch oberflächlich und wird sich auf typische Smalltalk-Themen beschränken (Arbeitsweg, Wetter, die besondere Situation »Bewerbung«). Oder jemand nutzt die Gelegenheit, um ein paar persönliche Informationen zu erhalten (»Aus welcher Branche kommen Sie?«).

Achten Sie auf einen angenehmen Gesprächsverlauf. Wenn man Ihnen anmerkt, dass Sie sich unwohl fühlen, Sie nur einsilbig antworten oder gar unwirsch, dann wird das erste Kennenlernen zur Qual. Sehen Sie Smalltalk als willkommene Gelegenheit, um sich selbst zu beruhigen, locker ins Gespräch zu kommen und einen positiven ersten Eindruck zu vermitteln. Die Grundregeln guten Smalltalks sind:

- Blicken Sie Ihrem Gegenüber in die Augen und machen Sie ein freundliches Gesicht.
- Merken Sie sich den Namen Ihres Gesprächspartners und sprechen Sie ihn auch einmal mit Namen an (auf jeden Fall bei der Verabschiedung).
- Stellen Sie sich selbst vor, sagen Sie Ihren Namen und für welche Stelle Sie sich bewerben.
- Spielen Sie kein Frage-Antwort-Spiel, sondern werden Sie etwas ausführlicher. Antworten Sie zum Beispiel auf die Frage: »Wie war die Anreise?« – »Danke, zum Glück hat es geklappt. Ich stand kurz im Stau und dachte schon, ich komme zu spät.« Und nicht nur ein lapidares: »Ganz gut.«
- Hören Sie aufmerksam zu und zeigen Sie das auch durch nonverbale Signale (nicken, lächeln usw.).

- Beteiligen Sie sich aktiv am Gespräch, indem Sie selbst Fragen stellen (etwa »Wie lange arbeiten Sie schon hier?«, »In welcher Abteilung arbeiten Sie?«).

161. Wartezeit nutzen: Wie verbringe ich die Wartezeit am besten? Werde ich da vielleicht schon von irgendjemand beobachtet?

In der Regel werden Bewerber nicht gezielt beobachtet, weil es dafür weder Zeit noch einen wirklichen Anlass gibt. Aber natürlich fallen die Blicke immer mal wieder auf Sie, je nachdem, wo Sie sitzen und wer Sie sieht. Sehen Sie sich am besten etwas um: Das hilft Ihnen auch, um einen Eindruck vom Unternehmen und der Atmosphäre zu erhalten. Liegt Informationsmaterial über die Firma aus, das Sie interessiert, etwa ein Produktportfolio, dann sehen Sie es sich an.

Oder konzentrieren Sie sich, wenn Sie nervös sind, auf eine ruhige, gleichmäßige und tiefe Atmung und sammeln Sie sich. Falls Sie zur Toilette müssen oder einen Blick in den Spiegel werfen möchten, fragen Sie am Empfang nach dem Weg oder sagen Sie dort kurz Bescheid, wenn das WC in Sichtweite ist.

Machen Sie sich nicht verrückt! Hektisch die eigenen Unterlagen durchzugehen, sich in Spekulationen hineinzusteigern, wie das Gespräch wohl laufen wird, oder sich vorzusagen, dass Sie diesen Job unbedingt haben müssen, wäre kontraproduktiv.

162. Lange Wartezeit: Was mache ich, wenn ich sehr lange warten muss?

Wenn das Alltagsgeschäft hektisch ist oder viele Bewerber eingeladen sind, kann sich ein Termin schon einmal verschieben. Das ist zwar nicht schön, aber verständlich. Bitte gehen Sie nicht davon aus, dass man Sie mit Absicht warten lässt.

In der Regel wird man Ihnen Bescheid geben, wenn sich die Wartezeit verlängert, und Ihnen auch sagen, wie lange es in etwa noch dauert. Kommt man nicht auf Sie zu, dann fragen Sie höflich nach: »Können Sie mir bitte sagen, wie lange es voraussichtlich noch dauern wird?«

Sofern sich das Gespräch zu lange verzögert und Ihren eigenen Zeitplan durcheinanderbringen würde, etwa weil Sie zurück an Ihre aktuelle Arbeitsstelle müssen, dann sprechen Sie das an und vereinbaren einen neuen Termin.
Sofern Sie länger warten müssen und Zeit haben, können Sie auch vereinbaren, dass Sie später wiederkommen. Ein kleiner Spaziergang hilft Ihnen dabei, die Umgebung zu erkunden, die auch eine Rolle bei Ihrer Entscheidung spielen kann.

163. Nach Toilette fragen: Ist es unhöflich, wenn ich nach der Toilette frage?

Keineswegs! Niemand verschwendet einen Gedanken daran, wenn Sie mal müssen. Es ist ganz normal, dass viele Menschen gerade bei Nervosität ein Bedürfnis verspüren.
Das Wichtigste ist, dass Sie locker und souverän ins Gespräch gehen. Dafür hilft auch ein prüfender Blick in den Spiegel, Sie können Ihr Make-up auffrischen oder Ihre Kleidung richten. Außerdem wäre es unklug, mit Druck auf der Blase ins Interview zu gehen. Denn das verkrampft und blockiert Ihre Konzentration und Ihr Denkvermögen.

164. Nervosität: Wie kann ich meine Nervosität dämpfen und mich beruhigen?

Aufregung und Nervosität vor einem Bewerbungsgespräch sind ganz normal. Aber natürlich ist es wichtig, die Anspannung in den Griff zu bekommen, damit sie Sie nicht blockiert und Ihre Chancen unterminiert.
Hier einige Tipps, wie Sie besser mit Ihrer Nervosität umgehen und souveräner auftreten können.
Schaffen Sie stabile Grundlagen, um sich gut zu fühlen:

- Bereiten Sie sich inhaltlich vor. Die Gewissheit, gut gewappnet in das Gespräch zu gehen, stärkt das Selbstbewusstsein enorm und reduziert Nervosität.
- Schlafen Sie ausreichend, um fit und ausgeglichen zu sein.
- Wählen Sie die Kleidung, in der Sie sich wohl fühlen.
- Vermeiden Sie aufputschende Mittel wie Kaffee.

Versuchen Sie sich vor dem Gespräch aktiv zu beruhigen:

- Nehmen Sie Ihr Umfeld bewusst wahr: So lenken Sie sich ab und erfahren bereits einiges über das Unternehmen.
- Nutzen Sie Ihre Atmung, um Körper und Geist zu beruhigen: Atmen Sie tief und regelmäßig ein und aus und lenken Sie Ihre Aufmerksamkeit auf den Atemrhythmus.

Stärken Sie sich beim Gesprächseinstieg:

- Gehen Sie offen auf den Personalentscheider zu und schauen Sie ihm in die Augen. Ein fester Händedruck stärkt das eigene Selbstbewusstsein.
- Treten Sie aktiv in einen Dialog: Sprechen Sie über Ihre Anreise oder über die ersten Eindrücke, die Sie von dem Unternehmen haben.
- Sagen Sie ganz offen, dass Sie nervös sind.

Checkliste: So bauen Sie im Gespräch Nervosität ab

- ☐ Sitzen Sie aufrecht und mit beiden Füßen am Boden. Die Körperhaltung beeinflusst wesentlich, wie stark und sicher Sie sich fühlen.
- ☐ Achten Sie darauf, sich nicht zu verkrampfen. Ändern Sie Ihre Körperhaltung bei Bedarf. Je wohler Sie sich fühlen, umso souveräner und ruhiger wirken Sie.
- ☐ Atmen Sie bewusst und nutzen Sie die beruhigende Wirkung von tiefen Atemzügen.
- ☐ Sprechen Sie langsam. Aus vielen Menschen sprudelt es nur so heraus, wenn sie aufgeregt sind, was die Nervosität noch verstärkt. Konzentrieren Sie sich auf Ihre Worte und nutzen Sie die Chance, durch ein langsameres Sprechen ruhiger zu werden und überlegt zu antworten.
- ☐ Hören Sie Ihrem Gegenüber aktiv zu. Nutzen Sie die Zeit, in der der andere spricht, dazu, sich zu sammeln.
- ☐ Fragen Sie nach, wenn Ihnen etwas unklar ist. Je besser Sie dem Dialog folgen können und sich daran beteiligen, umso gelassener sind Sie.

165. Fragen durchgehen: Ist es gut, vor dem Gespräch noch einmal die wichtigsten Fragen Revue passieren zu lassen?

Das kommt darauf an. Wenn Sie sich dadurch gut fühlen oder es die beste Möglichkeit für Sie ist, um Spannung abzubauen beziehungsweise nicht zu viel aufzubauen, dann auf jeden Fall. Wenn Sie aber sowieso schon sehr nervös sind, dann kann dieses Durchgehen das Gegenteil bewirken. Das ist wie bei einer Prüfung in der Schule, bei der man sich mit Last-Minute-Lernen buchstäblich verrückt gemacht hat. Für die meisten Leute ist es am besten, sich mit etwas anderem zu beschäftigen.
Und: Ihre Vorbereitung sollten Sie sowieso längst hinter sich haben (▸ Frage 157, Seite 139)!

166. Verspätung: Was mache ich, wenn ich spät dran bin?

Das kommt darauf an, wie viel Sie sich verspäten werden und welche Möglichkeiten Sie haben. Verspäten Sie sich nur um wenige Minuten, dann gehen Sie einfach hin und entschuldigen Sie sich. Bitte machen Sie nicht den Fehler, hektisch zu werden und loszuspurten, um auf Biegen und Brechen pünktlich zu sein. Sie kämen außer Puste und vielleicht sogar verschwitzt und völlig durcheinander im Unternehmen an, was keinen besonders guten ersten Eindruck macht!
Verspäten Sie sich etwas mehr, dann rufen Sie sobald wie möglich an. Wenn Sie im Zug feststecken und kein Handy haben, dann fragen Sie einen Mitreisenden. Man wird Ihnen sicher gerne helfen, wenn Sie nett sind und die Situation schildern.
Ist Ihre Verspätung groß, müssen Sie damit rechnen, dass der Personaler vielleicht keine Zeit mehr hat. Dann vereinbaren Sie am besten direkt einen neuen Termin. Bitte seien Sie nicht verärgert und berücksichtigen Sie die Situation des Personalentscheiders: Oft geben sich die Bewerber die Klinke in die Hand, weil das Unternehmen den Bewerbungsprozess schnell durchziehen möchte. Und auch das ganz normale Alltagsgeschäft bringt viele Termine mit sich.

Ein gelungener Auftritt

Keine Frage: Was Sie erzählen und wie Sie es tun, spielt eine große Rolle. Aber auch aufgrund Ihres Auftretens und Erscheinungsbildes können Sie punkten. Überzeugen Sie durch Ihre Kleidung und Ihre Körpersprache!

167. Kleidung: Was sollte ich bei meinem Outfit beachten?

Erst einmal die selbstverständlichen Dinge wie Sauberkeit, Tadellosigkeit und Frische. Noch wichtiger ist aber, dass Sie sich in der Kleidung wohlfühlen, dass sie also rundherum gut sitzt, zu Ihnen passt und Sie nicht verkleidet wirken. Wer normalerweise immer in Jeans herumläuft und sich zum Gespräch plötzlich ins Business-Kostüm wirft, der kommt sich möglicherweise fremd vor oder gar lachhaft.

Dennoch ist es natürlich gut und sinnvoll, wenn Sie sich ein paar Gedanken machen:

- Steht mir die Kleidung farblich? Vielleicht macht Ihre beige Lieblingsbluse Sie farblos oder lässt Sie krank aussehen?
- Sitzt alles oder zwackt es, schiebt sich der Stoff nach oben, schränkt das zu enge Hemd Ihre Bewegungsfreiheit ein?
- Ist das Material angenehm oder ist der Stoff zu dick oder aus Kunstfaser, so dass Sie schnell ins Schwitzen kommen?
- Ist Ihr Outfit dem Unternehmen und der Position angemessen? Haben Sie Kundenkontakt, wird wahrscheinlich viel Wert auf ein formelles Aussehen gelegt.

Informieren Sie sich über die Branche. In bestimmten Zweigen gibt es einen strengen Dresscode. Etwa in Unternehmensberatungen oder Banken: Dort gilt für Herren Anzug- und Krawattenpflicht und für Frauen »keine nackten Beine oder Schultern« – auch nicht im Hochsommer!

Tipp: Das Leinen-Sakko ist total zerknittert, der Absatz abgebrochen oder jemand hat Ihnen kurz vor dem Gespräch Kaffee übers Hemd geschüttet? Keine Panik! Anstatt innerlich im Boden zu versinken oder darüber zu spekulieren, was der

Personaler jetzt wohl über Sie denken wird: Sprechen Sie das Missgeschick einfach kurz an und erklären Sie die Sache. Das kann jedem passieren und ist kein Drama.

168. Overdressed: Was ist, wenn ich mich für das Gespräch zu gut angezogen habe?

Keine Sorge! Für das Vorstellungsgespräch brezelt man sich üblicherweise etwas auf. Damit zeigen Sie, dass Sie einen guten Eindruck machen wollen.
Tipp: Wenn Sie merken, dass die Leute im Unternehmen viel legerer gekleidet sind, können Sie es auch ansprechen (»Oh, und ich komme in Anzug und Krawatte/im Kostüm! Das ist hier ja gar nicht üblich …«).
Lernen Sie aber auch daraus und passen Sie Ihre Kleidung etwas an, wenn Sie zu einem zweiten Gespräch oder Probetag eingeladen werden.

169. Schmuck und Schminke: Ich bin unsicher, gibt es bei Schmuck und Schminke etwas Besonderes zu beachten?

Auch hier gilt: Donnern Sie sich nicht auf, sondern bleiben Sie sich selbst treu. Natürlich kann es angemessen sein, zu dem besonderen Anlass eleganteren Schmuck zu tragen und sich stärker zu schminken als sonst. Aber Sie müssen sich wohlfühlen!
Für Schmuck gilt: Weniger ist mehr. Lieber ein oder zwei dezente Stücke als klappernde Armreifen und Klunker im Ohr.
Apropos »Sie-selbst-Bleiben«: Kommen Sie im Wesentlichen so zum Gespräch, wie Sie später auch Tag für Tag in der Arbeit erscheinen würden. Wenn Sie also immer sehr viel Schmuck tragen, weil Ihnen das einfach gefällt und wichtig für Sie ist, dann auch schon im Interview. Es wäre niemandem damit gedient, wenn Sie Ihr Outfit für das Gespräch stark verändern und ein falsches Bild von sich hinterlassen. Bitte gehen Sie nicht davon aus, dass Ihr Umfeld etwaige Auffälligkeiten, die nicht jedermanns Sache sind, einfach so hinnehmen wird, wenn Sie den Job erst einmal haben.

Auch wenn Sie damit argumentieren, dass ein Piercing oder Ähnliches Ihre Arbeitsleistung nicht beeinträchtigt, so ist es durchaus legitim, dass ein Unternehmen auch Ihr Auftreten und Erscheinungsbild bei der Entscheidungsfindung mit einbezieht. Immerhin vertreten Sie die Firma später.
Und gehen Sie mit Parfüm und Rasierwasser sparsam um! Auch wenn gute Düfte angenehm sind, so übertreibt man es doch leicht. Bewerber, die eine richtige Duftspur hinterlassen, kommen oft nicht gut an. Zu aufdringliche Duftnoten irritieren, stören oder beeinträchtigen die Umwelt im Extremfall sogar (zum Beispiel bei Empfindlichkeiten oder Allergien).

170. Körpersprache: Körpersprache spielt eine große Rolle, heißt es: Worauf sollte ich achten?

Es ist richtig, dass Ihr Körper eine große Rolle dabei spielt, wie man Sie erlebt. Zum Teil lässt sich Körpersprache bewusst steuern, vieles läuft jedoch automatisch ab: So antworten Sie vielleicht ganz freundlich auf eine Frage, aber Ihre Mimik oder Gestik vermittelt Ungeduld. Manche Menschen wirken sehr angespannt, wenn sie sich konzentrieren, weil ihr Gesicht sich verschließt und sich eine tiefe Zornesfalte zeigt. Außerdem beeinflusst Ihre Körpersprache sehr stark Ihren eigenen psychisch-emotionalen Zustand: Wenn Sie bereits nervös und aufgeregt sind, steigern Sie Ihre Unruhe nur noch mehr, wenn Sie hektisch gestikulieren. Versuchen Sie daher, bewusst mit dem eigenen Körper umzugehen und die Körpersprache gut für sich zu nutzen (▸ nebenstehende Tabelle).

171. Nach Körpersprache beurteilt: Ich habe gehört, dass jede Bewegung etwas bedeutet und von einem geschulten Personaler analysiert und gedeutet wird. Heißt das, ich muss auf jede Kleinigkeit achten?

Entspannen Sie sich! Sie sind kein Käfer unter dem Mikroskop. Und Interpretationen wie »Die Arme verschränken bedeutet sich verschließen« stimmen so pauschal natürlich nicht. Geschulte und gute Personaler versteifen sich niemals auf einzel-

So sprechen Sie durch Ihren Körper	
Das hilft	**weil**
Gehen Sie offen auf den Personaler zu, halten Sie den Kopf aufrecht, schauen Sie ihm freundlich in die Augen.	Sie fühlen sich sicher und wirken offen und selbstbewusst.
Sitzen Sie aufrecht und sacken Sie nicht in sich zusammen.	Sie können besser atmen und damit klarer denken. Sie bauen sich innerlich auf und gewinnen an Selbstsicherheit.
Sitzen Sie bequem und locker.	Das entspannt Körper und Geist. Sie können sich besser konzentrieren und vermitteln einen sympathischen Eindruck.
Achten Sie auf ruhige Gestik.	Sie beruhigen sich selbst, wirken souverän und gelten als angenehmer Gesprächspartner.
Nehmen Sie immer wieder Blickkontakt auf.	Sie wirken offen, interessiert und selbstbewusst. Und Sie bleiben in Kontakt mit Ihrem Gesprächspartner.
Machen Sie einen freundlichen Gesichtsausdruck und lächeln Sie auch mal.	Das lockert Sie selbst auf und macht die ganze Atmosphäre angenehmer.
Geben Sie nonverbale Signale (nicken, fragend schauen usw.).	So zeigen Sie, dass Sie bei der Sache sind. Und das Gespräch wird lebendiger.
Vermeiden Sie negative Zeichen (Stirn runzeln, kritisch blicken, den Kopf schütteln, Augen rollen usw.) in unangenehmen Situationen.	So verhindern Sie die negativen Rückwirkungen auf sich selbst (die eigene Mimik beeinflusst auch, wie wir uns fühlen) und einen schlechten Eindruck beim Gegenüber.

Immer locker bleiben

Vergessen Sie oberflächliche Tipps wie »Die Haltung des Gegenübers bewusst nachmachen (›spiegeln‹) vermittelt unwillkürlich Vertrauen« oder »Ich darf bloß nicht XY machen, weil das immer negativ ankommt«. Durch ein verkrampftes Sich-selbst-Beobachten und -Kontrollieren beeinträchtigen Sie Ihre Wirkung.

ne körpersprachliche Signale, sondern betrachten das Gesamtbild: Die Informationen, die Ihre Bewerbungsunterlagen verraten haben, Ihren Werdegang, wie Sie sich im Gespräch geben und was Sie inhaltlich sagen. Alles gehört zusammen!
Es stimmt aber auch, dass der Körper unsere Wirkung auf andere extrem beeinflusst: Behaupten Sie von sich, kommunikativ zu sein, weichen aber ständig dem Blick Ihres Gegenübers aus, dann wirken Sie nicht glaubwürdig. Geben Sie sich selbstbewusst, aber Ihre Gestik ist fahrig und hektisch, wird man an Ihren Worten zweifeln. Aber nicht, weil man einzelne Signale herauspickt, sondern weil das Gesamtbild nicht stimmig ist.

172. Blickkontakt: Es heißt, Blickkontakt sei wichtig. Muss ich jetzt dem Personaler die ganze Zeit in die Augen schauen?

Nein, unablässiges Anstarren wäre für keinen von Ihnen angenehm. Aber regelmäßiger Blickkontakt ist wichtig. Bei der Begrüßung die Augen des anderen zu suchen schafft eine Verbindung. Beim Zuhören signalisiert Ihr Blick Aufmerksamkeit und hilft Ihnen, auch ohne Worte zu kommunizieren (zeigen, dass Sie etwas verstanden haben, zustimmen, noch unsicher sind, gleich nachfragen werden …).
In einem lockeren Gespräch wird der feste Blickkontakt immer wieder durch kurze Pausen unterbrochen: Man sieht unwillkürlich zur Decke, wenn man nachdenkt oder sich an etwas erinnert. Oder man senkt den Blick, um den Gesprächspartner reflektieren zu lassen oder sich zu sammeln.

Wichtig: Bitte sehen Sie Ihrem Gegenüber auch wirklich in die Augen und nicht etwa auf den Mund oder gar – wie öfter empfohlen – auf die Nasenwurzel. Beides fällt auf und irritiert. Haben Sie mehrere Gesprächspartner, dann achten Sie darauf, den Blick ruhig von einem zum anderen schweifen zu lassen, und vermeiden Sie nervöse Blickwechsel.

173. Mehrere Gesprächspartner: Wen soll ich ansehen, wenn an einem Gespräch mehrere Interviewer teilnehmen?

Sie werden sich automatisch jeweils der Person am intensivsten zuwenden, die Ihnen aktuell eine Frage stellt. Dennoch sollten Sie sich nicht ausschließlich auf sie konzentrieren und darüber die anderen Gesprächspartner vergessen. Halten Sie Blickkontakt und sehen Sie beim Antworten nacheinander allen Anwesenden kurz und ruhig in die Augen.
Wichtig: Platzieren Sie sich strategisch! Haben Sie zwei Gesprächspartner, bietet es sich an, beiden gegenüberzusitzen. Auf diese Weise können Sie gut und leicht mit beiden Blickkontakt halten. Sind mehrere Firmenvertreter anwesend, ist gegenüber oder »über Eck« empfehlenswert. Haben Sie jemanden vis-à-vis und neben sich, wird es extrem anstrengend, alle ins Gespräch einzubeziehen. Ist die Sitzordnung ungünstig, sprechen Sie es an!

174. Lachen: Darf ich auch lächeln und mal lachen?

Unbedingt! Es ist sympathisch und lockert Sie selbst und die Gesprächsatmosphäre auf: Sie wirken positiv und fühlen sich wohler. Denken Sie daran, dass Ihr Gegenüber nicht nur nach fachlicher Qualifikation auswählt, sondern bei seiner Entscheidung auch Ihre Persönlichkeit und Ihre Fähigkeit, auf andere zuzugehen, eine sehr große Rolle spielen!
Übrigens: Lachen fördert Atmung und Durchblutung, löst Verspannungen, baut Stress ab und setzt Glückshormone frei. All das gut können Sie gut gebrauchen in der »Ausnahmesituation Job-Interview«!

175. Hände: Was mache ich im Gespräch am besten mit meinen Händen?

Am besten denken Sie gar nicht großartig darüber nach! Rufen Sie sich andere Gespräche in Ihrem sonstigen Berufsalltag in Erinnerung: Ihre Hände werden Ihnen nicht sonderlich bewusst sein. Sie gehen einfach ganz natürlich mit ihnen um, ohne darüber nachzudenken.

Wenn Sie wissen, dass Ihre Hände zum »Problem« werden könnten, weil sie Hektik, Unsicherheit, Nervosität verraten, können Sie bewusst etwas dagegen unternehmen:

- **Sie neigen zum »Fuchteln«?**
  Das konserviert Ihre Unruhe und kann im Extremfall auch negativ auf Ihre Stimme abfärben. Außerdem wirkt es hektisch und kann die Gesprächsatmosphäre trüben – was sich wiederum auf die Gesprächsqualität und die Beziehungsebene auswirkt. Konzentrieren Sie sich darauf, ganz bewusst kontrolliertere und langsamere Bewegungen zu machen. Sie werden sofort einen positiven Effekt spüren. Brauchen Sie ein Hilfsmittel? Dann legen Sie Ihre Hand locker auf einen Stift oder Ihren Block.
- **Sie machen ständig dieselbe Bewegung?**
  Alle paar Sekunden eine Haarsträhne zurückschieben, sich am Mundwinkel oder Kinn kratzen? Das ist so ähnlich wie ein ständiges »Äh« beim Reden: Irgendwann achtet das Gegenüber nur noch darauf. Falls diese Bewegungen schon ein kleiner Tick geworden sind, dann lassen sie sich nicht ad hoc im Bewerbungsgespräch abstellen. Trainieren Sie deshalb schon im Vorfeld. Der erste Schritt: Bewusst machen! Wenn Sie darauf achten, was Sie tun, und sich dann stoppen, können Sie die Angewohnheit langsam, aber sicher wieder loswerden. Rührt die Handbewegung daher, dass Ihnen die Haare tatsächlich ständig ins Gesicht fallen, dann ändern Sie Ihre Frisur.
- **Verkrallen sich Ihre Hände ineinander?**
  Die Finger nervös zu verknoten oder die verschränkten Hände in den Schoß zu legen wirkt nicht besonders selbstbewusst

und offen. Das kann je nach angestrebter Position zum Problem werden, da man Ihnen vom Selbstbild und Auftreten her nicht viel zutraut. Achten Sie darauf, sich zu entspannen.

- **Stechen Sie mit dem Finger in die Luft?**
  Das kann leicht aggressiv wirken, und wenn Sie zu heftig sind, verletzen Sie mit der Geste möglicherweise den persönlichen Raum Ihres Gegenübers. Das wirkt – oft nur auf der unbewussten Ebene – auf den Gesprächspartner fast wie ein körperlicher Angriff. Die Gesprächsatmosphäre wird dadurch in den meisten Fällen beeinträchtigt. Beobachten Sie im Alltag, ob Sie zu dieser Geste neigen, und versuchen Sie, sie zu vermeiden.

176. Beine: Stimmt das wirklich, dass übereinandergeschlagene Beine abweisend wirken?

Körpersprachliche Signale sind niemals losgelöst von der gesamten Person zu betrachten. So kann das Übereinanderschlagen der Beine einfach ein Wechsel in eine bequemere Sitzposition sein, eine lockere Gewohnheit oder auch ein unbewusstes »Spiegeln« Ihres Gegenübers (zu dem wir unwillkürlich neigen, wenn uns der Gesprächspartner sympathisch ist). Natürlich kann es auch bedeuten, dass Sie sich distanzieren und eine Barriere zum Gegenüber aufbauen möchten oder Unmut äußern. Dann gibt es aber auch weitere eindeutige Signale: Wenn Sie sich abrupt und stark zurücklehnen, kritisch oder abfällig schauen und insgesamt angespannt dasitzen, dann wirken Sie höchstwahrscheinlich unsicher, aggressiv oder abweisend. Aber nicht nur wegen der übereinandergeschlagenen Beine!

Aufrecht sitzen

Fühlen Sie sich unsicher oder macht Ihnen eine unangenehme Frage zu schaffen? Dann probieren Sie es damit: Setzen Sie sich gerade hin, richten Sie die Wirbelsäule auf und stellen Sie die Beine locker parallel nebeneinander. Diese Haltung bringt Ihnen Sicherheit und »erdet« Sie.

Legen Sie los – der Gesprächsstart

Keine Angst vor der ersten Begegnung mit dem Personaler! Natürlich wollen Sie von Anfang an einen guten Eindruck machen und nichts verpatzen. Und das werden Sie auch nicht, wenn Sie freundlich und offen auftreten und die gängigen Höflichkeitsregeln beachten.

177. Erster Eindruck: Man sagt, die ersten Sekunden seien schon entscheidend. Wie verhalte ich mich am besten, wenn der Personaler auf mich zukommt?

Wie bei jeder Begegnung mit anderen Menschen spielen tatsächlich die ersten Momente eine große Rolle. Einfach weil sich jeder bewusst und unbewusst sofort einen ersten Eindruck von seinem Gegenüber macht.

Eigentlich sind die Aspekte einer positiven Begrüßung jedem klar, doch in der Ausnahmesituation Bewerbungsgespräch achtet man nicht immer darauf:

Wenden Sie sich ganz dem Personaler zu (wenn Sie sitzen, dann stehen Sie selbstverständlich auf – egal, ob es sich um einen Mann oder eine Frau handelt), nehmen Sie Blickkontakt auf und schauen Sie freundlich. Achten Sie auf einen angenehmen Händedruck (▸ Frage 178, Seite 155) und nennen Sie deutlich Ihren Namen. Sprechen Sie Ihr Gegenüber mit Namen an, wenn Sie die Person schon kennen. Lassen Sie sich dann auf einen kurzen Smalltalk ein (oder regen Sie selbst einen an).

Wenn Sie es mit mehreren Personen zu tun haben, machen Sie sich bitte nicht mit irgendwelchen Etikette-Regeln à la »Ich muss der höhergestellten Person unbedingt zuerst die Hand geben« verrückt! Zum einen achten die wenigsten Leute wirklich darauf, dass derlei strenge Vorgaben ganz korrekt eingehalten werden. Zum anderen ergibt es sich normalerweise ganz von selbst, wem Sie in welcher Reihenfolge die Hand geben, weil Sie als Bewerber in der Regel den anderen Personen vorgestellt werden.

178. Händedruck: Wie fest ist ein angenehmer Händedruck?

Der Händedruck vermittelt dem Gegenüber immer einen recht intensiven Eindruck: Ist er zu lasch, schließt man auf persönliche Eigenschaften wie Desinteresse, Schwerfälligkeit, Langeweile oder Unsicherheit. Packen Sie zu fest zu, tut es im Extremfall sogar weh und wirkt dominant, auftrumpfend oder auch aufgesetzt: Etwa wenn man den Eindruck hat, dass der Bewerber nur deshalb energisch zupackt, weil er gelesen hat, dass ein fester Händedruck positiv ankommt.
Am angenehmsten ist ein ganz normaler Händedruck. Und der ist weder schlaff noch eine Kraftübung. Lassen Sie sich beim »Timing« auf das Gegenüber ein: Manche Menschen ziehen die Hand nach einem kurzen Druck sofort zurück, andere lassen sie noch einen Moment liegen.

179. Namen nicht verstanden: Angenommen, ich verstehe den Namen des Personalers nicht richtig: Was mache ich dann?

In der Regel werden Sie den Namen Ihres Ansprechpartners vor dem Bewerbungsgespräch schon einmal gehört haben. Gab es zuvor telefonischen Kontakt, etwa bei der Terminvereinbarung, sollten Sie idealerweise schon nachgefragt und sich den Namen korrekt notiert haben. Wenn Sie den Namen nur ungefähr kennen, lohnt sich auch ein Blick auf die Internetseite: Vielleicht ist der Personaler dort aufgeführt und Sie erkennen den Namen wieder.
Ansonsten können Sie bei Ihrer Anmeldung an der Rezeption nachfragen, etwa wenn gesagt wird »Herr XY kommt sofort«. Oder Sie informieren sich: »Führe ich das Gespräch mit Frau XY, mit der ich schon mal telefoniert habe?«
Erfahren Sie den Namen erst bei der Begrüßung und sind Sie unsicher, ob Sie ihn auch richtig verstanden haben, dann fragen Sie sofort nach! So zeigen Sie Interesse. Ansonsten kann es unangenehm werden, wenn Sie krampfhaft zu vermeiden versuchen, Ihren Gesprächspartner direkt anzusprechen.

Oder wenn Sie später nachhaken oder sich per E-Mail bedanken möchten und den Namen nicht wissen oder falsch schreiben. Sie können beispielsweise fragen: »Guten Tag, Herr …, habe ich Ihren Namen richtig verstanden?« oder »Tut mir Leid, ich habe Ihren Namen nicht richtig verstanden.« Vorsicht vor irgendwelchen peinlichen Vergleichen: »Hab' ich das richtig verstanden: Schwarzer – wie der Neger?«!
Tipp: Fragen Sie nach einer Visitenkarte! Glücklicherweise ist es mittlerweile ziemlich üblich, schon zu Beginn eines Gesprächs eine Karte vorzulegen. Das ist besonders hilfreich, wenn Sie im Interview mehreren Leuten gegenübersitzen: Legen Sie die Visitenkarten in der Reihenfolge hin, in der die Personen sitzen. So können Sie immer mal »spicken« (ruhig auch ganz offen) und die Leute mit Namen ansprechen.

180. Freude ausdrücken: Darf ich es sagen, dass ich mich über die Einladung freue, oder wirkt das unterwürfig oder anbiedernd?

Natürlich dürfen Sie Ihre Freude zeigen! Möchten Sie einfach zu Beginn ein Dankeschön für die Einladung einfließen lassen, ist es eine höfliche Geste.
Freuen Sie sich sehr, gerade von dieser Firma eingeladen worden zu sein, dann sagen Sie das auch. Wenn Sie eine zu Ihrer Persönlichkeit passende Formulierung wählen, dann kommt so eine Bemerkung auch positiv an. Wirkt die Freude jedoch aufgesetzt, wird sie schnell als Taktik entlarvt.

181. Anwesende Personen: Können auch mehrere Leute bei dem Gespräch dabei sein?

Das hängt vom Unternehmen ab und von der Position, die besetzt werden soll. In kleineren Unternehmen sprechen Sie entweder mit dem Geschäftsführer selbst oder dem jeweiligen Abteilungs-/Teamleiter. In größeren Unternehmen ist jemand aus der Personalabteilung anwesend – der Fachvorgesetzte oft erst in einem weiteren Gespräch. Durch das AGG (▸ Seite 250) sind mehrere Interviewer künftig wahrscheinlich.

Vorsicht, Fettnäpfchen!

Ja, es ist wichtig, dass Sie sich nicht durch Angst vor allen möglichen Fettnäpfchen unter Druck setzen. Aber es gibt sie auch, die richtigen Fauxpas! Dinge, die Sie unbedingt unterlassen sollten, weil sie so gut wie immer schlecht ankommen. Vermeiden Sie daher

Nachlässigkeit und schlechte Zeitplanung:

- Planen Sie immer genügend Zeit ein, um nicht unruhig und unkonzentriert zu werden.
- Schalten Sie das Handy ab.

unfreundliches Auftreten:

- Sagen oder zeigen Sie nicht, dass Ihnen eine Frage unangebracht erscheint (zum Beispiel die nach den Schwächen oder ob Sie sich noch woanders bewerben).
- Antworten Sie nicht mit einer Gegenfrage.
- Unterstellen Sie dem Gesprächspartner keine Vorurteile (etwa »Bestimmt nehmen Sie Alleinerziehende nicht/bin ich wohl eh zu alt für Sie«).
- Antworten Sie nicht widerwillig (»Ja, ja, das ist so eine typische Standardfrage!!!«).
- Starren Sie nicht dauernd auf den Block des Interviewers und versuchen zu entziffern, was er über Sie notiert.

unkluge Äußerungen:

- Etwa, dass Sie wahrscheinlich sowieso wieder nicht genommen werden.
- Vermeiden Sie es, nur nach Konditionen fragen.
- Äußern Sie sich nicht negativ über den Unternehmensauftritt, die Gegend, das Mobiliar oder Ähnliches.
- Mangelnder Ernst ist der Situation nicht angepasst.
- Lassen Sie sich nicht dazu hinreißen, schlecht über eine frühere Firma zu reden oder Interna auszuplaudern.
- Vermeiden Sie es, Dinge auf die leichte Schulter zu nehmen (»Schräger Lebenslauf, oft gewechselt, na und! Ist doch heutzutage kein Thema mehr.«).

Im Gespräch überzeugen

Wie Sie sich im Gespräch verhalten, wie gut und überzeugend Sie auf Fragen eingehen und wie aktiv Sie sich daran beteiligen: All das prägt das Bild, das Ihr Gegenüber von Ihnen bekommt. Gestalten Sie das Gespräch aktiv mit.

182. Dauer: Wie lange dauert ein Bewerbungsgespräch normalerweise?

In der Regel eine halbe Stunde bis eine Stunde. In manchen Unternehmen ist ganz klar festgelegt, wie viel Zeit für jeden Bewerber zur Verfügung steht, während es in anderen lockerer gehandhabt wird. Vor allem in kleineren Unternehmen, die ihre Prozesse weniger standardisiert haben, kann ein Gespräch auch länger dauern.
Neben der Organisation des Unternehmens hängt die Dauer eines Interviews auch davon ab, wie intensiv Sie sich auf das Gespräch einlassen. Also ob Sie nur einsilbig antworten und keinerlei Fragen stellen oder ob Sie lebendig und aussagekräftig über sich erzählen und neugierig auf das Unternehmen sind. Und davon, ob sich das Interview positiv entwickelt und man daher mehr von Ihnen wissen möchte.

183. Gesprächsablauf: Wie verläuft ein typisches Vorstellungsgespräch?

Natürlich hängt es vom jeweiligen Unternehmen und dem Interviewer ab, wie Vorstellungsgespräche im Detail ablaufen. In der Regel gibt es folgenden Ablauf:
Nach der Begrüßung und etwas Smalltalk folgen die einführenden Worte durch den Personaler. Anschließend wird man Sie eventuell bitten, eine kurze Selbstpräsentation zu halten. Es folgen die Fragen des Personalers beziehungsweise der verschiedenen Anwesenden und nähere Informationen zum Unternehmen und zum Tätigkeitsprofil.
Dann bekommen Sie die Gelegenheit, Fragen zu stellen. Zum Abschluss erhalten Sie eventuell ein erstes Feedback und

Informationen darüber, wie es weitergeht. An irgendeiner Stelle (vorher, in der Mitte, danach) wird man Sie vielleicht durch das Unternehmen führen.
Meist gibt es zwei Gespräche: Zur zweiten Runde werden die Kandidaten eingeladen, welche die erste Hürde gemeistert haben. Das zweite Gespräch wird häufig von einer anderen Person oder mehreren geführt. In kleineren Firmen trifft oft der Abteilungsleiter die erste Entscheidung und in der endgültigen Runde wird sich auch der Firmenchef einen Eindruck von den Bewerbern verschaffen. Oder: Den ersten Filter setzt der Personalsachbearbeiter, im zweiten Gespräch ist der Fachvorgesetzte anwesend.

184. Smalltalk: Angeblich soll Smalltalk am Anfang so wichtig sein. Was kann ich tun, wenn ich darin nicht so geschickt bin?

Smalltalk ist nicht einfach nur ein gewohnheitsmäßiges Ritual, sondern hat gute Hintergründe: Ihnen als Bewerber die Gelegenheit zu geben, Ihre Nervosität zu dämpfen, und einen ersten Beziehungsfaden zu knüpfen. Wenn Sie durch einsilbige Antworten, eine verschlossene Körpersprache oder gar missbilligende Blicke erkennen lassen, dass Sie Smalltalk für überflüssig oder gar lästig halten und darauf warten, endlich zur Sache zu kommen, ist das für Sie von Nachteil: Sie wecken wenig Sympathie, blocken Ihr Gegenüber ab und lassen Zweifel aufkommen, ob Sie sich gegenüber den anderen Mitarbeitern und Kunden im Sinne des Unternehmens verhalten werden, sollte man Sie einstellen.

185. Dialog: Ich habe gehört, dass ich nicht nur auf Fragen antworten, sondern in einen richtigen Dialog treten soll. Was heißt das konkret?

Ja, es ist sehr wichtig, das Gespräch nicht als Frage-Antwort-Spiel zu sehen und zu betreiben. Denn Ihnen sitzt kein Roboter gegenüber, sondern ein Mensch aus Fleisch und Blut, der versucht, sich ein umfassendes Bild von Ihnen zu machen.

Möchten Sie den Eindruck einer aktiven, interessierten und offenen Persönlichkeit vermitteln, ist es am besten, wenn Sie

- nachfragen, wenn Sie etwas nicht genau verstehen,
- Fragen einstreuen (die Sie wirklich interessieren!),
- Bezug nehmen auf Dinge, die vorher gesagt worden sind oder auf die Sie in der Anzeige oder auf der Website aufmerksam geworden sind,
- eigene Eindrücke äußern oder Meinungen sagen (»Hier herrscht eine sehr angenehme Atmosphäre, das merkt man gleich beim Reinkommen.«).

Tipp: Achten Sie einmal darauf, wann Sie Gespräche als angenehm und als wirklichen Austausch erleben, wie sich ein Dialog entwickelt, welches Verhalten Ihres Gesprächspartners auf Sie positiv wirkt.

186. Wortwahl: Es kommt ja nicht nur darauf an, was man sagt, sondern auch auf das Wie. Was sollte ich bei der Wortwahl beachten?

Setzen Sie sich nicht selbst unter Druck durch Gedanken wie: Ich muss mich möglichst gewählt ausdrücken und schön sprechen. Das führt leicht dazu, dass Bewerber gekünstelt oder gar steif und starr wirken – und hinter einer Fassade verschwinden. In der Regel stehen Sie nicht wegen Ihrer rhetorischen Fähigkeiten auf dem Prüfstand (außer natürlich, diese sind wesentlich für den Job), sondern Ihr Gegenüber will sich ein umfassendes Bild von Ihnen machen. Deshalb ist es für alle Beteiligten am besten, möglichst normal und flüssig zu sprechen. Trotzdem können Sie vieles beachten. Zum Beispiel:

- Relativieren Sie sich nicht selbst durch vage Aussagen wie »Ich könnte wahrscheinlich schon ganz gut …« oder »Ich glaube, dass meine Stärken …«.
- Vermeiden Sie unpersönliche Formulierungen (»In meiner aktuellen Tätigkeit ist es wichtig, dass man sehr sorgfältig und gleichzeitig schnell arbeitet.«) oder Aussagen anderer (»Andere sagen, dass ich ziemlich gut …«). Verwenden Sie immer die Ich-Form, wenn Sie über sich selbst sprechen.

- Passen Sie Ihre Wortwahl Ihren Zuhörern an und verwenden Sie nur dann Fachbegriffe oder Fremdwörter, wenn Sie sicher sind, dass jeder sie versteht.

187. Inhalt: Was wollen Personaler hören: eher etwas Fachliches oder auch etwas Persönliches?

Welches Mischverhältnis aus fachlichen und persönlichen Informationen gefragt ist, hängt von verschiedenen Faktoren ab: vom Unternehmen und seiner Philosophie, vom Interviewer und dessen Vorstellungen, Wünschen und Erwartungen, von der zu besetzenden Position.

Der Fokus liegt stärker auf den persönlichen Qualitäten, wenn das Unternehmen viel Wert auf die Persönlichkeit der Mitarbeiter legt, Teamwork im Mittelpunkt steht und darauf geachtet wird, dass neue Leute gut ins Team passen, Kommunikation und Präsentation ein wesentlicher Teil der Aufgabe sind und der Interviewer klare Vorstellungen hat, etwa weil er der direkte Vorgesetzte ist.

Dagegen stehen vermutlich die fachlichen Qualitäten im Mittelpunkt, wenn Fachwissen und technisches Können das Wesentliche sind und Einzelarbeit gefragt ist.

Eine Rolle spielt auch die Person des Bewerbers: Wenn Sie Neueinsteiger sind und noch keine oder wenig praktische Erfahrung gesammelt haben, wird es in dem Gespräch wahrscheinlich stärker um persönliche Dinge gehen, um herauszufinden, welche persönlichen Kompetenzen Sie für den angestrebten Job prädestinieren.

In der Regel ist eine ausgewogene Mischung aus beiden gefragt und es kommen sowohl die fachlichen als auch persönlichen Kompetenzen zur Sprache.

188. Interesse der Personaler: Worauf achten Personaler am meisten?

Diese Frage lässt sich nicht pauschal beantworten, weil der Sinn und Zweck von Vorstellungsgesprächen darin besteht, die sowohl fachlich als auch menschlich passende Person auszuwählen. Da die Bedürfnisse, Erwartungen und Vorstellungen sehr verschieden ausfallen, spielen diverse Faktoren eine Rolle: vom Unternehmen über die Position bis hin zu den ganz persönlichen Vorlieben des Personalentscheiders. Generell wird geachtet auf die überzeugende Präsentation der fachlichen Kompetenzen, eine gute Darstellung des Werdeganges, die Erklärung von »Makeln«, Kongruenz (Auftreten und Worte passen zusammen), eine korrekte, gepflegte und saubere Erscheinung und sehr gute Umgangsformen.

Authentisch sein!

Tun Sie sich selbst einen Gefallen und verstecken Sie sich nicht hinter einer Fassade. Denn das ist nicht nur anstrengend für Sie und wirkt gekünstelt, sondern erschwert oder verhindert auch einen wirklichen Dialog. Und Ihrem Gesprächspartner fällt es schwer, sich ein genaues Bild von Ihnen zu machen.

189. Personaler redet zu viel: Es soll vorkommen, dass Personaler sehr viel reden. Was mache ich denn, wenn ich selbst gar nicht zu Wort komme?

Am besten ist es, eine Pause abzuwarten und dann einzuhaken. Oder, wenn Ihr Gegenüber gerade über etwas spricht, wozu Sie eine konkrete Frage haben oder gerne etwas beitragen möchten, können Sie mit einer begleitenden Geste höflich unterbrechen: »Weil Sie gerade darüber sprechen, ich würde gerne wissen, wie …«.

Sofern der Personaler Ihnen keinerlei Fragen zu Ihrer persönlichen und fachlichen Qualifikation stellt, sollten Sie ihm diese Informationen von sich aus »mitgeben«. Sie können beispielsweise Ihre Anmerkungen und Fragen mit entsprechenden Hinweisen anreichern.

Beispiele:

- »Viele meiner Kunden stammen aus Ihrer Branche, diese haben mir auch bestätigt, dass es einen großen Preiskampf gibt!« (= Kundenkontakte und Einblick in die Branche)

- »Ich möchte gerne mehr über die Tätigkeit erfahren. In meiner letzten Stelle habe ich viele Projekte eigenverantwortlich gemanagt. Da ich sehr selbstständig arbeite, gerne auch mit einem guten Team, ist es für mich wichtig zu erfahren, wie die Arbeitsweise in dieser Position aussieht.« (= fragt interessiert nach, hat Projekterfahrung, kann eigenverantwortlich und selbstständig arbeiten, Teamworker)

190. Wortkarger Interviewer: Bei einem Vorstellungsgespräch war der Interviewer völlig wortkarg und es herrschte ständig peinliches Schweigen. Wie kann ich mich in solchen Situationen verhalten?

In diesem Ausnahmefall ergeben Sie sich nicht einfach in die Situation oder gehen innerlich auf die Barrikaden, weil Sie so ein Verhalten unprofessionell finden. Werden Sie stattdessen selbst aktiv und verwickeln den Personaler in einen Dialog, indem Sie beispielsweise genauer nachfragen und um Details zu etwas bitten, was er früher angesprochen hat (»Sie haben gerade erwähnt, dass … Könnten Sie mir Genaueres dazu sagen?«). Sie haben auch die Möglichkeit, Ihre Fragen zu stellen oder eigene Eindrücke zu schildern (»Aus Ihrer Anzeige habe ich den Eindruck gewonnen, dass … Ist das so?«). Sie können zudem etwas ansprechen, wozu Sie noch nicht genügend Informationen bekommen haben (»Die Position reizt mich unter anderem deshalb, weil ich einen eigenen Kundenstamm betreuen könnte. Wie ist die Kundenstruktur Ihres Unternehmens beschaffen?«).

191. Mimik des Personalers: Wie kann ich damit umgehen, wenn der Personaler zweifelnd schaut, die Stirn runzelt oder so was?

Lassen Sie sich dadurch nicht aus dem Konzept bringen: Interpretieren Sie solche Gesten nicht sofort negativ und gehen Sie nicht automatisch davon aus, dass Sie etwas falsch gemacht haben. Versuchen Sie auch, derartige Reaktionen Ihrem Gegenüber nicht übel zu nehmen und im Stillen Urteile zu fällen wie »Was soll das? Ist ja wohl kein sehr professio-

nelles Verhalten!«. Denn damit verunsichern Sie sich nur selbst und gehen vielleicht sogar innerlich auf Distanz. Und das blockiert Ihr Denkvermögen und Ihre Fähigkeiten, sich gut und souverän zu präsentieren.
Interpretieren Sie stattdessen die körpersprachlichen Signale als das, was sie sind: Äußerungen Ihres Gegenübers, deren Hintergrund Sie (noch) nicht kennen. Es kann vieles dahinterstecken. Und: Gestehen Sie Ihrem Gesprächspartner zu, dass er so reagiert. Er ist ein ganz normaler Mensch!
Allein diese Gedanken können dazu führen, dass Sie den Vorfall relativ locker übergehen und einfach weitermachen.
Falls das nicht möglich ist, die Reaktion sehr stark ist oder sich wiederholt: Am besten sprechen Sie die Sache an und fragen nach. Voraussetzung ist allerdings, dass Sie innerlich ruhig sind. Dann können Sie beispielsweise sagen: »Oh, Sie haben gerade die Stirn gerunzelt! Sind Sie ganz anderer Meinung als ich?« oder »Frau XY, Sie schauen sehr kritisch. Mache ich etwas falsch?«

Bewährungsprobe

Vor allem, wenn es in dem angestrebten Job um kommunikative Fähigkeiten, Verhandlungsgeschick oder Ähnliches geht, sollten Sie auf solche Vorfälle bewusst reagieren (vielleicht ist es ja sogar ein Test?). Denn so beweisen Sie live, wie es um Ihre Fähigkeiten tatsächlich bestellt ist.

192. Nicht verstanden: Was mache ich, wenn ich etwas nicht (ganz) verstanden habe?

Melden Sie sich sofort zu Wort und fragen nach. Zum einen deshalb, um die nötige Erklärung oder fehlende Information zu bekommen und so dem Gespräch auch weiter gut folgen zu können. Zum anderen, weil Sie damit Ihre kommunikativen Fähigkeiten und Ihr Interesse unter Beweis stellen.
Wann der günstigste Zeitpunkt für die Nachfrage ist, hängt vom Thema, vom Gesprächsverlauf und von Ihrem Gegenüber ab. In den meisten Fällen bietet es sich an abzuwarten,

bis der Interviewer zu Ende gesprochen hat oder eine Pause macht, und dann einzuhaken.
Falls Sie aber dem Gespräch gar nicht mehr folgen können oder Ihr Gegenüber sehr viel und lange redet, unterbrechen Sie es lieber. Etwa, indem Sie durch ein Handzeichen freundlich signalisieren, dass Sie etwas fragen möchten.
Sie können beispielsweise sagen:

- »Das habe ich gut verstanden. Aber … noch nicht.«
- »Vielen Dank für die Erklärungen zu … Ich habe aber noch eine Frage zu …«

Besonders wenn Fachjargon verwendet wird, passiert es leicht, dass man etwas nicht versteht und das durch ein verständiges Nicken verdecken möchte. Allerdings müssen Sie dann befürchten, dass das Thema später wieder aufgegriffen wird und Sie dann dem Gespräch nicht mehr folgen können.
Beispiel: Sie bewerben sich neu in der Pharmabranche und der Personaler spricht von »OTC-Produkten«. Falls Sie überhaupt nicht wissen, um was es geht, dann haken Sie am besten sofort nach: »Entschuldigung. Was sind OTC-Produkte?« Da es sich um einen Fachbegriff in einer für Sie neuen Branche handelt, wird man ihn sofort erklären. Glauben Sie zu wissen, was er bedeutet, können Sie das mit in die Frage einfließen lassen: »Hier muss ich schnell einhaken: OTC ist over the counter, oder? Also rezeptfreie Medikamente?«

193. Andere Meinung: Darf ich es sagen, wenn ich anderer Meinung bin?

Das kommt auf das Thema an, auf die angestrebte Position und die Art und Weise, wie Sie sich ausdrücken. Aber grundsätzlich ist es wichtig und gut, wenn Sie die eigene Meinung einbringen, ein Bild von sich vermitteln und gleich beweisen, dass Sie einen Standpunkt beziehen können und sich auch trauen, ihn zu vertreten.
Und natürlich gibt es Positionen, für die genau so ein selbstbewusstes Auftreten wesentlich ist: Dann wird diese Fähigkeit auch speziell getestet.

Damit Sie auch dann gut ankommen, wenn Sie anderer Meinung sind, achten Sie darauf, dass Sie

- jedem Menschen seine eigene Meinung zugestehen (auch Ihrem aktuellen Gegenüber!),
- sachlich, freundlich und möglichst locker bleiben,
- klar und prägnant sagen, was Sie denken.

Wenn Sie explizit nach Ihrer Meinung zu einem bestimmten Thema gefragt werden, sollten Sie auch etwas dazu zu sagen haben. Oder offen zugeben, dass Sie sich noch nicht ausreichend Gedanken gemacht haben und es nicht genau wissen.

194. Notizen machen: Darf ich im Gespräch mitschreiben oder wirkt das unhöflich?

Selbstverständlich dürfen Sie sich Notizen machen und die für Sie wichtigsten Informationen aufschreiben. Am besten kündigen Sie das gleich zu Beginn des Gesprächs an (»Ich möchte mir gerne ein paar Dinge notieren, damit ich nichts Wichtiges vergesse. Ist das in Ordnung für Sie?«).
Schreiben Sie schnell genug mit, um das Gespräch nicht zu stören. Falls Sie das nicht so gut können, machen Sie lieber ein paar Notizen, wenn Sie wieder draußen sind.

195. Fragen stellen: Wieso sollte man als Bewerber überhaupt eigene Fragen stellen?

Es ist wirklich sehr wichtig, dass Sie eigene Fragen an geeigneter Stelle anbringen, denn so zeigen Sie Ihrem Gegenüber, dass Sie sich im Vorfeld Gedanken gemacht und gut vorbereitet haben und dass Sie wirklich an der Position interessiert sind. Zudem vermitteln Sie dem Unternehmen ein klares Bild davon, was Ihnen wichtig ist, und bekommen Informationen, die Sie später bei Ihrer Entscheidungsfindung unterstützen.

196. Thema der Fragen: Was frage ich am besten?

Stellen Sie nicht einfach allgemeine Standardfragen. Denn der Eindruck, dass da ein Bewerber nur nachfragt, weil er dazu aufgefordert und es von ihm erwartet wird, ist nicht unbedingt schmeichelhaft. Fragen Sie besser nach Dingen, die tatsächlich am Herzen liegen. Hier nur ein paar Beispie Fragen, die Sie als Bewerber brennend interessieren müssten:

Der Job an sich:

- Was genau umfasst das Aufgabengebiet?
- Wie sieht ein durchschnittlicher Arbeitstag aus?
- Welche persönlichen Qualitäten sind erforderlich?
- Welche Gestaltungsmöglichkeiten hätte ich?
- Welche Erwartungen haben Sie an mich?

Die Rahmenbedingungen:

- Wie wird mein Arbeitsplatz aussehen?
- Welche Fortbildungsmöglichkeiten könnte ich eventuell in Anspruch nehmen?
- Welche langfristigen Zukunftsperspektiven gäbe es für mich in Ihrem Unternehmen?

Zusammenarbeit und Arbeitsklima:

- Wie viele Kollegen hätte ich?
- Wie ist die Mischung aus Einzelarbeit und Teamarbeit?
- Wie oft und in welcher Form wird über Zusammenarbeit, Schwierigkeiten und Lösungen gesprochen?
- Wer wäre mein unmittelbarer Vorgesetzter?
- Welchen regelmäßigen Austausch gibt es zwischen Chef und Mitarbeitern?
- Wie oft und von wem bekomme ich Feedback?
- Wie sähe meine Einarbeitung aus?

197. Zeitpunkt für Fragen: Muss ich mir alle Fragen aufheben, bis ich danach gefragt werde?

Auch wenn in den meisten Gesprächen der Bewerber an einem bestimmten Zeitpunkt ausdrücklich darum gebeten wird, seine Fragen zu stellen, müssen Sie sich nicht bis dahin zurückhalten. Es gibt immer wieder Gelegenheiten, sich zu Wort zu melden oder an eigene Antworten gleich eine Frage anzuhängen. Denken Sie daran: Ein lebendiger Dialog ist das Ziel. Und den erreichen Sie auch dadurch, dass Sie Ihre Fragen zwischendurch einfließen lassen.

Wichtig: Achten Sie aber darauf, dass der Interviewer selbst noch zum Zug kommt! Ihr Ziel sollte in erster Linie sein, Ihre persönlichen und fachlichen Qualifikationen gut zu vermitteln. Sonst haben Sie zwar alle möglichen Informationen über das Unternehmen bekommen, aber Ihr Gegenüber kann Sie nicht gut genug einschätzen.

198. Keine Fragen: Wenn meine Fragen alle schon beantwortet worden sind, was mache ich dann, wenn ich mit Fragen an der Reihe bin?

Sollte das tatsächlich der Fall sein, dann können Sie etwa freundlich sagen: »Sie haben mir so viel und gut erklärt, dass im Moment keine Fragen bei mir offen geblieben sind.«
Doch eigentlich gibt es immer etwas, was nicht oder nicht ausführlich genug zur Sprache gekommen ist. Themen, die Sie ansprechen können, sind:

- Welche Anforderungen stellen Sie an neue Mitarbeiter?
- Wie sieht der »ideale« Mitarbeiter für Sie aus?
- Was ist in der Position aus Ihrer Sicht das Allerwichtigste?
- Sie wären ja mein unmittelbarer Vorgesetzter: Womit würde ich Sie am meisten beeindrucken? Womit würde ich Sie richtig verärgern?
- Eine der Aufgaben, die in der Anzeige erwähnt wird, ist … Könnten Sie mir bitte schildern, was genau dazugehört?
- Das Aufgabengebiet ist ja recht komplex, was ich gut finde. Wie ist das Mischungsverhältnis der einzelnen Tätigkeiten?
- Wie ist der Führungsstil in Ihrem Unternehmen?
- Worauf legen Sie in puncto Arbeitsweise den meisten Wert? (▸ Frage 220, Seite 182)

Tipp: Versuchen Sie, potenzielle Fragethemen im Gespräch aufzunehmen. Seien Sie aufmerksam und achten Sie auf all das, was Ihr Gegenüber sagt. Bestimmt fallen Kommentare, die Sie sich merken und auf die Sie später zurückkommen können. Zum Beispiel: »Sie haben mehrmals darauf hingewiesen, dass Teamarbeit hier ein zentraler Aspekt ist. Was ist Ihnen dabei besonders wichtig?«

199. Keine Aufforderung zu fragen: Was mache ich, wenn ich nicht gefragt werde, ob ich Fragen habe?

Da gibt es nur eines: selbst die Initiative ergreifen und entweder sagen, dass Sie gerne noch ein paar Fragen stellen möchten. Oder gleich Fragen stellen, am besten verknüpfen Sie sie mit einem positiven Feedback: »Vielen Dank für die Informationen … Worüber wir noch gar nicht gesprochen haben, ist …«

200. Nachgereichte Information: Angenommen, mir würde während des Gesprächs noch eine gute Antwort oder wichtige Information einfallen: Kann ich dann später noch mal darauf zurückkommen?

Ja, auf jeden Fall! Sie zeigen damit, dass Sie mitdenken und Interesse haben. Auch ergibt sich hier eine Gelegenheit, sich als aktive und engagierte Persönlichkeit zu beweisen und Ihre Kommunikationsfähigkeit zu demonstrieren. Sie können einfach sagen: »Wir haben vorher über … gesprochen. Gerade fällt mir ein, dass …« oder »Gerne würde ich zum Thema …, über das wir vorher gesprochen haben, noch etwas ergänzen. Ist das in Ordnung?«

Werdegang und Perspektive

Ihre Vergangenheit und Ihre Vorstellungen für die Zukunft: Das sind zwei zentrale Themen, um die es im Bewerbungsgespräch geht. Wenn Sie Ihren bisherigen Werdegang selbstbewusst und souverän darstellen und klare Erwartungen äußern, sammeln Sie Punkte.

201. Reihenfolge: Wenn ich meinen Werdegang schildern soll: Wie gehe ich am besten vor? Womit fange ich an und womit höre ich auf?

Welche Reihenfolge am klügsten ist, hängt von zwei Faktoren ab: von Ihrem Werdegang und von der Position im Unternehmen, auf die Sie sich bewerben.

- **Es ist Ihr erster Job nach Studium/Ausbildung:**
  Hier bietet sich die chronologische Reihenfolge an: Beginnen Sie mit der Schule und führen Sie dann Ihre Praktika und ersten Erfahrungen im Berufsleben an.
- **Sie haben einen geradlinigen Lebenslauf:**
  Wenn Sie Ihre lange und kontinuierliche Erfahrung hervorheben möchten oder Karriere gemacht haben, dann ist es am besten, chronologisch zu erzählen, mit der ersten Station zu beginnen und mit der aktuellen aufzuhören. Wenn Ihre letzte oder aktuelle Position am relevantesten für die angestrebte Stelle ist, dann drehen Sie die Reihenfolge lieber um, beginnen also mit dieser Position und arbeiten sich dann rückwärts vor.
- **Ihr Werdegang ist sehr bewegt:**
  In diesem Fall stehen Sie vor der Aufgabe, den roten Faden zu finden und deutlich zu vermitteln. Sprechen Sie die Kompetenzen und Erfahrungen an, die für die angestrebte Stelle von Bedeutung sind. Zum Beispiel: »Organisation und Kommunikation ziehen sich durch mein ganzes bisheriges Berufsleben und waren in meinen verschiedenen Positionen immer am wichtigsten.«

Bitte leiern Sie die Stationen nicht nacheinander herunter, sondern erzählen Sie lebendig. Fassen Sie die wichtigsten Informationen zusammen und verlieren Sie sich nicht in Details. Lassen Sie die eine oder andere persönliche Kompetenz einfließen, auch wenn Sie das Fachliche betonen.

202. Selbstpräsentation: Was kann ich sagen, wenn der Personaler möchte, dass ich mich vorstelle oder einfach etwas über mich erzähle?

Sie können selbst auswählen, worüber Sie sprechen möchten. Es gibt verschiedene Gründe, warum Personaler das Vorstellungsgespräch so eröffnen:

- Um Sie »aufzuwärmen«, also als Gelegenheit für Sie als Bewerber, Ihre Nervosität zu dämpfen und ruhiger zu werden. Denn sobald Sie sprechen, passiert das automatisch.

- Um sich einen ersten Eindruck von Ihnen zu verschaffen und zu sehen, wie gut Sie sich vorbereitet haben.
- Um sich ein Bild davon zu machen, was Sie als wichtig erachten und auswählen und wie Sie es erzählen.
- Um Ihre kommunikativen und rhetorischen Fähigkeiten zu testen – ganz besonders natürlich dann, wenn diese für die angestrebte Stelle eine Rolle spielen.

Bereiten Sie immer eine kurze Selbstpräsentation vor und üben Sie diese vorher zu Hause (laut!). So bekommen Sie am besten ein Gefühl dafür, wie Sie wirken, ob Sie sich lebendig und interessant präsentieren oder nur Ihren Lebenslauf herunterbeten. Und auch, ob Ihre Selbstpräsentation kurz und prägnant ist.
Vorsicht: Gegenfragen à la »Was erwarten Sie jetzt von mir?«, »Meinen Sie das jetzt mehr fachlich oder persönlich?« oder »Stellen Sie mir lieber Fragen« wirken nicht sehr souverän!

203. Motivation: Was soll ich sagen, wenn ich nach meiner Motivation für die Bewerbung gefragt werde?

Sie haben sich auf diese Stelle gezielt beworben. Als Sie im Internet gesurft oder im Stellenmarkt geblättert haben, gab es ganz bestimmt Anzeigen, auf die Sie sich auch hätten bewerben können, es aber nicht getan haben. Also: Was hat Sie zu dieser Bewerbung bewogen? Das Tätigkeitsprofil (was genau)? Das Unternehmen? Die Branche?
Konkretisieren Sie Ihren Beweggrund und bleiben Sie nicht an der Oberfläche. Ein »Die Stelle hört sich vielseitig an« ist zu wenig aussagekräftig und klingt auch nicht wirklich motiviert, sondern einfach nur so dahingesagt.
Eine Firma stellt natürlich lieber neue Mitarbeiter ein, die wirklich engagiert und ehrlich an genau dieser Stelle oder Firma interessiert sind.
Vermeiden Sie es, Beweggründe zu erwähnen, die Sie aus Sicht des Unternehmens eher disqualifizieren. Vielleicht ist Ihre Motivation für die Bewerbung, dass Sie nur noch fünf Minuten Arbeitsweg hätten. Doch mit der Begründung »bequemer zur Arbeit« würden Sie sich selbst einen Bärendienst erweisen.

204. Warum-Frage: Was kann ich auf die Frage »Warum sollten wir Sie einstellen« antworten?

Eigentlich sollten Sie sich diese Frage schon ganz am Anfang Ihrer Bewerbung gestellt haben. Denn wenn Sie ein gutes Anschreiben verfassen möchten, dann ist genau das die Frage aller Fragen: Warum ich? Nur mit Ausbildung und Erfahrung zu argumentieren wäre zu kurzsichtig und wenig Erfolg versprechend. Denn es wird viele Mitbewerber geben, die eine ähnliche oder vielleicht sogar bessere fachliche Qualifikation haben.

Eine gute Antwort, warum man sich gerade für Sie entscheiden sollte, beinhaltet sowohl Ihre fachlichen als auch Ihre persönlichen Qualitäten. Es geht nicht darum, irgendwelche hochtrabenden Worte zu finden, sich über den grünen Klee zu loben oder gar mit »Alleinstellungsmerkmalen« für sich zu werben. Heben Sie das heraus, was Sie am wichtigsten finden und was Sie gerne über sich sagen möchten. Und wählen Sie eine Sprache, die Ihrer Persönlichkeit entspricht:

- »Weil ich ein ›Selbststarter‹ bin: Ich habe die Erfahrung, das Können und ausreichend Eigenverantwortung, um von Tag eins an loszulegen.«
- »Ich bin praktisch die Idealbesetzung (lachen). Dass ich Ihre fachlichen Anforderungen erfülle, haben wir eben schon geklärt. Und – was mir noch sehr wichtig ist – ich arbeite sehr engagiert: Wenn ich etwas mache, mache ich es richtig. Das kann manchmal unbequem sein (lachen Sie wieder) – aber immer im Sinne der Firma!«

Tipp: Flechten Sie aktuelle Beobachtungen mit ein »… und soweit ich das nach allem, was ich bis jetzt gesehen habe, beurteilen kann, würde ich sehr gut in Ihr Team und in die Atmosphäre hier passen«.

205. In fünf Jahren: Was antworte ich am besten auf die Frage »Wo sehen Sie sich in fünf Jahren«?

Wenn Sie wissen, dass Sie weiterkommen möchten und klare Vorstellungen haben, sagen Sie es: »Ich habe schon viel Erfahrung gesammelt und möchte mehr Verantwortung überneh-

men. In fünf Jahren möchte ich gerne einen eigenen Verkaufsbereich übernehmen oder ein Team leiten.«
Vielleicht wollen Sie sich auch nicht großartig verändern, sondern nur einen guten Job machen: »Mit der Frage habe ich immer so meine Schwierigkeiten. Ich denke dann, ich müsste große Karriereziele nennen. Ehrlich gesagt, mag ich meinen Beruf sehr gerne. Mein Ziel ist, dass ich mich in meinem Tätigkeitsgebiet weiterentwickle und ständig dazulerne. Ich möchte mir eine gute Routine erarbeiten in den Dingen, die ich heute als Herausforderung betrachte, und mich inhaltlich und von meiner Arbeitsweise her immer weiter verbessern.«
Wenn Sie sich noch nicht im Klaren sind, können Sie so formulieren: »Ehrlich gesagt, weiß ich das noch nicht so genau. Jetzt ist es für mich erst mal am wichtigsten, mich gut einzuarbeiten und mich in den Job und das Team einzufinden. Weiter denke ich im Moment noch nicht.«

206. Weiterbildung: Was soll ich sagen, wenn ich gefragt werde, ob und wie ich mich weiterbilde und fachlich am Ball bleibe?

Bilden Sie sich gerade weiter, dann erzählen Sie Näheres und antworten nicht nur mit einem »Ja«: Machen Sie gerade einen Englischkurs? Lesen Sie eine wichtige Fachzeitschrift? Oder lernen Sie etwas im Alleinstudium?
Wenn Sie sich nicht weiterbilden, dann sagen Sie das auch: »Ehrlich gesagt habe ich, jetzt kurz nach dem Studium, erst mal Pause mit der Lernerei gemacht.« oder »Da sprechen Sie etwas an! Mein schlechtes Gewissen überschlägt sich gerade, weil ich mir seit Monaten vornehme, mein Business English zu verbessern!« – Lassen Sie solche Aussagen nicht einfach so im Raum stehen, sondern knüpfen Sie eine Frage über die Weiterbildungsmöglichkeiten im Unternehmen an. Wenn Sie wissen, dass die Firma die Weiterentwicklung der Mitarbeiter großschreibt – etwa weil der Personaler es erwähnt hat oder Sie es in der Anzeige oder auf der Website gelesen haben –, können Sie Ihre Freude darüber zum Ausdruck bringen.

Ihre Persönlichkeit entscheidet

Natürlich ist eine bestimmte fachliche Qualifikation die Grundvoraussetzung, um überhaupt als neuer Mitarbeiter in Frage zu kommen. Aber Fachkompetenz und Erfahrung sind bei weitem nicht alles: Eine sehr große Rolle spielen auch Ihre persönlichen Qualitäten.

207. Nicht nur Fachliches: Wieso reicht es nicht, nur über die Ausbildung und das Fachliche zu reden?

Weil die fachliche Qualifikation nur eine Seite der Medaille ist. Natürlich: Je nach Position und Aufgabengebiet wird sie mal eine größere Rolle spielen und mal etwas weniger Gewicht haben. Doch insgesamt hat die Persönlichkeit in den letzten Jahren einen immer größeren Stellenwert bei der Auswahl eines Bewerbers bekommen.

Denn wie engagiert, eigenverantwortlich und motiviert jemand seine Aufgaben anpackt, wie gut er sich ins bestehende Team integriert und wie konstruktiv er mit anderen Menschen umgeht, hängt in erster Linie von der Persönlichkeit ab. Ein Mitarbeiter kann die besten Noten mitbringen und fachlich top sein: Wenn er die persönlichen Anforderungen, die ein bestimmter Job mit sich bringt und die in einem bestimmten Unternehmen gefragt sind, nicht erfüllen kann, wird ihm auch sein fachliches Know-how nicht sehr viel helfen.

208. Stärken: Was antworte ich am besten, wenn ich nach meinen Stärken gefragt werde?

Bringen Sie sowohl Ihre persönlichen als auch Ihre fachlichen Stärken ins Spiel (▸ Frage 26 ff., Seite 31 ff. und ▸ Frage 33 ff., Seite 39 ff.). Wählen Sie gezielt diejenigen aus, die Sie für die angestrebte Tätigkeit für besonders wichtig halten. Fachlich sind das ein bestimmtes Wissen, bestimmte Fähigkeiten und Fertigkeiten. Persönlich sind das die menschlichen Qualitäten, die eine besondere Rolle spielen (zum Beispiel als Chef-Sekretärin besondere Vertrauenswürdigkeit).

Hier finden Sie ein paar Anregungen, wie Sie Ihre Stärken in Worte fassen können:

- »Ich habe umfangreiche praktische Erfahrung gesammelt und mich in verschiedenen Firmen bewährt, weil ich …«
- »Schon während meines Studiums hat sich gezeigt, dass …«
- »Meine Pluspunkte sind …«
- »Ich persönlich sehe … als meine persönlichen Stärken an.«
- »Ich bin …« (eine Stärke nennen, etwa konzeptionsstark – und näher erläutern).

Pauschale Sätze wie »Meine Stärken sind meine jahrelange Erfahrung in der Branche. Außerdem bin ich engagiert, zuverlässig und arbeite gut im Team«, die einfach so heruntergebetet werden, sollten Sie hingegen vermeiden.

209. Belastbarkeit & Co.: Kommunikationsstärke, Belastbarkeit, Selbstverantwortung und wie sie alle heißen: Das sind doch nur Etiketten. So etwas kann ich doch nicht ernsthaft erwähnen, oder?

Hinter derlei Schlagworten verbergen sich wichtige und gute Eigenschaften und Fähigkeiten. Zu einem nichtssagenden Etikett werden sie nur dann, wenn die Wörter unbedacht verwendet und nicht näher erklärt werden. Denn tatsächlich behauptet fast jeder Bewerber von sich, flexibel, kommunikativ oder teamfähig zu sein.

Betreiben Sie nicht einfach »Schlagwort-Dropping«, sondern umschreiben Sie die jeweiligen Eigenschaften mit eigenen Worten beziehungsweise erklären Sie, was genau Sie darunter verstehen (»Ich bin kommunikativ, das heißt ich …«). Nennen Sie jeweils ein konkretes Beispiel, um die Fähigkeit greifbar zu machen (»Das habe ich bisher bewiesen, als …«).

Bringen Sie auf jeden Fall für die Position relevante persönliche Kompetenzen ins Spiel. Wenn es um einen Vertriebsjob mit viel Akquisetätigkeit geht, bietet es sich an, Auftreten, Verhandlungsgeschick, Fingerspitzengefühl und so weiter zu erwähnen. Wenn es um Buchhaltung geht, sind eher Genauigkeit, Sorgfalt und ein Blick für Details wichtig.

210. Schwächen: Was antworte ich am besten auf die Frage nach meinen Schwächen?

In den Fragen ▸ 29, Seite 35 und ▸ 30, Seite 36 finden Sie Tipps zum Identifizieren Ihrer »Schwächen«. Wählen Sie aus den Eigenschaften oder fachlichen Defiziten, die Sie gefunden haben, gezielt einige aus. Sprechen Sie immer über echte Schwächen und machen Sie klar, wie Sie damit umgehen oder welche Erwartungen Sie an sich selbst haben. Arbeiten Sie an Ihren Defiziten? Dann belassen Sie es nicht bei einem saloppen »… aber ich arbeite daran«, sondern sagen Sie gleich dazu, wie Sie das machen (zum Beispiel üben, sich fortbilden oder sich coachen lassen).

Bitte lassen Sie sich nicht dazu verleiten, Pseudo-Schwächen anzugeben, wie: »Ich arbeite immer viel zu schnell, das mögen die Kollegen meistens gar nicht«, »Ungeduld, ja das ist meine Schwäche« oder »Meine Schwäche ist, dass ich meine Schwächen nicht so richtig kenne!«.

Natürlich werden Sie sich nicht selbst schlecht machen, sondern etwas auswählen und es auch so präsentieren, dass Sie dennoch in einem positiven Licht erscheinen.

Formulierungsbeispiele:

- »Da ich von der schnellen Truppe bin, werde ich leicht ungeduldig, wenn andere langsam arbeiten. Dann merke ich, wie ich innerlich grolle, weil ich nicht weitermachen kann. Ich arbeite an mir, indem ich …«
- »Für mich ist es wichtig, über Entscheidungen eine Nacht schlafen zu können, was manchmal kritisiert wird. Aber da ich das brauche, um eine fundierte und überlegte Entscheidung zu treffen, geht es nicht anders. Ich kann Entscheidungen nicht übers Knie brechen.«

Natürlich kann es passieren, dass Sie etwas nennen, was für die aktuelle Position relevant wäre. Für eine Stelle, die ständig Ad-hoc-Entscheidungen erfordert, wird ein Bewerber, der immer Bedenkzeit braucht, nicht die ideale Besetzung sein. Das ist aber auch für den Betreffenden selbst das Beste, denn er würde mit dem Druck auf Dauer nicht zurechtkommen.

211. Grund für Schwächen-Frage: Wieso stellt ein Personaler überhaupt diese Frage: Glaubt er im Ernst, dass jemand seine Schwächen ehrlich nennt?

Ja und nein. Natürlich ist jedem Personalentscheider klar, dass die meisten Bewerber mit dieser Frage Schwierigkeiten haben – und nicht ihre großen Defizite auf dem Silbertablett präsentieren werden. Die Frage nach den Schwächen ist einer der vielen Wege, um Sie besser kennenzulernen und herauszufinden

- wie Sie sich selbst einschätzen,
- wie gut Sie sich vorbereitet haben,
- wie souverän und locker Sie mit dieser Frage umgehen,
- wie Sie selbst mit Ihren Schwächen/Defiziten umgehen,
- wie Sie auf Nachfragen reagieren.

212. Persönliche Fragen: Warum werden manchmal persönliche Fragen gestellt (etwa nach dem Lieblingsbuch)? Und was mache ich dann?

Ein privates Thema hilft oft dabei, einen nervösen Bewerber aufzulockern. Vielleicht glaubt Ihr Gegenüber, Sie besser einschätzen zu können, wenn Sie über persönliche Dinge sprechen. Denken Sie daran: Der Personalentscheider ist kein Roboter. Natürlich wird er seine Entscheidung einerseits von Ihren fachlichen Qualitäten abhängig machen – aber letztlich entscheidet er oder sie auch einfach völlig subjektiv aufgrund der persönlichen Eindrücke.

Bringen Sie sich nicht selbst aus dem Konzept, indem Sie hin- und herüberlegen, welcher tiefere Sinn dahinterstecken könnte. Meist werden gerade solche Fragen spontan gestellt (»Ach, Sie gehen gern ins Kino. Was haben Sie denn zuletzt gesehen?«) oder sie ergeben sich aus dem Gespräch.

213. Teamplayer: »Warum sind Sie ein guter Teamplayer?« Was soll ich denn darauf antworten?

Wie alle persönlichen Kompetenzen hat auch Teamfähigkeit unterschiedlichste Facetten. Ein guter Teamplayer zeichnet sich beispielsweise dadurch aus, dass er den eigenen Job zuverlässig

und eigenverantwortlich erledigt, andere unterstützt, sich rechtzeitig Hilfe holt, Informationen teilt, auf ein respektvolles Miteinander achtet, Unangenehmes ansprechen kann.
Überlegen Sie im Vorfeld, was Teamarbeit für Sie persönlich bedeutet und wie Sie sich (ehrlich!) einschätzen: Finden Sie, dass Sie teamfähig sind? Inwiefern sind Sie das? Welche Einstellung, persönlichen Eigenschaften und Fähigkeiten zeichnen Sie in dieser Beziehung aus?
Tipp: Überlegen Sie, warum haben andere gut und gerne mit Ihnen zusammengearbeitet (auch in Schule und Studium oder bei privaten Aktivitäten)? Dann können Sie Ihre Aussagen gleich mit Beispielen unterlegen.

Ihre Erwartungen – ein wichtiger Aspekt

Genauso, wie der Personaler möglichst viel über Sie erfahren und Sie kennenlernen möchte, um entscheiden zu können, geht es Ihnen mit dem Unternehmen. Schließlich wollen Sie sich an Ihrem neuen Arbeitsplatz wohl fühlen.

214. Rahmenbedingungen: Wie kann ich die Rahmenbedingungen ansprechen, ohne einen negativen Eindruck zu hinterlassen?

Maßgebend ist, wie Sie in den nächsten Fragen sehen, der Zeitpunkt. Außerdem geht es auch hier um die Art und Weise. Sie können sagen: »Wie viele Urlaubstage würde ich bekommen?« oder »In meiner letzten Stelle hatte ich nur 24 Tage Urlaub. Das grenzte nun wirklich schon an Ausbeutung. Ich hoffe, bei Ihnen gibt es mehr.«
Oder: »Gibt es für Überstunden einen Ausgleich?« oder »Ich gehe schon davon aus, dass Sie für Überstunden bezahlen.« Merken Sie den Unterschied?
Wichtig: Wenn sich alle Ihre Fragen lediglich um die Konditionen drehen, haben Sie Ihre Chancen schnell verwirkt.

215. Einarbeitung: Wie finde ich heraus, wie gut die Einarbeitung organisiert ist?

Häufig erklärt der Personaler von sich aus, wie die Einarbeitung aussehen wird. Wird dieser Aspekt im Lauf des Gesprächs nicht erwähnt, dann sollten Sie unbedingt nachfragen. Denn es ist nicht nur für Sie selbst eine wichtige Information, sondern gleichzeitig auch eine Botschaft an das Unternehmen, dass Sie daran interessiert sind, Ihren Aufgabenbereich schnell und gut in den Griff zu bekommen.

Sie können sich explizit danach erkundigen, wenn Sie mit Fragen an der Reihe sind (»Wie sieht die Einarbeitungsphase aus?«). Oder Sie können das Thema einfließen lassen, wenn Sie über sich selbst erzählen (»Mir ist es wichtig, ökonomisch zu arbeiten und die Zusammenhänge zu kennen. Dabei hilft natürlich eine gute Einarbeitung. Wie sieht diese aus?«)

Wählen Sie den richtigen Zeitpunkt für diese Frage! Um über die Einarbeitung zu reden, sollte man schon einen Schritt weiter oder sicher sein, dass man zu den Topkandidaten gehört und das Unternehmen eindeutig interessiert ist.

Tipp: Wenn Sie einen Tag Probe arbeiten, können Sie die Mitarbeiter fragen, wie die Einarbeitung üblicherweise aussieht.

216. Überstunden: Wie erfahre ich, ob viele Überstunden anfallen und ob sie bezahlt werden?

Indem Sie danach fragen. Natürlich ist dieser Punkt etwas schwierig, denn es sollte nicht so wirken, als ob Sie immer pünktlich den Griffel fallen lassen und Mehrarbeit grundsätzlich scheuen (außer Sie müssen beispielsweise Ihre Kinder von der Tagesstätte abholen). Bitte versuchen Sie auch den Eindruck zu vermeiden, als ob die einzigen Dinge, die Sie an der Stelle wirklich interessieren, Freizeitausgleich und Ausbezahlung der Überstunden wären.

Eine elegante Möglichkeit ist, die Frage mit einer wichtigen Information zu verknüpfen:

- »Ich habe bisher oft 60 Stunden pro Woche gearbeitet. Obwohl ich gerne Überstunden leiste, wenn es nötig ist, möchte ich künftig nicht mehr so lange in der Arbeit sein. Wie sieht es bei Ihnen mit Überstunden aus?«

- »Meine Kinderbetreuung ist gesichert. Darüber haben wir ja schon gesprochen. Der Kindergarten schließt jedoch um 17 Uhr. Darum muss ich abends pünktlich gehen. Ist das realistisch oder fallen häufiger Überstunden an?«

Die Abgeltung von Überstunden in Geld oder Freizeit ist bei Arbeitsstellen mit Tarifverträgen ohnehin festgelegt. Größere Unternehmen haben meist Regelungen, nach denen ein Teil durch Freizeit ausgeglichen werden muss. Manchmal kann man sich Überstunden auch auszahlen lassen. Bewerben Sie sich für eine Position, in der Überstunden nicht in einem entsprechend hohen Gehalt beinhaltet sind, ist es natürlich wichtig zu wissen, ob und wie diese im Fall des Falles bezahlt werden. Das ist dann wiederum ein Punkt, der erst im zweiten Gespräch – wenn es um das Gehalt geht – an die Reihe kommt.

Überstunden inklusive

Wechseln Sie in eine Branche, in der Überstunden an der Tagesordnung sind, oder bewerben Sie sich um eine Führungsposition, sollte Ihnen klar sein, dass Mehrarbeit dazugehört: »Auf Überstunden bin ich schon vorbereitet ... können Sie mir in etwa sagen, wie die ›inoffiziellen‹ Arbeitszeiten in der Regel aussehen?« In Führungspositionen werden die Überstunden auch nicht extra bezahlt, sondern sind mit dem Gehalt abgegolten.

217. Urlaub: Ist es wirklich nachteilig, nach dem Urlaub zu fragen, weil ich dann gleich faul wirke?

Natürlich fragen Sie nach der Anzahl der Urlaubstage! Diese gehören zu den Konditionen mit dazu. Und selbstverständlich macht es einen Unterschied, ob Sie nur den gesetzlichen Mindesturlaub bekommen oder zehn Tage mehr. Es kommt auf den richtigen Zeitpunkt an: Wenn Sie im Gespräch zum ersten Mal aufgefordert werden, Ihre Fragen zu stellen, und dann gleich wissen wollen »Wie viele Urlaubstage habe ich?«, wird sich der Personaler wahrscheinlich fragen, ob Sie wirklich in die Firma passen. Denn offenbar interessieren Sie sich nicht besonders für die Stelle und das Unternehmen, aber umso mehr für Ihre Freizeit.

Also stellen Sie die Urlaubsfrage dann, wenn es um die Konditionen geht: Sobald die Firmenvertreter diese von sich aus ansprechen oder später, wenn eine Zusammenarbeit wahrscheinlich wird – in der Regel also im zweiten Gespräch.

218. Weiterbildung: Wie wirkt es, wenn ich mich nach Fortbildungsmöglichkeiten erkundige?

Grundsätzlich ist es positiv, wenn Sie sich dafür interessieren, weil Sie dadurch Ihre Lernbereitschaft signalisieren.

Wenn das Thema Fortbildung in der Anzeige erwähnt wird oder auf der Website steht, können Sie explizit darauf hinweisen und nachfragen. Oder es auch mit einer Selbstpräsentation verbinden: »Mir ist es sehr wichtig, mich regelmäßig fortzubilden, um …« – »Ich habe gelesen, dass die Weiterentwicklung Ihrer Mitarbeiter sehr wichtig für das Unternehmen ist. Wie kann ich mir das genau vorstellen?«

Tipp: Wenn sich herausstellt, dass das Unternehmen Ihnen zwar weniger Gehalt bietet, als Sie gerne hätten, Sie sich aber als Alternative auch eine besondere Fortbildung vorstellen können (zum Beispiel eine nebenberufliche Weiterqualifizierung), dann machen Sie diesen Vorschlag!

219. Erwartungen haben: Darf ich als Bewerber auch Erwartungen einbringen? Wirkt das nicht arrogant?

Nein, denn Ihre Vorstellungen gehören absolut dazu. Häufig fragen Personaler explizit danach (»Was erwarten Sie sich von uns?« – »Was ist Ihnen am Arbeitsplatz wichtig?«). Wenn Sie ausdrücklich danach gefragt werden, sollten Sie unbedingt klare Antworten parat haben und geben. Ob ein Bewerber arrogant wirkt oder nicht, hängt von den Erwartungen an sich ab und vom Ton, in dem er sie äußert.

220. Erwartungen ausdrücken: Wie kann ich Erwartungen geschickt formulieren, sodass sie mir nicht schaden, sondern nutzen?

Es kommt darauf an, um welche Erwartungen es sich handelt. Aspekte und Themen einzubringen, die Ihnen wichtig sind, schadet prinzipiell überhaupt nicht. Im Gegenteil: Es ist ein gutes Zeichen, wenn ein Bewerber sich Gedanken gemacht hat und aktiv nachhakt. Nachteilig kann es nur dann werden, wenn Sie völlig unrealistische Erwartungen haben.

Definieren Sie Ihre Erwartungen klar und freundlich – eventuell verknüpft mit einer positiven Nachricht über sich selbst – und zeigen Sie, inwiefern sie durchaus auch im Sinne des Unternehmens sind. Zum Beispiel:

- »Ich bin beruflich sehr engagiert und habe für meine Zukunft folgende Pläne …«
- »Am besten arbeite ich, wenn …«
- »Da ich sehr viel Wert darauf lege, Anfängerfehler möglichst zu vermeiden und schnell autonom zu werden, brauche ich eine gute Einarbeitung.«

Haben Sie regelrechte Forderungen, die Sie vorbringen möchten, beispielsweise wenn es um Gehaltsvorstellungen geht, dann überlegen Sie, wie fest beziehungsweise verhandelbar diese sind. Sofern Sie grundsätzlich bereit sind, Abstriche zu machen, sollten Sie von Anfang an so formulieren, dass Sie später ohne Probleme einen Rückzieher machen können. Ein »Ich will 3 000 Euro, darunter gehe ich nicht!« könnte zu einer Absage führen. Und nachträglich doch noch zu relativieren macht einfach unglaubwürdig.

221. Konditionen: Ich höre immer, dass ich im ersten Gespräch nicht von mir aus die Konditionen ansprechen sollte. Warum ist das so? Ich muss doch wissen, wie die Bedingungen sind!

Weil der Zeitpunkt dafür noch nicht gekommen ist: Über Konditionen spricht man, wenn man sich so weit »näher gekommen« ist, dass eine Zusammenarbeit überhaupt im Raum

steht. Das ist wie bei einem Date: Wenn Sie jemanden ganz neu kennenlernen, werden Sie zunächst unverbindlich plaudern. Erst nach und nach stellen Sie persönlichere Fragen, um zu sehen, ob Ihnen der andere liegt und Sie sich eine engere Beziehung wünschen. Sie würden niemals beim ersten Date fragen: »Wie viel verdienst du eigentlich? Das muss ich schon vorher wissen, wenn wir eine Beziehung eingehen sollen.«
Mit der Arbeit ist es ganz genauso: Das erste Gespräch dient der Annäherung und dem grundsätzlichen Kennenlernen. Konditionen werden in der Regel in einem zweiten Gespräch erörtert, es sei denn, die Firmenvertreter schneiden das Thema von sich aus sofort an.

222. Aktueller Verdienst: Was mache ich, wenn die Firma mich fragt, was ich momentan verdiene?

Sagen Sie einfach die Wahrheit. Wenn das Unternehmen Sie einstellt, sieht man Ihr Gehalt dann sowieso auf der Lohnsteuerkarte, und es würde kein gutes Licht auf Sie werfen, wenn Sie vorher gelogen hätten.
Das bedeutet auch keineswegs, dass Sie nicht einen höheren Gehaltswunsch haben dürfen. Die alte Firma hat nichts mit der neuen zu tun. Es ist überhaupt nicht nötig, sich durch Gedanken wie »Man kann maximal 10 Prozent mehr fordern, als man bisher verdient hat« selbst zu blockieren.
Sie haben Ihre Vorstellungen. Und die Firma wird von sich aus entscheiden, ob sie Sie zu diesem Gehalt einstellen möchte. Natürlich müssen Sie auch etwas zu bieten haben und die Frage, warum Sie einen größeren Gehaltssprung Ihrer Ansicht nach »wert sind«, beantworten können.
Wichtig: Argumentieren Sie nie mit einem laschen »Ich will mich verbessern« oder »Ich habe gehört, x Prozent darf man aufschlagen«! Auch wie Sie sich zum Thema Konditionen äußern, wirkt sich darauf aus, welche Figur Sie machen – und ob man sich letztlich für Sie entscheidet. Treten Sie also selbstbewusst auf und nutzen Sie die Gelegenheit, um zu bekräftigen, warum Sie eine gute Besetzung für die aktuelle Stelle sind.

223. Gehaltspoker: Wie »pokere« ich am besten um das Gehalt?

Gar nicht. Denn am besten fahren Sie, wenn Sie selbstsicher und konkret Ihre Vorstellungen nennen und dahinterstehen. Im Bewerbungsgespräch können folgende Situationen eintreten, wenn es um das Gehalt geht: Der Personalentscheider

- macht ein Angebot, das feststeht (»take it or leave it«).
- fordert Sie auf, Ihre Gehaltsvorstellung zu nennen.
- nennt eine Summe und erkundigt sich, ob sie Ihren Vorstellungen entspricht.
- fragt Sie nach Ihrem bisherigen Gehalt.

Anstatt zu pokern sollten Sie Ihre Gehaltsvorstellungen vorher konkret ermitteln (▸ »Gehalt – Wie viel Geld darf's denn sein?«, Seite 44), diese klar und ohne zu zögern nennen – und Argumente dafür haben, warum Sie diese Summe wert sind und was Sie dem Unternehmen bringen.

224. Gehaltsforderung: Stimmt es, dass ich nie als Erster eine Summe sagen sollte?

Das hört man häufig. Es ist jedoch nicht nachteilig, wenn Sie zuerst einen Betrag nennen. Der Interviewer fragt in der Regel deshalb nach den Vorstellungen des Bewerbers, damit er sieht, ob der Gehaltswunsch ins eigene Budget passt. Es geht keineswegs darum (auch wenn es diese Situation natürlich einmal geben kann), dass er darauf hofft, Sie würden weniger angeben, als die Firma eigentlich zu zahlen bereit wäre.

Wenn Sie gefragt werden, müssen Sie ohnehin antworten. Denn wie könnten Sie sich auf positive Weise aus der Affäre ziehen? Mit »Sagen Sie zuerst, was Sie zahlen« zu kontern käme nicht sehr gut an. Noch schlimmer wäre es, wenn der Personalentscheider seine Frage wiederholt und Sie erneut ausweichen würden. Solche Spielchen sind gefährlich, und ein Gespräch, das bisher positiv verlaufen ist, kann sehr schnell kippen.

Also nennen Sie lieber Ihren (wohlüberlegten) Gehaltswunsch, wenn Sie danach gefragt werden. Sofern Sie Ihre Vorstellungen klug ermittelt haben, ist es genau das, was Sie haben möchten.

Tipp: Wenn Sie gar nicht wissen, welche Summe Sie nennen könnten (zum Beispiel weil Sie Berufseinsteiger sind, in eine andere Branche oder vom Land in die Großstadt wechseln), dann sagen Sie das: »Ich weiß ehrlich nicht, wie der Gehaltslevel in München aussieht. Bisher habe ich außerhalb gearbeitet und da ist das Gehaltsniveau natürlich niedriger.«

Ein angenehmes Umfeld

Die Arbeitsatmosphäre beeinflusst enorm, wie motiviert und engagiert Sie an Ihren Job herangehen. Strecken Sie Ihre Fühler aus und versuchen Sie sich ein genaues Bild davon zu machen, wie das Klima in dem Unternehmen ist.

225. Betriebsklima: Wie kann ich das Betriebsklima richtig einschätzen?

Sie haben zwei Möglichkeiten, um möglichst viel über die Atmosphäre herauszufinden: Ihre Empfangsantennen auszufahren und sich einen eigenen Eindruck zu verschaffen oder das Thema direkt anzusprechen. Ideal ist natürlich beides!

- **Halten Sie Augen und Ohren offen:**
  Im Unternehmen gibt es viel für Sie zu sehen: Mit welchem Gesichtsausdruck laufen die Mitarbeiter herum? Wie reden sie miteinander? Wie begegnet man Ihnen? Wie erleben Sie die Atmosphäre? Wie gefallen Ihnen die Räumlichkeiten?
- **Stellen Sie auch gezielte Fragen:**
  Bitte machen Sie nicht den Fehler, nur oberflächlich zu fragen: »Wie ist das Betriebsklima?« Welche Antwort erwarten Sie darauf? Natürlich wird niemand einem Bewerber, den man als Mitarbeiter gewinnen möchte, sagen, dass die Atmosphäre nicht besonders gut ist.

Deshalb sprechen Sie lieber konkret die Themen an, die Ihnen am Herzen liegen, zum Beispiel

- das Verhältnis der Kollegen untereinander,
- den Umgangston/die Atmosphäre,

- wie es mit der Zusammenarbeit oder auch der Hilfsbereitschaft untereinander aussieht,
- wie man mit Konflikten umgeht,
- ob man offen miteinander spricht und ob (und wie) vom Management eine gute Kommunikation gefördert wird.

Hat das Unternehmen von sich aus ein »gutes Betriebsklima« angesprochen oder in der Anzeige erwähnt, dann bitten Sie darum, dass der Interviewer Ihnen sagt, was genau damit gemeint ist: »Sie haben Ihr gutes Betriebsklima betont. Das ist mir auch sehr wichtig. Bitte sagen Sie mir mehr darüber: Was macht Ihr gutes Betriebsklima aus?«

226. Rundgang: Was hat es zu bedeuten, wenn man mir einen Rundgang durch das Unternehmen anbietet? Ist das ein Test?

Sinn und Zweck einer Führung ist in erster Linie, Ihnen die Firma zu zeigen: So sehen Sie die Räumlichkeiten, bekommen einen Eindruck von den Personen und der Atmosphäre – und manchmal wird der Rundgang auch gleich mit einer Erklärung verknüpft, was in welcher Abteilung gemacht wird. All das sind wichtige Informationen für Sie als Bewerber.

Natürlich ist ein Firmenrundgang Bestandteil des Gesprächs und es wird bewusst darauf geachtet, wie Sie sich geben: Sind Sie offen, grüßen freundlich, wenn Sie einen Raum betreten, hören Sie gut zu, nicken bestätigend und stellen Fragen oder trotten Sie passiv und brav hinterher und beachten die Menschen um Sie herum nicht großartig?

Wichtig: Interesse zu zeigen und eine ganz normale Beziehung zu anderen herzustellen ist auch für zurückhaltende und schüchterne Leute möglich! Schauen Sie freundlich, nehmen Sie Blickkontakt auf und lächeln, nicken oder grüßen Sie.

Oft findet der Rundgang vor oder in der Mitte des Gesprächs statt, so dass Sie danach Gelegenheit haben, Fragen zu stellen oder dazu aufgefordert werden. Es macht immer einen negativen Eindruck, besonders nach einem Rundgang mit näheren Erklärungen, wenn Bewerber sagen: »Nein, keine Fragen.«

227. Arbeitsplatz: Darf ich mir meinen künftigen Arbeitsplatz zeigen lassen?

Ja, auf jeden Fall können Sie freundlich und interessiert nachfragen und sich erkundigen, ob Sie einen Blick auf Ihren potenziellen neuen Arbeitsplatz werfen können. »Ich würde gerne sehen, wie der Arbeitsplatz aussieht. Ist das möglich?« In der Regel (außer es geht aus Gründen der Sicherheit, Geheimhaltung oder Ähnlichem nicht) ist das auch üblich und wird gerne gemacht – ganz besonders, wenn Ihr Gegenüber Sie als interessanten Kandidaten einschätzt.

Äußern Sie aber nur Wünsche (und stellen keine Forderung) und berücksichtigen Sie die Situation des Gegenübers. Wird Ihr Wunsch aus Zeitgründen abgelehnt, können Sie fragen, ob die Besichtigung Teil des zweiten Gesprächs wäre oder ob Sie zu einem anderen Zeitpunkt vorbeikommen können.

228. Einzelbüro: Mir ist es wichtig, ein Einzelbüro zu haben. Kann ich danach fragen oder ist das bei der momentanen Arbeitsmarktlage unangebracht?

Das hat nichts mit der Arbeitsmarktlage zu tun, sondern in erster Linie damit, ob Sie unbedingt ein Einzelbüro brauchen, weil Sie zum Beispiel sonst nicht gut arbeiten können. Je nach Position und Unternehmen können Sie sich dadurch jedoch eine unnötige Hürde schaffen. Denn wenn die Firmenräumlichkeiten so konzipiert sind, dass Ihr Arbeitsplatz sich in einem Großraum befindet, dann lässt sich daran nichts ändern. Auch dann nicht, wenn es firmenintern üblich ist, dass nur bestimmte Hierarchiestufen ein eigenes Büro bekommen. Überlegen Sie sich also, ob ein Einzelbüro wirklich ein Muss für Sie ist.

Möchten Sie in keinem Großraumbüro arbeiten, weil Sie sich dann nicht konzentrieren können oder sich einfach unwohl fühlen, dann sollten Sie das natürlich vorher abklären. Fragen Sie, ob Sie den Arbeitsplatz sehen können, oder wenn dies nicht möglich ist, ob Sie ein eigenes Büro haben oder mit einem oder mehreren Kollegen eines teilen würden: »Ich hatte bisher immer ein Einzelbüro. Wie ist das hier?«

Wichtig: Großraum ist nicht gleich Großraum! Sehen Sie sich immer genau an, wie der Arbeitsplatz aussieht. Es gibt wunderbar gestaltete Großraumbüros, in denen jeder seine Privatsphäre hat und auch auf gute Schalldämmung geachtet wurde.

229. Moderne Technik: Ich lege Wert darauf, an meinem Arbeitsplatz moderne Technik zur Verfügung zu haben. Wie kann ich danach fragen?

Am besten ganz direkt: »Es ist mir wichtig, dass ich mit moderner Technik arbeiten kann. Wie sieht das bei Ihnen aus?«
Bezieht sich Ihr Anliegen auf Teilbereiche, dann konkretisieren Sie die Frage:

- »Ich kann sehr gut mit dem Computer umgehen und es ist mir wichtig, hier immer up-to-date zu sein. Mit welchen Programmen arbeiten Sie?«
- »Gerade an der Telefonzentrale ist es so wichtig, mit modernster Technik zu arbeiten. Darf ich mir den Vermittlungsplatz bitte ansehen?«

230. Gespräche ohne Chef: Ist es in Ordnung, wenn ich frage, ob ich mit einigen Mitarbeitern sprechen darf – ohne dass der Personaler oder Chef anwesend ist?

In manchen Firmen wird das von Haus aus arrangiert: Beispielsweise, wenn ein neuer Abteilungsleiter von den Managern einzeln interviewt wird, um herauszufinden, ob er in den bestehenden Führungskreis passt. Oder aber wenn die Abteilung in Teams organisiert ist und man dem Team und den Bewerbern Gelegenheit geben möchte, sich zu beschnuppern.
Von sich aus darauf zu drängen wäre schon etwas ungeschickt und unüblich. Denn es kann leicht so wirken, als ob Sie dem Personaler oder Chef nicht trauen – und auch das bestehende Verhältnis innerhalb des Unternehmens in Frage stellen.
Sie können einen Probearbeitstag anbieten. Dann erleben Sie die Mitarbeiter hautnah und werden Ihre Fragen los, wenn keine Vorgesetzten anwesend sind.

231. Führungsstil: Mir ist wichtig, dass ein Chef respektvoll mit mir umgeht und generell ein guter Informationsfluss herrscht. Kann ich das ansprechen?

Ja, auf jeden Fall: Nicht nur, weil das elementar dafür ist, wie wohl Sie sich bei der Arbeit fühlen. Sondern auch, weil Sie dadurch zeigen, dass Sie klare Erwartungen haben.

Überlegen Sie sich, was genau Ihnen wichtig ist und warum. Denn wenn Sie ansprechen, dass Sie auf einen respektvollen Führungsstil viel Wert legen, aber nicht erklären können, was Sie damit meinen, tun Sie sich selbst keinen Gefallen.

Diese Herangehensweisen können Sie nutzen:

- **Beziehen Sie sich auf etwas, das zuvor gesagt wurde:** »Sie haben vorher erwähnt, wie wichtig es ist, dass man mit den Kollegen wirklich zusammenarbeitet. Wie sieht es mit dem Informationsfluss aus? Gibt es häufiger Meetings? ...«
- **Greifen Sie eine Aussage aus der Stellenanzeige auf:** »Laut Ihrer Website pflegt das Management einen kooperativen Führungsstil. Was heißt das in der Praxis?«
- **Fragen Sie direkt, was Sie wissen möchten:** »Was ist Ihnen wichtig bei der Abteilungsleitung? Wie gehen Sie beispielsweise mit Fehlern von Mitarbeitern um?«
- **Verbinden Sie die Frage mit einer Information zu Ihrer Person oder einer Meinung:** »Mir ist es sehr wichtig, dass ich zu meinem Chef ein gutes Verhältnis habe – und umgekehrt. Dass man respektvoll miteinander umgeht und sich austauscht. Wie sehen Sie das aus Chef-Sicht?«
- **Beziehen Sie sich auf frühere Erfahrungen:** »In einer früheren Stelle hatten wir leider keine so gute Kommunikation. Mitarbeiter haben wichtige Informationen aus der Zeitung erfahren, sehr viel lief zwischen Tür und Angel und wenn man gerade nicht anwesend war, hat man Wichtiges verpasst. Es ist mir sehr wichtig, nicht mehr in so eine Situation zu kommen. Denn es ist nicht nur unangenehm, sondern behindert auch die Arbeit. Bitte seien Sie so nett und sagen Sie mir zum Informationsfluss etwas mehr.«

232. Chef kennenlernen: Wenn ich das Interview mit einem Personaler führe, aber auch meinen späteren Chef kennenlernen möchte: Wie erreiche ich das?

Sprechen Sie diesen Wunsch unbedingt von sich aus an! Denn Sie haben völlig Recht: Gerade mit dem späteren Chef muss die Chemie stimmen – auch umgekehrt.

So können Sie Ihre Bitte formulieren:

- »Wer wäre denn dann mein Vorgesetzter?« (»Wann werde ich ihn kennenlernen?«)
- »Ich nehme an, dass der Vorgesetzte erst in einem zweiten Gespräch dabei sein wird. Sehe ich das richtig?«
- »Für mich ist es natürlich wichtig, meinen potenziellen neuen Vorgesetzten persönlich kennenzulernen und mich mit ihm auszutauschen. Wie ist das geregelt?«

Wie ehrlich dürfen und sollen Sie sein?

Im Bewerbungsgespräch geht es einerseits darum, authentisch und offen zu sein. Andererseits ist es wichtig, keinen unangenehmen Eindruck zu hinterlassen oder gar den Gesprächspartner vor den Kopf zu stoßen. Mit den folgenden Tipps finden Sie die richtige Balance.

233. Eindruck: Was mache ich, wenn ich ohne Umschweife nach meinem ersten Eindruck vom Unternehmen gefragt werde?

Auf diese Frage sollten Sie unbedingt eingehen und sie als weitere Chance sehen, um sich von Ihrer besten Seite zu zeigen. Denn wie Sie darauf reagieren lässt beispielsweise erkennen, wie gut Sie beobachten, mit wie viel Interesse Sie dabei sind, worauf Sie Wert legen und wie Sie kommunizieren. Nehmen Sie kein Blatt vor den Mund, wenn Sie positive Eindrücke gewonnen haben. Sofern Sie es ehrlich meinen und sich nicht nur anbiedern wollen, wird das gut ankommen. Zum Beispiel:

»Ich bin sehr beeindruckt davon, wie offen und freundlich hier alle sind: nicht nur mit mir, sondern auch untereinander! Das finde ich super.«

Wenn Ihnen etwas nicht gefällt oder Sie grundsätzlich einen negativen Eindruck gewonnen haben, ist es natürlich nicht klug, mit der Tür ins Haus zu fallen. Es gibt immer etwas, was Sie stattdessen sagen können. Erwähnen Sie beispielsweise, wie gut das Unternehmen zu erreichen und wie günstig die zentrale Lage ist. Oder dass es offensichtlich viel zu tun gibt und die Mitarbeiter sehr engagiert wirken – anstatt von hektischer und stressiger Atmosphäre zu sprechen.

Eine weitere Möglichkeit ist, eine kritische Beobachtung mit einer Frage zu verknüpfen: »Beim Rundgang vorhin ist mir aufgefallen, dass es sehr laut war. Ist das immer so?«

234. Grund für Veränderung: Wie begründe ich, dass ich von meiner jetzigen Stelle weg will?

Warum wollen Sie denn weg? Der erste Schritt zu einer guten Antwort im Interview ist immer, sich die Frage selbst eindeutig und ehrlich zu beantworten (und nicht etwa irgendwelche salonfähigen Gründe vorzuschieben).

Bei etwas heiklen Gründen, wie etwa: Sie finden Ihren Chef schrecklich, können Ihre Kollegin nicht leiden oder sind total überfordert, haben Sie drei Möglichkeiten.

Sie sagen – sachlich und souverän – die Wahrheit (aber ohne zu schimpfen oder schlecht über jemanden zu reden!):

- Fakt: Ihr Chef ist ein unfreundlicher Chaot.
- Bewerbungstaugliche, souveräne Version: »Ehrlich gesagt macht mich die Arbeitsweise meines Vorgesetzten verrückt. Gerade für mich als Chefsekretärin ist es so wichtig, dass ich über Termine Bescheid weiß und der Austausch gut klappt. Ich habe alles Mögliche versucht, damit wir unsere Arbeitsweisen unter einen Hut bekommen – aber trotzdem kommt es immer wieder zu unnötiger Mehrarbeit, und ich glaube, dass wir uns beide oft über die Arbeitsweise des anderen geärgert haben.«

Sie nennen den Grund in abgeschwächter Weise oder ziehen einen »Nebengrund« vor:

- Fakt: Ihre Zimmerkollegin ist eine laute Plaudertasche, die nicht richtig arbeitet.
- Bewerbungstaugliche, souveräne Version: »Ich arbeite am besten, wenn ich mich konzentrieren kann. In meiner aktuellen Stelle sitze ich in einem Gemeinschaftsbüro, wo es sehr laut ist. Da unsere Firma klein ist und sich räumlich nichts umgestalten lässt, möchte ich mich jetzt verändern und auch gerne wieder ein Einzelbüro.«

Sie verschweigen den wahren Grund und argumentieren mit einem »hin zu« statt »weg von«:

- Bietet die neue Stelle besondere Möglichkeiten, wollten Sie schon immer zu diesem Unternehmen oder sind Sie durch das Tätigkeitsprofil aufmerksam geworden? Argumentieren Sie pro neue Stelle – aber konkret!

235. Grund für eigene Kündigung: Wie erkläre ich, warum ich meine letzte Stelle gekündigt habe?

Bleiben Sie bei der Wahrheit. Denn sonst kommen Sie bei intensiveren Nachfragen leicht ins Schleudern oder vermitteln einen unsicheren Eindruck.

Es gibt unterschiedliche Gründe, eine Stelle zu kündigen:

- Die Aufgaben befriedigen Sie nicht mehr und es gibt intern keine Alternativen.
- Sie möchten sich umorientieren.
- Es gab Veränderungen, die Ihnen nicht gefallen haben.
- Die Position hat sich anders entwickelt als abgesprochen.
- Wegen Umstrukturierungen stand der Abbau Ihres Arbeitsplatzes bevor und Sie sind lieber selbst aktiv geworden.

Egal aus welchen Gründen Sie Ihre letzte Position verlassen haben: Stellen Sie diesen Schritt so dar, dass er als Pluspunkt für Sie gewertet wird. Sprechen Sie also niemals schlecht über den früheren Arbeitgeber und versuchen Sie ganz bewusst, ein gutes Licht auf sich zu werfen. Das können Sie, indem Sie eine kurze, aussagekräftige Antwort geben und diese mit persön-

lichen Informationen, Erwartungen oder einer Frage verknüpfen, die für die aktuelle Bewerbung relevant ist. So verhindern Sie, dass Sie sich in »alte Kamellen« verstricken oder sich vielleicht sogar nachträglich noch in Rage reden. Und Sie halten das Bewerbungsgespräch auf einem guten Kurs.
Beispiel: »Als unsere Firma von einem großen Konzern geschluckt wurde, hat sich nach und nach alles verändert. Nicht nur Strukturen und Arbeitsprozesse – das ist ja normal, und es war sogar ziemlich spannend, die Neuerungen gut über die Bühne zu bringen und in das Alltagsgeschäft zu integrieren. Allerdings haben sich auch die Firmenwerte verändert. Früher war alles sehr freundschaftlich und direkt: Wir haben echt hart gearbeitet, hatten aber immer auch Spaß dabei. Und wir haben kritische Sachen offen angesprochen. Dann wurde nach und nach ein völlig anderer Führungsstil eingeführt. Ich konnte mich damit einfach nicht mehr identifizieren.«

236. Ärger im früheren Job: Was sage ich, wenn ich nach eventuellen Schwierigkeiten in meinem früheren Job gefragt werde?

Eine wichtige Grundregel für Bewerbungsgespräche ist, niemals schlecht über frühere Arbeitgeber zu sprechen oder gar Interna auszuplaudern: Ihr Gesprächspartner stuft Sie bestenfalls als unsachlich und schlimmstenfalls als »ewiges Opfer« oder unangenehmen und unfairen Zeitgenossen ein. Und stellt sich automatisch die Frage, wie Sie sich wohl ihm gegenüber verhalten werden.
Sie können einschlägige Fragen verschieden beantworten:
Sie können den Ärger unter den Tisch fallen lassen, das Aufgabengebiet sachlich schildern und erzählen, warum Sie dann gewechselt haben. Das geht nur, wenn Sie die Erlebnisse gut verdaut haben und nicht mehr sauer auf das Unternehmen sind. Und wenn nicht eindeutig aus dem Zeugnis hervorgeht, dass etwas Unangenehmes vorgefallen ist.
Oder Sie erklären, was passiert ist, und stellen den Sachverhalt selbstbewusst dar: »Leider hatten mein unmittelbarer Vorge-

Nur keinen Ärger

Wer schlechte Erfahrungen gemacht hat, besonders wenn er emotional getroffen war, wird bei einer Bewerbung immer unsouverän sein: Die Angst, dass bestimmte Themen angesprochen werden könnten, stört die Konzentration und steigert die Nervosität. Und das Berühren wunder Punkte lässt oft Dämme brechen: Die Tränen steigen in die Augen oder Wut und Ablehnung werden sichtbar. Damit Sie sich dadurch nicht neue Chancen zunichte machen, setzen Sie sich lieber bereits im Voraus aktiv mit dem Thema auseinander.

Schritt 1: Schreiben Sie es sich von der Seele

Lassen Sie alles raus: Nehmen Sie sich nicht zurück, seien Sie nicht politisch korrekt, zensieren Sie sich nicht. Bringen Sie alles zu Papier, was Ihnen an Fakten und Emotionen in den Sinn kommt:

- Was ist passiert (Details)?
- Wie haben Sie sich damals gefühlt?
- Wie geht es Ihnen heute damit (mit der Sache, mit den beteiligten Personen und Ihnen selbst)?
- Was hat diese Erfahrung mit Ihnen gemacht? Inwiefern sind Sie anders geworden?
- Welche Befürchtungen/Ängste/Desillusionierung haben Sie davongetragen?
- Was fanden Sie ungerecht/verletzend?

Schritt 2: Versachlichen Sie die Affäre

Nehmen Sie sich Ihre Antworten vor und formulieren Sie die Gegebenheiten nun noch einmal, indem Sie ausschließlich die Fakten der damaligen Situation wiedergeben (so wird aus einem »Der Idiot von Chef hat seine Minderwertigkeitsgefühle an mir ausgelassen, indem er mich immer niedermachte« ein »Mein Chef hat mich oft angeschrieen«).

Wenn Sie die reinen Fakten formulieren, bekommen Sie einen sachlicheren Blick und nehmen so den Sprengstoff von Emotion und Wertung heraus.

Schritt 3: Den Knackpunkt erkennen

Die schlechte Erfahrung liegt in der Vergangenheit – doch noch immer sind Sie emotional aufgewühlt, verärgert oder Ähnliches. Bringen Sie schriftlich auf den Punkt:

- Was hält Sie an der damaligen Situationen noch fest?
- Woran halten Sie noch fest?

Versuchen Sie zu erkennen, worin genau der emotionale Sprengstoff besteht, der noch vorhanden ist: Vielleicht sind durch Konflikte mit einer früheren Kollegin alte Selbstzweifel hochgekommen, dass Sie einfach nicht mit anderen Leuten zurechtkommen? Wenn Sie die Knackpunkte erst einmal erkannt haben, können Sie sie auch auflösen.

Schritt 4: Raus aus der Opferhaltung

Stoppen Sie das Vertiefen! Erzählen Sie nicht immer wieder und wieder, was Ihnen widerfahren ist und wie böse die anderen waren. Jammern Sie nicht über Vergangenes – weder vor anderen noch innerlich. Denn so halten Sie nur noch mehr an alten Verletzungen fest und befeuern Ihre Wut nur immer wieder neu.

Sehen Sie auch Ihren eigenen Anteil: Was haben Sie dazu beigetragen – eventuell auch durch Unterlassen –, dass es zu der Situation oder Eskalation kommen konnte?

Schritt 5: Verallgemeinern Sie nicht

Oft zieht man aus Verletzungen oder Aggressionen die traurige Bilanz, dass »die Menschen gemeine Egoisten«, »alle Chefs Tyrannen«, »Frauen grundsätzlich stutenbissig« sind oder man selbst einfach »zu gut für diese Welt« ist. Gemeinplätze dieser Art helfen nicht nur nichts, sondern sind unfair – Ihnen selbst und Ihrer Umwelt gegenüber. Damit konservieren Sie Vorbehalte und Befürchtungen nur.

Schlechte und verletzende Erfahrungen können Sie niemals ganz verhindern. Doch die Art, wie Sie damit umgehen – und was Sie für die Zukunft daraus lernen –, bestimmen nur Sie! Sofern Sie mit dem Verarbeiten nicht allein zurechtkommen, holen Sie sich Unterstützung – durch gute Freunde, Coaches oder im Rahmen einer Therapie.

setzter und ich ganz unterschiedliche Vorstellungen von … Es ging einfach nicht und deshalb habe ich meine Konsequenzen gezogen.« So zeigen Sie, dass Sie eigenverantwortlich handeln. Sie können auch zugeben, dass etwas vorgefallen ist, aber nicht näher darauf eingehen: »Im Rahmen der Umstrukturierungen haben sich neue Sachen ergeben, die ich einfach nicht gut finde. Sie werden verstehen, dass ich darauf nicht eingehen möchte, weil ich Interna erzählen müsste.«

Bleiben Sie nahe an der Wahrheit

Lassen Sie sich nicht dazu verleiten, irgendwas Neutrales vorzuschieben, weil es einfach besser klingt. Gerade wenn die Angelegenheit noch nicht lange zurückliegt oder Ihr Ärger einfach zu tief sitzt, wird man Ihnen anmerken, dass etwas nicht stimmt. Den Personaler mit seinen Vermutungen über den wahren Grund alleinzulassen kann sich als Bumerang erweisen. Außerdem müssen Sie immer mit weiteren Nachfragen rechnen.

237. Schlechte Erfahrungen: Ehrlich gesagt habe ich keine besonders hohe Meinung von Chefs, weil ich immer Pech hatte. Was mache ich, wenn mich jemand genau danach fragt?

Natürlich können Sie sich ein paar unverfängliche Sätze zurechtlegen für den Fall, dass Sie nach Ihrer Einstellung zu Vorgesetzten gefragt werden. Setzen Sie sich aber lieber im Vorfeld intensiv mit Ihren bisherigen Erfahrungen auseinander. Sonst ist die Gefahr groß, dass Sie unbewusst durch Ihre Körpersprache negative Signale ausstrahlen – ganz unabhängig von dem, was Sie sagen.

Lassen Sie dafür Ihre bisherigen Erfahrungen mit Vorgesetzten Revue passieren und fragen Sie sich:

- Inwiefern waren Sie bisher mit Chefs nicht zufrieden?
- Was haben Sie vermisst oder hätten Sie anders haben wollen?
- Was war positiv? Sicher ist nicht alles schief gelaufen.

Machen Sie sich auch Gedanken darüber, wo Ihr Anteil lag. Wie haben Sie sich verhalten oder reagiert? Und was würden Sie aus heutiger Sicht anders machen?
Im Gespräch sollten Sie den Fokus immer auf die Gegenwart richten: Vertiefen Sie also nicht alte Erfahrungen in epischer Breite, sondern gehen Sie kurz darauf ein und spannen Sie dann den Bogen zur aktuell angestrebten Position.
Sie können beispielsweise sagen, dass Sie unterschiedliche Vorgesetzte hatten und unterschiedliche Erfahrungen gemacht haben: sehr gute und auch weniger angenehme.
Oder schildern Sie bestimmte Probleme, die Sie bisher hatten (etwa Differenzen wegen großer Unterschiede in der Arbeitsweise oder unterschiedlicher Vorstellungen, was das Feedback betrifft). Stellen Sie aber den Chef nicht als Sündenbock dar. Gehen Sie kurz darauf ein, inwiefern Sie selbst zu der Situation beigetragen haben, sagen Sie zum Beispiel ganz offen, dass Sie es damals nicht geschafft haben, den Chef darauf anzusprechen und zu bitten, auf andere Art Feedback zu geben. Machen Sie klar, was Sie aus den Schwierigkeiten gelernt haben (etwa dass Sie daran arbeiten, auch mit Autoritäten offener umzugehen).
Flechten Sie dabei eigene Erwartungen ein und fragen Sie nach (»Deshalb ist mir besonders wichtig, regelmäßige Gespräche zu führen. Wie denken Sie darüber?«).

238. Eingeschränkte Flexibilität: Meine Kinderbetreuung ist geregelt. Aber ehrlich gesagt bin ich nicht besonders flexibel, weil Kindergartenzeiten und Babysitter natürlich fest vereinbart sind. Soll ich so tun, als ob es da keine Probleme gäbe?

Nein, bitte tun Sie das auf keinen Fall! Denn die Realität holt Sie am ersten Arbeitstag ein: Und dann werden Sie ganz schön unter Druck kommen.
Bleiben Sie daher bei der Wahrheit und vermitteln Sie klar, dass und wie Ihre Kinderbetreuung geregelt ist. Etwa von wann bis wann Sie immer einsatzfähig sind (zum Beispiel täg-

lich von 8 bis 15 Uhr), was Sie auf keinen Fall können (etwa jeden Tag ein bis zwei Überstunden anhängen) und wo Sie flexibel sind und nach entsprechender Planung einspringen könnten (zum Beispiel einmal in der Woche am Abend, einmal im Monat ein Wochenende).

So vermeiden Sie falsche Versprechungen und verhindern negative Konsequenzen. Denken Sie immer daran, dass Sie den Job wahrscheinlich für einen längeren Zeitraum haben werden und auch gut mit Ihrem zukünftigen Umfeld klarkommen möchten.

Für die meisten Firmen sind Kinder überhaupt kein Problem, sofern Ihre möglichen Arbeitszeiten mit der angestrebten Stelle auch vereinbar sind. Und wenn Sie glaubwürdig vermitteln, dass Sie alles im Griff haben.

Kinderbetreuung

Sprechen Sie schon vor dem Bewerbungsgespräch mit Personen, die Ihnen möglicherweise helfen können (etwa Partner, Eltern, Nachbarn, Freunde oder ehrenamtliche Dienste), und klären Sie ab, wie flexibel Sie mit deren Unterstützung sein könnten. Dann sind Sie im Vorstellungsgespräch in der Lage, genauere Angaben zur Kinderbetreuung zu machen.

239. Karriere und Freizeit: Mir bedeutet Karriere nicht besonders viel und meine Freizeit ist mir heilig. Wie kann ich das positiv formulieren?

Als Erstes gilt es näher zu definieren, was Sie mit »Karriere« genau meinen: Geht es um Karriere im Sinne von Aufstieg? Oder setzen Sie den Begriff einfach mit »Arbeitsleben« gleich? Das ist ein großer Unterschied, den Sie im Gespräch auch deutlich machen müssen. Es ist absolut in Ordnung zu sagen, dass Sie nicht die Karriereleiter erklimmen möchten – achten Sie aber darauf, dass es nicht so wirkt, als sei der Beruf generell für Sie zweitrangig.

Tipp: Nehmen Sie die Unternehmensperspektive ein: Statements à la »Meine Freizeit ist mir heilig!« oder »Ich arbeite,

um zu leben, und nicht umgekehrt« lassen immer Zweifel aufkommen, ob Sie Ihre Arbeit tatsächlich zuverlässig und engagiert erledigen werden.
Grundsätzlich ist es – für beide Seiten – sehr wichtig, dass Sie wahrheitsgemäß sagen, welche Ambitionen Sie haben. Denn wenn Sie den Job zwar bekommen, aber viel zu hohe Erwartungen an Sie gestellt werden und Ihre Freizeit drastisch beschnitten wird, werden Sie kaum ein wertvoller neuer Mitarbeiter sein, geschweige denn, sich in der Stelle wohlfühlen.
Gehen Sie bitte nicht davon aus, dass Ihr Gegenüber es generell gut findet, dass Bewerber Karriere machen möchten. Genau das Gegenteil kann der Fall sein: Sehr oft wird für die zu besetzende Stelle jemand gesucht, der genau diesen Job machen und dabei bleiben möchte – und nicht schon gedanklich auf dem Absprung ist.

240. Hobbys: Stimmt es, das ich aufpassen muss, welches Hobby ich nenne, weil ich sonst gleich in eine Schublade gesteckt werde?

Nennen Sie nur Hobbys, die Sie wirklich haben. Der eine sitzt gerne auf der Couch und liest ein gutes Buch, der Nächste interessiert sich für Technik und der Dritte spielt Basketball im Verein. Hobbys sind individuell und verraten dem Personaler etwas über die Lebensweise des Bewerbers. Wenn Sie privat jemanden kennenlernen, fragen Sie auch gerne nach Freizeitbeschäftigungen, nach Lieblingsfilmen oder Büchern. Und machen sich aus diesen (und aus vielen anderen) Details ein Bild von der Person.
Im Bewerbungsgespräch wird oftmals nach Hobbys gefragt,

- um den Bewerber aufzulockern,
- weil der Personaler im Lebenslauf ein Hobby gelesen hat, das er selbst teilt oder spannend findet oder von dem er sich überhaupt nicht vorstellen kann, dass das Spaß machen soll,
- weil man angegebene Fremdsprachenkenntnisse kurz testen, aber den Bewerber nicht gleich auch noch mit Fachvokabular überfordern möchte.

Klischees wie »Individualsportart heißt kein guter Teamplayer« oder »Kochen bedeutet Heimchen am Herd« müssen Sie in der Regel nicht befürchten. Natürlich kann es passieren, dass Ihr Gegenüber fragt: »Wie ich sehe, machen Sie nur Individualsportarten. Heißt das, dass Sie nicht gerne im Team arbeiten?« Die Frage ist dann lediglich ein Aufhänger, um das wichtige Thema Teamarbeit ins Spiel zu bringen.

241. Riskante Hobbys: Ich spiele Fußball. Ich habe gehört, viele Firmen hätten Angst, wenn ein Hobby zeitaufwändig ist oder eine hohe Verletzungsgefahr birgt. Soll ich es lieber nicht erwähnen?

Welche Hobbys oder Interessen Sie auf Nachfrage nennen, ist Ihnen überlassen. Gleich von sich aus erwähnen sollten Sie Freizeitaktivitäten, wenn Sie im Verein spielen und mehrmals die Woche feste Trainingszeiten einhalten müssen, also darauf angewiesen sind, dass Sie dann auch pünktlich gehen können. In einigen Branchen wird ganz explizit nach riskanten Hobbys gefragt, beispielsweise im Handwerk. Denn Verletzungen haben hier oft einen Totalausfall zur Folge, weil man eben nicht mehr mit anpacken oder auf dem Bau Hand anlegen kann.

Tipp: Bitte seien Sie nicht verärgert, wenn eine entsprechende Nachfrage kommt. Erkennen Sie die Legitimität der Frage und antworten Sie entsprechend: »Ja, das verstehe ich gut. Natürlich kann ich nicht garantieren, dass ich mich nie verletzen werde. Aber das ist ja überall so. Ich bin gut trainiert und spiele fair …« So nutzen Sie auch diese Situation als Gelegenheit, sich in ein positives Licht zu rücken.

242. Feedback geben: Darf ich am Ende des Gesprächs sagen, wie mein persönlicher Eindruck war?

Natürlich, wenn es sich nicht nur um eine Floskel handelt, sondern Sie wirklich etwas zu sagen haben. Das ist eine schöne Bestätigung für das Unternehmen oder auch ein Kompliment, wenn Ihnen etwas besonders positiv aufgefallen ist. Und es unterstreicht auch noch einmal Ihr Interesse.

So meistern Sie schwierige Momente

Ein Bewerbungsgespräch ist eine Bewährungsprobe, da Sie sich von Ihrer besten Seite zeigen und von sich überzeugen möchten. Lassen Sie sich nicht durch die Angst vor Fettnäpfchen kleinkriegen, sondern bereiten Sie sich gut darauf vor und packen Sie die Dinge an.

243. Nervosität verbergen: Man soll ja auf jeden Fall ruhig und souverän wirken. Wie kann ich meine Aufregung verbergen?

Dass Bewerber nervös und aufgeregt sind – und zwar alle, wenn auch in unterschiedlicher Intensität –, ist ganz normal: Das wissen auch die Personalentscheider, und die guten sind verständnisvoll darum bemüht, Ihnen die Nervosität zu nehmen. Es ist eher auffällig, wenn jemand vom ersten Moment an betont gelassen und überlegen auftritt.

Bitte versuchen Sie nicht, Ihre Nervosität unbedingt zu verbergen. Das erhöht Ihre Anspannung nur noch mehr! Außerdem lassen sich körperliche Signale wie kalte oder schwitzige Hände ohnehin nicht bewusst unter Kontrolle bringen.

Ein realistisches Ziel dagegen ist, möglichst schnell Ihre innere Ruhe und einen kühlen Kopf zurückzugewinnen, damit Sie souverän am Gespräch teilnehmen können. Nutzen Sie ganz aktiv alle Möglichkeiten, die Sie haben, um sich zu beruhigen.

244. Feuchte Hände: Was tue ich, wenn ich Schweißhände habe?

Bitte setzen Sie sich nicht zusätzlich mit Überlegungen unter Druck, was für einen furchtbaren Eindruck Sie beim Personaler machen. Denn damit steigern Sie Ihre Nervosität nur noch: Sie schwitzen noch mehr, wirken verkrampft beim Handschlag oder unsicher, weil Sie versuchen, den Hautkontakt möglichst zu vermeiden … und Ihre Selbstsicherheit und Aufmerksamkeit sind dahin.

Was tun bei unangenehmen Gesprächspartnern?

Auch wenn ein Gespräch einmal nicht so erfreulich verlaufen sollte, können Sie sich behelfen.

Ihr Gegenüber scheint Sie zu provozieren:
Bitte unterstellen Sie keine böse Absicht oder eine bestimmte Strategie. Registrieren Sie bewusst, dass Sie sich provoziert fühlen, und konzentrieren Sie sich darauf, ruhig und sachlich zu antworten.

Ihr Interviewer wirkt genervt oder hektisch:
Lassen Sie sich von der Stimmung nicht anstecken und machen Sie sich klar: Auch ein Personaler kann einmal einen schlechten Tag haben. Das erleichtert es Ihnen, darüber hinwegzugehen und selbst gelassen und freundlich zu bleiben. Sie können das Thema auch offen und höflich ansprechen: »Ich habe den Eindruck, dass Sie genervt/unruhig sind. Mache ich etwas falsch?« Das wirkt sich auf jeden Fall positiv auf die Atmosphäre aus: weil Ihr Gegenüber entweder die Sache klärt oder sich anders verhalten wird (möglicherweise war es sich seiner Wirkung gar nicht bewusst).

Ihr Gesprächspartner weicht Ihrem Blick aus:
Machen Sie es ihm nicht nach, sondern verhalten Sie sich so, wie Sie es von Ihrem Gegenüber erwarten: Suchen Sie immer wieder bewusst den Blickkontakt und konzentrieren Sie sich intensiv auf das Gespräch. Je lockerer Sie selbst bleiben und Ihre Aufmerksamkeit Ihrem Gegenüber zuwenden, desto angenehmer wird sich das Gespräch gestalten.

Der Personaler ist Ihnen unsympathisch:
Nehmen Sie Ihre Abneigung wahr, aber lassen Sie sich nicht davon überwältigen! Machen Sie es sich zum Ziel, trotzdem während der Bewerbungsphase ein guter Gesprächspartner zu sein (schließlich müssen Sie mit dem Personaler nicht direkt zusammenarbeiten, sollten Sie den Job bekommen).

Machen Sie sich klar, dass sehr viele Bewerber aus Nervosität feuchte und kalte Hände haben und das für den Personaler erst einmal nicht viel bedeutet. Nutzen Sie die Zeit vor dem Gespräch so intensiv wie möglich, um sich zu beruhigen (das wirkt sich auf den gesamten Körper aus, auch auf Ihre Hände) oder wischen Sie Ihre Hände ab. Wenn das nichts geholfen hat, gehen Sie gleich in die Offensive und sprechen die Angelegenheit an: »Tut mir Leid, ich bin ziemlich aufgeregt und deshalb sind meine Hände nicht besonders frisch.«

245. Unwohl fühlen: Angenommen, ich fühle mich unwohl (etwa weil ich zu nahe an der Heizung, in der Zugluft, in der Sonne sitze): Was kann ich tun?

Sprechen Sie es an und verändern Sie die Situation: »Mir ist zu warm, weil ich so nahe an der Heizung sitze. Ist es in Ordnung, wenn ich mich auf diesen Stuhl setze?« – »Entschuldigen Sie bitte. Wäre es möglich, das Fenster zu schließen/den Vorhang etwas zuzuziehen, weil es hier sehr zieht/die Sonne mich blendet? Vielen Dank!«
Vermuten Sie keinen Test hinter solchen Situationen. Im Regelfall fällt es dem Gesprächspartner gar nicht auf, etwa weil auf seiner Sitzposition die Sonne nicht blendet.
Tipp: In einigen Firmen gibt es sehr große Besprechungsräume. So seltsam es ist, manchmal kommt es vor, dass sich Firmenvertreter sehr weit weg setzen. Am besten wechseln Sie dann Ihren Platz und kommen von sich aus näher zum Interviewer. Wenn Sie das gleich zu Beginn des Gesprächs machen, können Sie es wunderbar über die Bühne bringen: »Ach, Sie setzen sich dort hin. Moment, ich komme zu Ihnen.«

246. Frosch im Hals: Wie helfe ich mir, wenn mir die Stimme versagt?

Indem Sie sich räuspern und normal weitersprechen. Wenn das nicht hilft, trinken Sie etwas (bitten Sie darum, wenn keine Getränke dastehen). Bei einem Hustenreiz sollten Sie nicht versuchen, ihn mit Gewalt zu unterdrücken.

Tipp: Haben Sie sich verschluckt oder bekommen Sie einen Hustenfall, der nicht aufhören will, dann bitten Sie um eine kurze Pause und husten Sie sich draußen aus.

247. Nichts zu trinken: Was mache ich, wenn etwas zu trinken dasteht, mir aber nichts angeboten wird?

Vermuten Sie keine böse Absicht dahinter oder eine heimliche Probeaktion, sondern gehen Sie davon aus, dass Ihr Gegenüber einfach nicht daran denkt. So bleiben Sie locker genug, um freundlich zu fragen: »Darf ich Ihnen ein Glas einschenken und mir selbst etwas zu trinken nehmen?«

Tipp: Bedienen Sie sich nur selbst, wenn Ihnen das angeboten wurde. Das hat nichts mit der speziellen Situation Bewerbungsgespräch zu tun, sondern das gebietet die ganz normale Höflichkeit.

248. Missgeschick: Wenn mir ein Missgeschick passiert (zum Beispiel Glas umgeworfen, Block auf den Boden gefallen): Wie verhalte ich mich?

Je nach Situation: Wenn nur etwas runtergefallen ist, heben Sie es einfach auf. Ist etwas Dramatischeres passiert, beispielsweise dass der Tisch total nass geworden oder ein Glas zerbrochen ist, dann entschuldigen Sie sich und helfen Sie mit, die Spuren zu beseitigen. Machen Sie keine große Sache daraus, indem Sie sich tausendfach entschuldigen. Ein Missgeschick passiert jedem einmal.

Wenn Sie Ihr Malheur ganz schlimm finden und sich einfach nicht schnell beruhigen können, dann sprechen Sie das bitte an: »Ich

Mit Humor nehmen

Wenn es Ihrer Persönlichkeit entspricht und die Atmosphäre locker, offen und gelöst ist, können Sie auch eine humorvolle Bemerkung machen: »Typisch, da will ich einen besonders guten Eindruck machen, und schon geht es daneben!«, »Weil ich gerade gesagt habe, dass ich motorisch sehr geschickt bin: Hier der Beweis.«

weiß, dass es nur ein Missgeschick ist, aber ehrlich gesagt möchte ich gerade am liebsten im Boden versinken.« Allein das Ansprechen hilft Ihnen, ruhiger zu werden. Und Ihr Gegenüber sieht, dass die Sache Ihnen peinlich ist, und wird Ihnen gut zureden. So können Sie sich schneller wieder fangen, weil Sie sehen, dass Sie keineswegs »unten durch« sind.

249. Höflichkeitsgeste: Wenn dem Personaler etwas auf den Boden fällt: Soll ich es dann aufheben oder wirkt das unterwürfig?

Auch im Bewerbungsgespräch sollten Sie die ganz normalen Höflichkeitsregeln befolgen und sich nicht über jede Kleinigkeit den Kopf zerbrechen. Wenn der Block, Stift oder was auch immer in Ihrer Reichweite liegt, dann bücken Sie sich und heben ihn einfach auf. Seltsam käme es nur an, wenn Sie hektisch werden und um den ganzen Tisch herumlaufen würden.
Wichtig: Bitte machen Sie sich immer wieder (im Vorfeld wie auch während des Gesprächs) klar, dass Sie es mit ganz normalen Menschen zu tun haben – und nicht mit Maschinen, die jede Geste und jeden Blick analysieren oder ständig irgendwelche heimlichen Tests einbauen. Das hilft Ihnen sehr dabei, locker zu bleiben und sich möglichst normal zu verhalten.

250. Blackout: Wie verhalte ich mich, wenn mir einfach nichts einfällt oder ich einen Blackout habe?

Ruhig Blut! Ist es ein richtiger Blackout und können Sie keinen klaren Gedanken mehr fassen (vielleicht weil Sie befürchten, gerade in einen Fettnapf getreten zu sein)? Dann kommt es auf den Grad des Aussetzers an:
Kennen Sie sich gut und wissen Sie, dass Sie sich jetzt nicht durch entsprechende Gedanken beruhigen können? Dann bitten Sie um eine kurze Unterbrechung. Geben Sie vor, auf die Toilette zu müssen (das ist absolut in Ordnung und nichts Peinliches), und atmen Sie dort tief durch: Das lockert die Anspannung und bringt Sauerstoff ins Gehirn. Sie können vor dem Spiegel eine Grimasse ziehen und sich so selbst zum

Lachen bringen, was Sie weiter entspannt. Jetzt noch eine aufrechte Körperhaltung einnehmen, lächeln und zielstrebig zurück in den Besprechungsraum.
Geht es »nur« darum, die Fassung wiederzugewinnen? Dann lenken Sie die Konzentration auf Ihre Atmung und atmen bewusst ruhig und tief durch. Wiederholen Sie die Frage des Personalers, um Zeit zu gewinnen. So bringen Sie sich gedanklich wieder auf Kurs.
Oder sagen Sie Ihrem Gegenüber, wie es Ihnen im Moment geht: »Es tut mir Leid, ich stehe im Moment auf dem Schlauch und kann nichts dazu sagen. Können wir zu einem anderen Thema übergehen?« – »Jetzt bin ich doch viel aufgeregter als erwartet und habe gerade einen richtigen Blackout. Kann ich später etwas dazu sagen?«

251. Dumme Antwort: Wie reagiere ich, wenn ich merke, dass ich eine dumme Antwort gegeben habe?

Am besten nutzen Sie die nächste Sprechpause, um sich selbst zu korrigieren. Zum Beispiel: »Mir ist gerade klar geworden, dass ich vorher etwas Unüberlegtes gesagt habe, das ich jetzt gerne revidieren möchte. Darf ich?« – »Ich habe gerade etwas gesagt, das ich nicht wirklich meine. Vielmehr ist es so, dass ...«
Tipp: Interpretieren Sie nicht andauernd an sich herum! Die wenigsten Antworten sind wirklich »dumm«. Und nehmen Sie sich immer die Zeit, gut zu überlegen.

252. Keine Antwort: Was sage ich, wenn ich eine Wissensfrage nicht beantworten kann?

Geben Sie es offen zu. Achten Sie darauf, dass Sie weder mit einem aggressiven Unterton (»Was man hier alles gefragt wird!«) noch unterwürfig und mit schlechtem Gewissen antworten (»Mein Gott, wie peinlich. So dumm von mir!«). Sondern überlegen Sie zuerst, und wenn Sie ganz sicher sind, dass Sie keine Antwort wissen, sagen Sie etwas wie:

- »Ich weiß, dass ich das eigentlich wissen sollte. Aber im Augenblick fällt es mir partout nicht ein.«

- »Tut mir Leid, ich kann Ihre Frage nicht direkt beantworten. Ich kann nur spekulieren und würde sagen, dass …«
- »Oh, jetzt haben Sie mich bei einer Wissenslücke ertappt. Ich weiß es nicht!«

Lassen Sie sich nicht dazu verleiten, Ihr Nichtwissen sofort herauszuposaunen, sondern denken Sie vorher wirklich nach. Es macht einen schlechten Eindruck, wenn jemand vorschnell und offensichtlich unüberlegt handelt.
Außerdem vergeben Sie sich so Chancen, denn vielleicht können Sie zwar nicht die ganze Frage beantworten, aber wenigstens einen Teil. Vielleicht gibt es einen ähnlichen Sachverhalt, mit dem Sie sich auskennen. »Das genaue Datum kann ich leider nicht sagen. Aber ich schätze, es war … weil …«
Tipp: Wenn Sie gar keine Ahnung haben, dann raten Sie nicht ins Blaue. Eine völlig abwegige Antwort lässt Sie ignorant oder vielleicht sogar dumm erscheinen. Etwas nicht zu wissen ist nicht schlimm. Sollte die Wissensfrage auf etwas abzielen, was Sie eigentlich wissen müssten, ist das zwar kein Ruhmesblatt für Sie, aber immer noch besser, als völlig danebenzuliegen.

253. Antwort verweigern: Was ist, wenn ich auf eine Frage nicht antworten will?

Mögliche Gründe, eine Frage nicht beantworten zu wollen, sind: Die Frage ist zu persönlich, zu schmerzlich (etwa Schwierigkeiten in Ihrer früheren Firma), in Ihren Augen dumm, unzulässig oder so unerwartet, dass Sie aus dem Konzept geraten. Eine Antwort komplett abzulehnen, womöglich noch mit einem Kommentar wie »Das dürfen Sie mich überhaupt nicht fragen!«, »Ich sehe nicht, dass das für die Stelle relevant sein sollte!« oder »Dazu sage ich nichts«, wirkt unsouverän und möglicherweise sogar patzig.
Um erst gar nicht in eine so prekäre Situation zu geraten, hilft Ihnen eine gute Vorbereitung. Denn wenn Sie sich intensiv auf das Gespräch eingestimmt haben und eventuell kritische Themen kennen, ist es unwahrscheinlich, dass Sie überhaupt in die Verlegenheit kommen, sich um eine Antwort zu drücken.

So meistern Sie unangenehme Fragen	
Sprechen Sie das Thema (souverän!) an.	»Das Thema ist mir etwas zu persönlich.« Je nachdem, worum es geht, können Sie die Frage ohne persönliche Details beantworten oder um eine andere Frage bitten.
Geben Sie eine Antwort, die das Thema nur streift.	»Familienplanung? Das ist für mich momentan überhaupt noch kein Thema ...« Sprechen Sie weiter und lenken Sie ab, indem Sie sich auf eine vorherige Information beziehen, ein anderes Thema ansprechen oder selbst eine Frage stellen.
Gewinnen Sie Zeit.	Sind Sie nur momentan überrascht und möchten etwas Zeit gewinnen, dann können Sie nachfragen, was genau gemeint ist, oder die Frage in eigenen Worten wiederholen.
Sie erklären, warum Sie nichts sagen möchten, und machen zugleich einen positiven Eindruck.	»Was ich von der Regierung halte? Ich habe den Grundsatz, dass ich nur eine Meinung zu den Dingen abgebe, über die ich genügend Detailwissen habe. Darum äußere ich mich zu so großen politischen Themen nicht.«

Übrigens: Wirklich unzulässige Fragen wird man Ihnen kaum stellen. Die sind nicht nur meistens uninteressant, sondern der Personaler weiß ganz genau, was er darf und was nicht. Wenn Bewerber Fragen als unangebracht empfinden, liegt das in der Regel daran, dass ein wunder Punkt getroffen wird oder sie nicht vorbereitet sind.

254. Mit unzulässigen Fragen umgehen: Was antworte ich auf eine Frage, die nicht erlaubt ist (zum Beispiel nach einer Schwangerschaft)?

Normalerweise wird das nicht passieren, weil Personaler und Chefs die Regeln kennen. Aber da man es natürlich nicht ausschließen kann, ist folgender Weg am hilfreichsten: Bereiten Sie sich vor und überlegen Sie, wie Sie auf entsprechende Fragen (▸ »Unzulässige Fragen«, Seite 210) antworten könnten.

Gehen Sie davon aus, dass die Frage nicht mit böser Absicht gestellt wird. Das macht es Ihnen viel leichter, ruhig und gelassen zu bleiben und souverän zu reagieren. So gewinnen Sie auf jeden Fall: Wenn aus Unwissenheit nachgefragt wurde, stoßen Sie Ihr Gegenüber nicht vor den Kopf. Wenn wider besseres Wissen gefragt wurde (möglicherweise, um Ihre Reaktion zu testen), haben Sie die Nase vorn.
Wenn Sie kein Problem damit haben, antworten Sie einfach. Oder fragen Sie nach, warum die Frage gestellt wird (aber nicht patzig, sondern interessiert).
Wie Sie die Antwort letztendlich verweigern können, lesen Sie in ▸ Frage 253, Seite 207 f.

255. Misserfolge: Ich habe gehört, dass Personaler manchmal nach Misserfolgen fragen. Was soll das und wie antworte ich darauf?

Die Frage nach Misserfolgen – wie auch die Frage nach den größten Erfolgen – ist einfach eines der vielen »Werkzeuge«, um sich ein möglichst differenziertes Bild von Ihrer Persönlichkeit zu machen. Der Personaler möchte herausfinden:

- Wie gut kennt sich der Bewerber selbst? Wie sieht es mit der Selbstreflexion aus?
- Wie intensiv ist der Bewerber auch auf nicht so angenehme Fragen vorbereitet?
- Was definiert er als Misserfolg und welche Erlebnisse spricht er in Bezug darauf an?
- Wie redet er darüber und in welchem Licht präsentiert er sich dabei selbst?

Bitte lassen Sie sich nicht dazu verleiten, so zu tun, als wäre in Ihrem bisherigen Berufsleben immer alles glatt gelaufen. Das gibt es gar nicht! Jeder macht Fehler, trifft Entscheidungen, die er später revidieren muss, erlebt Misserfolge und Niederlagen und erreicht das eine oder andere Ziel nicht. Aussagen wie »Misserfolge, nein, da fällt mir nichts ein« werfen ein schlechtes Licht auf einen Bewerber, weil er entweder schlecht vorbereitet oder wenig selbstkritisch wirkt.

Unzulässige Fragen

Keine Sorge, die meisten Job-Interviews laufen völlig korrekt und ohne unzulässige Fragen ab. Aber natürlich können Sie auch einmal auf ein schwarzes Schaf stoßen. Damit Sie für den Fall der Fälle informiert sind, hier eine Übersicht über die Fragen, die der Personaler »eigentlich« nicht stellen darf.

Um welche Themen geht es dabei?

- Schwangerschaft/der Plan, eine Familie zu gründen
- Zugehörigkeit zu einer Gewerkschaft
- Betriebsratstätigkeit
- Parteimitgliedschaft
- Vermögensverhältnisse/Schulden
- politische Richtung (Was wählen Sie?)
- Krankheiten und Behinderung
- Religionszugehörigkeit
- Vorstrafen

Fragen dazu sind aber nicht in jedem Fall unzulässig! Sofern der Arbeitgeber ein berechtigtes Interesse an der Antwort hat, etwa wenn die angestrebte Tätigkeit nur eingeschränkt oder gar nicht ausgeübt werden kann, sind Fragen zu diesen Themenbereichen teilweise zulässig.

Beispiele: Eine vorliegende Schwangerschaft bei der Bewerbung auf eine körperlich schwere Arbeit. Ein Finanzdelikt bei einem Bewerber für eine Bank. Eine kirchliche Einrichtung legt Wert auf die Konfession.

Wichtig: Zulässige Fragen muss man als Bewerber immer wahrheitsgemäß beantworten, unzulässige Fragen jedoch nicht. Nach der Rechtsprechung haben Bewerber bei rechtswidrig gestellten Fragen das »Recht zur Lüge«, da anzunehmen ist, dass ein Bewerber nicht eingestellt wird, wenn er die Antwort einfach ablehnt.

Dennoch wäre eine Lüge keine gute Basis für eine weitere Zusammenarbeit. Befassen Sie sich im Vorfeld mit Fragen dieser Art, die Sie eventuell betreffen, und überlegen Sie sich, wie Sie besonnen damit umgehen könnten.

Machen Sie es lieber so:

- Betrachten Sie Ihr Berufsleben und überlegen Sie sich:
  Was ist nicht in Ihrem Sinne gelaufen?
  Welche Ziele haben Sie nicht oder nur teilweise erreicht?
  Was hätten Sie am liebsten gar nicht erlebt oder würden Sie heute anders machen?
- Wählen Sie aus Ihrer Liste ein paar Misserfolge aus, die Sie erwähnen möchten, falls Sie danach gefragt werden.
- Überlegen Sie sich auch, wem Sie die Schuld für die Misserfolge geben und was Sie daraus gelernt haben (aber bitte kein Fazit wie: »Dass man niemandem trauen kann!«)

Wichtig: Die Frage dreht sich um Sie und Ihre echten, individuellen Misserfolge. Irgendwelche Banalitäten von sich zu geben, um der Frage auszuweichen, oder Situationen ins Spiel zu bringen, in denen nur ein Kollege oder mangelnder Informationsfluss das Problem waren, wirkt sich nachteilig auf Sie aus.

256. Schlechtes Zeugnis: Wenn ich ein schlechtes Zeugnis habe, wie gehe ich damit am besten um?

Zunächst: Sind Sie sicher, dass es wirklich schlecht ist? Viele Bewerber machen sich nämlich verrückt, hängen sich an einzelnen Begriffen auf und vermuten eine schlechte Beurteilung, wo gar keine ist. Ein Arbeitszeugnis wird immer in seiner Gesamtheit gelesen. Und auch wenn sich manche Textbausteine hartnäckig halten, so wird die »Zeugnissprache« doch immer weniger benutzt und weicht zum Glück allmählich moderneren und direkteren Formulierungen.

Haben Sie ein schlechtes Zeugnis, stellt sich die Frage, ob es deshalb schlecht ausgefallen ist, weil der Zeugnisaussteller es nicht besser wusste oder sich nicht sehr viel Mühe gegeben hat. Oder ist es aus guten Gründen nicht sehr schmeichelhaft (zum Beispiel weil es Ärger gab oder Sie Ihren Job teilweise nicht so gut gemacht haben)?

Bereiten Sie sich im Vorfeld darauf vor, wenn Sie befürchten, auf Ihr Zeugnis angesprochen zu werden. Überlegen Sie sich zu Hause (und nicht erst im Gespräch), wie Sie mit dieser

Frage umgehen und was Sie antworten können. Achten Sie darauf, dass Sie kurz, sachlich und informativ antworten und sich nicht etwa in irgendwelche Geschichten hineinsteigern oder gar über Ihre frühere Arbeitsstelle herziehen.

257. Bewegter Lebenslauf: Wie kann ich einen sehr bewegten Lebenslauf am besten »verkaufen«?

Erst einmal müssen Sie selbst dazu stehen. Wenn Sie völlig unzufrieden mit sich sind, dann können Sie sich Ihren Lebenslauf noch so schönreden: Es wird nicht viel bringen.
Vermitteln Sie Ihre Beweggründe:

- Sind Sie eher eine unstete Natur, die gerne vieles ausprobiert und Abwechslung haben möchte? Dann sagen Sie das. Bewerben Sie sich nun für eine Tätigkeit mit einem komplexen und abwechslungsreichen Aufgabenbereich, können Sie einen guten Bogen spannen und untermauern, dass so ein vielseitiger Job genau das Richtige für Sie ist.
- Haben Sie früher einfach nicht gewusst, wo Sie beruflich hinmöchten und daher relativ lange Verschiedenes ausprobiert? Das ist durchaus verständlich, sofern Sie eindeutig vermitteln können, dass Sie jetzt klare Vorstellungen haben, und diese auch überzeugend in Worte fassen.
- Oder zeigen Sie den roten Faden auf, der sich in Ihrem Werdegang verbirgt: Haben Sie zwar immer wieder in verschiedensten Branchen und Positionen gearbeitet, aber es gibt einen gemeinsamen Nenner?
  Beispiel: Sie waren in einer Maschinenfabrik, einer Großbäckerei, einem Callcenter und einer Umweltorganisation tätig? – Sie hatten immer mit Kundenbetreuung zu tun.
- Ging es Ihnen darum, nicht stehenzubleiben?
  Beispiel: Sie hatten immer Aufgabenbereiche, die nicht besonders komplex waren. Darum stellte sich nach kurzer Zeit Routine ein und Sie wollten gerne etwas Neues dazulernen.

Entscheiden Sie sich für die Aspekte, die auch stimmen. Schieben Sie nicht gut klingende Gründe vor. Sie könnten schnell als Pseudo-Antwort entlarvt werden.

Tipp: Stellen Sie die Vorteile des bewegten Werdegangs heraus, etwa dass Sie Flexibilität gezeigt und unterschiedliche Branchen kennengelernt haben. Oder dass Sie sich schnell einlernen und anpassen können.

258. Jobhopping: Wenn der Personaler mich fragt, ob ich ein »Jobhopper« bin: Wie soll ich reagieren?

Es ist zwar ziemlich unwahrscheinlich, dass Sie in so eine Situation kommen, aber mit der Möglichkeit zu rechnen und sich darauf vorzubereiten ist auf jeden Fall am klügsten.
Lassen Sie sich nicht durch das Wort »Jobhopper« aus der Ruhe bringen, sondern konzentrieren Sie sich nur auf den Inhalt: Ihr Gegenüber möchte einfach mehr über Ihren bewegten Werdegang erfahren – und wie Sie sich selbst sehen.
Antworten Sie ruhig und geben Sie offen zu, dass Ihr Lebenslauf nicht geradlinig ist: »Ja, ich verstehe, dass Sie das fragen. Immerhin habe ich innerhalb von fünf Jahren sechs Mal das Unternehmen gewechselt. Das kam so …« So nehmen Sie den Einwand Ihres Gesprächspartners ernst (und ihm den Wind aus den Segeln, falls er Sie tatsächlich provozieren wollte).
Erzählen Sie, warum Sie so häufig gewechselt haben. Achten Sie dabei darauf, dass Sie sich vorteilhaft präsentieren. Wurde es Ihnen immer schnell langweilig oder hatten Sie andauernd Probleme mit Ihren Vorgesetzten, dann kommt der Personaler ins Grübeln.
Übrigens: Falls Sie tatsächlich ein Jobhopper waren und es sich einfach nicht anders benennen lässt, dann geben Sie es besser offen zu. »Stimmt, ich habe es damals wirklich nie lange an einem Ort ausgehalten. Aber jetzt suche ich etwas Dauerhaftes.« (▸ Frage 51, Seite 54).

259. Arbeitslosigkeit: Wie gehe ich mit Arbeitslosigkeit um?

Arbeitslos zu sein ist kein Makel. Ein Personaler weiß sehr gut, dass es teilweise sehr schwierig ist, sofort wieder eine Stelle zu finden. Und wenn dann noch bestimmte Berufe, Regionen,

schwierigere Lebensläufe oder persönliche Umstände die Arbeitssuche erschweren, wird er das richtig einordnen.
Relevant ist jedoch durchaus, wie Sie mit Ihrer Arbeitslosigkeit umgehen und was Sie in dieser Zeit gemacht haben.
Im Gespräch können Sie entweder eine entsprechende Frage abwarten oder das Thema von sich aus ins Spiel bringen. Beispielsweise beim Erzählen Ihres Werdegangs: »Ich bin ein echtes Stehaufmännchen und deshalb war ich auch in der für mich schwierigen Zeit nach der Kündigung zuversichtlich, dass es vielleicht dauern, ich aber auf jeden Fall wieder einen Job finden würde ...«.
Überlegen Sie vorher, was Sie in der Zeit der Arbeitslosigkeit gemacht haben (Bewerbungsbemühungen, gearbeitet, sich weitergebildet, sich umorientiert, sich um persönliche Dinge gekümmert ...). Wie stehen Sie dazu?
Diese Frage hilft Ihnen dabei, sich selbst wirklich darüber klar zu werden und dann im Gespräch nachvollziehbare Aussagen treffen zu können. Lügen Sie bitte nicht! Wenn Sie während der Arbeitslosigkeit Urlaub gemacht und sonst nichts unternommen haben, dann erfinden Sie bitte keine Weiterbildung und vor allen Dingen nicht die pflegebedürftige Phantom-Oma.
Tipp: Sie müssen nicht überlegen und sachlich bleiben und so tun, als hätte die Arbeitslosigkeit Ihnen nichts ausgemacht. Für die allermeisten Menschen sind solche Zwangspausen schwierig und echte Bewährungsproben. Sie können ruhig sagen, dass Sie sich schwer damit getan haben, plötzlich keine Aufgabe und keinen festen Tagesablauf mehr zu haben, vielleicht erst einmal sogar in ein Loch gefallen sind. Und dann anschließen, wie Sie wieder auf die Beine gekommen sind und die Herausforderung angepackt haben.

260. Provokation: Wie verhalte ich mich, wenn mich der Personaler provoziert und etwas Unangenehmes (etwa eine schlechte Schulnote) unwirsch anspricht?

Um in einer solchen Situation nicht die Nerven zu verlieren, sollten Sie jeden möglichen negativen Punkt in Ihrem Werdegang erklären können, selbst Frieden damit gemacht haben und die Sache nicht persönlich nehmen. Damit Sie immer souverän reagieren können, helfen Ihnen diese Tipps.

- **Geben Sie inhaltlich recht:**
  »Ja, mit Mathematik habe ich mich in der Schule total schwergetan. Für einen Ingenieur keine so gute Voraussetzung (lachen) – ich habe während des Studiums alles nachgeholt und bin mittlerweile fit. Möchten Sie mich testen?«
- **Stimmen Sie prinzipiell zu:**
  »Das wäre schön gewesen, wenn ich das halbe Jahr nur Urlaub gemacht hätte! Tatsächlich war das sogar ziemlich bedrückend, plötzlich ›zwangsfrei‹ zu haben. Ich habe in der Zeit … (▸ Frage 259, Seite 213 f.).«
- **Nehmen Sie den provokanten Ton heraus, indem Sie das Statement/die Frage in eigenen Worten wiederholen:**
  »Ihr Chef scheint ja nun nicht besonders viel von Ihnen gehalten zu haben, wenn ich mir Ihr Zeugnis und die Bewertungen darin so ansehe!« Antwort: »Sie sprechen die negative Beurteilung in meinem letzten Zeugnis an…« (Dann gehen Sie darauf ein – denn die Frage nach der schlechten Beurteilung ist eine absolut legitime und wahrscheinliche Frage!)

261. Gespräch kippt: Mir ist es schon passiert, dass das Gespräch gekippt ist. Gemerkt habe ich es schon, aber was hätte ich tun können, um es zu retten?

Werden Sie so schnell wie möglich aktiv. Denn je länger Sie warten, umso schwieriger wird es, wieder eine gute Atmosphäre herzustellen.

Greifen Sie korrigierend ein, indem Sie beispielsweise ein neues Thema anschneiden und so frischen Wind hineinbringen. Sie können auch nachfragen, ob Sie vielleicht etwas Falsches gesagt haben, oder die Sache direkt ansprechen: »Ich habe irgendwie den Eindruck, unser Gespräch läuft nicht mehr so gut. Was denken Sie darüber?«

Lassen Sie sich nicht den Schlaf rauben

Gerne werden in den Medien höchst unangenehme Situationen geschildert. Bitte lassen Sie sich nicht verunsichern: Üblicherweise laufen Bewerbungsgespräche ruhig und normal ab. Aber selbst wenn Sie wirklich das Riesenpech haben sollten, in eine prekäre Situation zu kommen, sind Sie ihr keineswegs hilflos ausgeliefert. Hier finden Sie Anregungen, wie Sie in bestimmten Situationen reagieren können:

Der Personaler setzt Sie verbal unter Druck:
Diese Methode heißt Stressinterview. Konzentrieren Sie sich auf sich selbst und lassen Sie sich nicht von der Stimmung anstecken: Gehen Sie also nicht innerlich auf die Barrikaden und steigern Sie sich nicht in Ihre Ängste hinein. Vermutlich will Ihr Gegenüber einfach testen, wie Sie reagieren.

Setzen Sie sich nur ein einziges Ziel: ruhig zu bleiben und sachlich zu antworten. Denken Sie kurz nach und antworten Sie in einem ruhigen Tonfall. So fühlen Sie sich nicht nur selbst am besten, sondern beweisen ganz klar, dass Sie eine souveräne und selbstbewusste Persönlichkeit sind.

Ihr Gegenüber macht sich über etwas für Sie Unangenehmes lustig (zum Beispiel dass Sie nervös wirken oder rot im Gesicht sind):
Atmen Sie tief durch und nehmen Sie Ihren Gefühlssturm bewusst wahr – aber lassen Sie sich nicht davon überwältigen. Konzentrieren Sie sich nur auf den sachlichen Inhalt und stimmen Sie Ihrem Gegenüber zu. Indem Sie entweder nur nicken oder etwas sagen wie »Ja, das stimmt. Ich bin wirklich aufgeregt.«

Man bietet Ihnen Alkohol an:
Bedanken Sie sich und lehnen das Angebot freundlich ab. Wenn Sie gerne etwas trinken möchten, fragen Sie nach, ob Sie stattdessen ein Glas Wasser bekommen könnten.

Und nach dem Gespräch?

Das Interview ist vorbei! Vielleicht haben Sie ein gutes Gefühl oder aber Sie glauben, dass das Gespräch nicht so optimal gelaufen ist. Sie können einiges tun, um auch nachträglich noch einen guten Eindruck zu machen.

262. Dankesschreiben: Ich habe gehört, dass es gut ankommen soll, wenn ich mich nach dem Gespräch schriftlich bedanke. Stimmt das?

Nicht pauschal und aus taktischen Überlegungen heraus. Ein Dankesschreiben, dem man diese Motivation anmerkt (Serienbriefcharakter, allgemeine Floskeln), kann sogar einen positiven Eindruck relativieren – und bestenfalls als überflüssig und schlimmstenfalls als anbiedernd und unterwürfig interpretiert werden. Sich schriftlich zu bedanken ist dann eine gute Sache, wenn Sie einen echten persönlichen Grund dafür haben, den Sie im Brief auch deutlich vermitteln. Zum Beispiel, dass das Gespräch aus Ihrer Sicht sehr gut verlaufen ist und die Atmosphäre besonders angenehm war.

263. Formulierung: Wie bedanke ich mich am besten? Was schreibe ich?

Man sollte Ihrem Dankesschreiben sofort anmerken, dass es sich um einen persönlichen und individuell auf das Gespräch zugeschnittenen Text handelt – und nicht um Textbausteine, die Sie an jedes Unternehmen schicken, bei dem Sie waren.
Am meisten Wirkung entfaltet der Brief, wenn Sie einen förmlich-distanzierten Schreibstil vermeiden und freundlich und persönlich formulieren – angefangen von der Anrede bis hin zur Verabschiedung. Das ist ganz besonders wichtig, wenn das Gespräch angenehm und locker war. Sonst erkennt man Sie vielleicht gar nicht wieder!
Achten Sie darauf, dass der Brief tatsächlich etwas aussagt, ein guter Stellvertreter für Sie ist und den Empfänger an Sie denken lässt. Bringen Sie sich in Erinnerung, indem Sie Details

erwähnen, etwa wenn etwas Besonderes vorgefallen ist, Sie vielleicht länger über ein gemeinsames Hobby gesprochen haben oder Ähnliches. Meiden Sie allgemeine Aussagen und Floskeln wie: »Hiermit bedanke ich mich für das Gespräch am … in Ihrem Hause.«

264. Information nachreichen: Mir ist im Nachhinein noch eine wichtige positive Information eingefallen. Kann ich sie noch nachreichen?

Ja, das können Sie. Je nachdem, wie das Gespräch verlaufen ist und wie gut Sie sich mit Ihrem Gegenüber verstanden haben, können Sie einen Brief beziehungsweise eine E-Mail schreiben oder anrufen. Gut eignet sich dafür ein Dankesbrief.

Muster

Sehr geehrte Frau XY,

vielen Dank für das freundliche Gespräch von gestern.

Wie Sie mir sagten, beinhaltet die Position der Geschäftsführungsassistenz auch die Mitarbeit an Reorganisationsprojekten. Über meine einschlägige Erfahrung haben wir ja ausführlich gesprochen. Siedend heiß ist mir auf dem Nachhauseweg noch ein Projekt eingefallen, das ich vor fünf Jahren geleitet habe: Als Einkaufsleiterin in der Automobilzulieferbranche habe ich seinerzeit das Lager komplett umorganisiert. Von der Prüfung bestehender Lieferantenverträge über Neuverhandlungen bis hin zur Reorganisation und Verbesserung der Arbeitsabläufe hatte ich die gesamte Verantwortung. Es war ein großer Erfolg, denn wir konnten durch die von mir initiierten Veränderungen die Lagerkosten um 20 Prozent senken und die Performance optimieren.

Unser Gespräch hat mich noch mehr darin bestärkt, dass die Position genau das Richtige für mich ist. Ich hoffe, Sie haben ebenfalls den Eindruck, dass ich persönlich und fachlich eine Bereicherung für Ihr Unternehmen wäre.

Ich freue mich sehr auf Ihre Nachricht!

Viele Grüße ....

265. Noch Fragen: Oft fallen mir erst nach dem Gespräch Fragen ein. Ist es in Ordnung, wenn ich am nächsten Tag anrufe?

Das kommt auf die Frage an: Wenn es sich um eine grundlegende und banale Frage handelt, dann fragt sich der Interviewer schon, wieso Sie sie nicht im Gespräch gestellt haben. Ganz besonders, wenn Sie vielleicht kaum eigene Fragen hatten. Ansonsten können Sie selbstverständlich nachträglich etwas fragen. Oft beendet der Interviewer sogar das Gespräch mit dem Hinweis »Wenn noch etwas ist, rufen Sie mich an.«
Wichtig: Bitte stellen Sie aber nicht plötzlich ein halbes Dutzend Fragen. Denn damit würden Sie den Eindruck vermitteln, unorganisiert oder sogar unaufmerksam zu sein.

266. Gespräch ruiniert: Ich habe das Gefühl, dass ich das Gespräch verpatzt habe, möchte aber unbedingt gern dort anfangen. Kann ich jetzt noch etwas retten?

Das kommt darauf an, was »verpatzt« heißt. Ist das Gespräch sehr ungünstig verlaufen und hat man Ihnen vielleicht sogar schon gesagt, dass es nichts mit der Stelle wird, dann sieht es schlecht aus. Zumal ein Unternehmen im Regelfall mehrere Bewerber interviewt und darum Alternativen hat.
Verlief das Gespräch normal und Sie befürchten nur, dass man Sie vielleicht nicht in die engere Wahl nimmt, weil der Personaler sich beispielsweise skeptisch über Ihre Erfahrungen geäußert oder angesprochen hat, dass Sie möglicherweise nicht so gut ins Team passen, dann rufen Sie ruhig an. Sprechen Sie über Ihren Eindruck und fragen Sie nach, wie Sie derlei Bedenken zerstreuen könnten, etwa durch einen Probearbeitstag. Fragen kostet nichts und zu verlieren haben Sie auch nichts.
Allerdings sollten Sie sich realistisch einschätzen: Ist das Gefühl, das Gespräch »verpatzt« zu haben, deshalb da, weil Sie nicht besonders selbstbewusst sind und nach jedem Interview an sich zweifeln? Dann sollten Sie in Zukunft mehr Zeit und Energie in eine gute Vorbereitung investieren, um sicherer ins Gespräch zu gehen und sich souveräner zu präsentieren.

Einstellungstests und Probearbeit

Gerade vor Tests haben viele Bewerber eine große Scheu. »Prüfungsangst«, erhöhter Druck, die Tatsache, unter Beobachtung zu stehen, und der Wunsch, auf jeden Fall einen guten Eindruck zu machen: All das verstärkt die Nervosität. Doch vergessen Sie nicht: Ein Unternehmen, das Ihnen die Möglichkeit gibt, Ihre Fähigkeiten zu demonstrieren, hat großes Interesse an Ihnen!

Zeigen, was Sie können – Probearbeit

Erzählen kann man viel. Aber mal ein, zwei Tage richtig im Unternehmen zu arbeiten, das hat was! Da haben Sie Gelegenheit, den Job und die späteren Kollegen »in Aktion« zu erleben und sich optimal zu präsentieren.

267. Probetage: Ich habe schon von Probetagen gehört. Sind die üblich?

Ja, vom »Schnuppertag« bis zur Probewoche ist alles möglich. Es ist also nichts Ungewöhnliches, wenn Ihnen Probearbeiten angeboten wird, und es bietet für beide Seiten viele Vorteile: Das Unternehmen kann sich ein klareres Bild vom späteren Mitarbeiter machen, als das im bloßen Gespräch möglich ist. Außerdem bekommen die Bewerber ein realistisches Bild von Tätigkeitsfeld und Arbeitsalltag. So lassen sich spätere Überraschungen vermeiden. Selbstverständlich möchte die Firma auch abschätzen können, ob der Bewerber ins bestehende Team passt, und generell sehen, wie er sich »anstellt«.
Aus Bewerbersicht ist Probearbeiten ebenso wertvoll, denn Sie bekommen viel mehr über die Firma, die Leute und die Tätigkeit mit und können dadurch die eigene Entscheidung für oder gegen die Stelle besser treffen. Denn es kommt vor, dass sich ein Job durch den erlebten Alltag »entzaubert«!

268. Probetag selbst anbieten: Ich finde es gut, Probe zu arbeiten. Kann ich das selbst anbieten?

Selbstverständlich! Das spricht sogar für Sie: Denn Sie beweisen Interesse und Engagement. Formulieren Sie Ihr Angebot entsprechend: Erwähnen Sie, dass es für beide Seiten eine schöne Gelegenheit ist, sich näher kennenzulernen und im Arbeitsalltag zu erleben.
Seien Sie jedoch nicht verärgert, wenn ein Probetag abgelehnt wird. Nicht jedes Unternehmen möchte das Einstellungsverfahren auf die Praxis ausweiten.

269. Kostenlose Arbeit: Muss ich bei einem Probetag kostenlos arbeiten?

Das wird unterschiedlich gehandhabt: In manchen Firmen bekommt man eine kleine Entlohnung, die beispielsweise dem Stundensatz einer studentischen Aushilfe entspricht. In anderen Fällen wird erwartet, dass der Bewerber ohne Bezahlung probearbeitet, was auch nachvollziehbar ist. Denn realistisch betrachtet ist der Bewerber im Rahmen eines Schnuppertages keine besondere Hilfe für die Firma. Da ein Probetag für Sie als Bewerber sehr viele Vorteile bietet, lohnt es sich durchaus, nicht nur auf das Geld zu schauen.

Ist die Probearbeit für mehrere Tage oder gar Wochen vorgesehen, fragen Sie genau nach, um ergründen zu können, ob danach wirklich ein Arbeitsplatz winkt oder ob man Sie nur als billige Arbeitskraft (aus)nutzen möchte. Sollte eine Probephase, auch wenn sie sich über einige Zeit hinzieht, unter dem Strich vorteilhaft für Sie sein, weil Sie sich bewähren können, dann sehen Sie sie als Investition in Ihre Zukunft.

270. Unter Dauerbeobachtung: Stehe ich an einem Probetag unter ständiger Beobachtung?

Es gibt straff durchorganisierte Probetage, für welche die Mitarbeiter im Vorfeld gebrieft werden, damit sie wissen, worauf sie achten sollen, und anschließend eine richtige Bewertung abgeben können. Es gibt aber auch die informellere Herangehensweise, man lässt den Bewerber einfach »mitlaufen«. Mitarbeiter, die mit Ihnen Kontakt hatten, werden in der Regel später nach ihren Eindrücken befragt. Es kann aber auch sein, dass es nur darum geht, Ihnen Einblicke zu gewähren.

Nutzen Sie den Probetag,

um die Umgebung auszuloten:

- Können Sie sich vorstellen, hier jeden Tag zu arbeiten?
- Gefallen Ihnen die Räumlichkeiten?
- Zeigt man Ihnen Ihren potenziellen Arbeitsplatz?
- Sind das Mobiliar und die technische Ausstattung so, wie Sie es sich wünschen?

um die grundsätzliche Arbeits- und Herangehensweise zu beurteilen:

- Wie ist Ihr Eindruck: Wird fleißig und engagiert gearbeitet oder eher lustlos und »pflichtbewusst«?
- Geht man effizient und lösungsorientiert vor oder eher umständlich und mürrisch?
- Wird die Technik sinnvoll und effizient genutzt oder viel unnötig manuell gemacht?

um Betriebsklima und Mitarbeiter kennenzulernen:

- Wie ist der Umgangston?
- Sind die potenziellen Kollegen Ihnen gegenüber offen und gehen auf Ihre Fragen gerne ein?
- Ist man an Ihnen als möglichem neuem Mitarbeiter interessiert und neugierig, mehr von Ihnen zu erfahren?
- Welche Einstellung zu Arbeit und Firma sehen Sie?

um mehr vom angestrebten Tätigkeitsfeld zu erfahren:

- Während des Probetages ist es unwahrscheinlich, dass Sie gleich richtig mitarbeiten dürfen. Sind Sie Beobachter, dann sperren Sie Augen und Ohren auf und fragen Sie nach.
- Betraut man Sie mit »Handlangerarbeiten«, dann nehmen Sie diese bitte ernst und erfragen Sie Zusammenhänge und Details zu Ihrer späteren Aufgabe.

um offene Fragen zu klären:

- Sind Ihnen im Vorstellungsgespräch manche Fragen nicht eingefallen, dann können Sie diese jetzt stellen. Aber bitte nicht nur nach Urlaubstagen oder Freizeitausgleich fragen!

um sich gut zu präsentieren:

- Geben Sie den potenziellen neuen Kollegen die Gelegenheit, sich ein positives Bild von Ihnen zu machen: fachlich, aber vor allen Dingen auch persönlich.

271. Guter Eindruck: Wie gebe ich mich am besten, damit ich einen guten Eindruck hinterlasse?

Das bestehende Team erlebt Sie zum ersten Mal. Dass Sie fachlich qualifiziert sind, setzen die Leute einfach voraus – denn das hat der Personalentscheider zu prüfen. Für die späteren

Kollegen ist also wichtig, ob Sie sympathisch wirken und wie Sie sich in der Praxis verhalten. Die goldene Regel heißt daher: Seien Sie Sie selbst!

Gehen Sie offen auf alle zu, stellen Sie sich vor, sprechen Sie andere mit ihrem Namen an, grüßen Sie freundlich und nehmen Sie immer Blickkontakt auf. Hören Sie aufmerksam zu, wenn man Ihnen etwas erklärt. Und wiederholen Sie am besten in Ihren eigenen Worten, was bei Ihnen angekommen ist. So stellen Sie sicher, dass Sie alles verstanden haben, und Ihr Gegenüber erlebt Sie als aufmerksam und interessiert.

Unter Kollegen

Niemand erwartet, dass Sie bereits alles wissen und können, das ist auch nicht der Sinn einer Arbeit »zur Probe«. Setzen Sie sich deshalb also nicht unter Druck. Wenn Sie oft (sinnvolle!) Fragen stellen, gleichzeitig jedoch aktiv sind und mit anpacken, machen Sie immer einen guten Eindruck.

Es ist wahrscheinlich, dass Sie bei einem Probetag nur Hilfsarbeiten übertragen bekommen. Erledigen Sie diese gewissenhaft und engagiert. Kontraproduktiv wäre es, wenn Sie etwas als unter Ihrer Würde ansehen, gelangweilt wirken oder gar negative Kommentare abgeben. Haben Sie etwas zu kritisieren, fragen Sie zuerst nach den Zusammenhängen: Wer vorschnell urteilt oder sich abwertend zu etablierten Arbeitsweisen äußert, macht sich keine Freunde.

Aber bedenken Sie auch: Ist der Umgangston entspannt, verleitet das leicht dazu, selbst zu schnell zu locker zu werden: ob es um witzige Bemerkungen geht, die der Beziehung noch nicht angemessen sind, oder darum, Kritik zu üben. Auch Fragen à la »Euer Chef erschien mir im Gespräch ziemlich grimmig. Ist der wirklich so?« oder »Wird ja nicht so üppig bezahlt, dafür, dass hier so viel los ist!« fallen natürlich negativ auf Bewerber zurück. Seien Sie sich also auch bei einer angenehmen und lockeren Atmosphäre dessen bewusst, dass Sie bei den Kollegen auf dem Prüfstand stehen.

Für Testknacker

Behaupten kann man viel... Um zu sehen, wie es um Sprachkenntnisse, PC-Versiertheit & Co. wirklich bestellt ist, testen Unternehmen deshalb gerne. Auch spontan im Rahmen des Vorstellungsgesprächs.

272. Testinhalt: Was wird üblicherweise getestet?

Weit häufiger als gleich ein richtiges Assessment Center (► ab Seite 231) sind kleinere, maßgeschneiderte Tests, zum Beispiel

- das Prüfen von Sprachkenntnissen (etwa spontanes Englisch-Sprechen im Interview),
- eine Übung/ein Rollenspiel (etwa ein Kundentelefonat),
- einen Brief am Computer schreiben (zum Beispiel eine Reklamation bearbeiten),
- die Überprüfung von Rechtschreibkenntnissen.

Manche Unternehmen nutzen auch Standard-Tests (Fachwissen, Sprache, Logik) oder prüfen Allgemeinwissen.

Was genau getestet wird, hängt von der vakanten Position ab. Erwähnt die Firma einen geplanten Test, fragen Sie ruhig nach Details. Auf spontane Tests können Sie sich vorbereiten, indem Sie vorher abschätzen, was getestet werden könnte.

So bereiten Sie sich in drei Schritten auf spontane Tests vor:

Schritt 1: Was wissen Sie über die freie Position?

- Was ist der genaue Aufgabenbereich und welche Tätigkeiten sind damit verbunden?
- Was sind explizite Muss- beziehungsweise Kann-Kriterien, welche die Firma erwähnt hat (also welche Eigenschaften müssen sein, was wäre vorteilhaft)?
- Welche Kenntnisse/Fähigkeiten braucht man, um diese Tätigkeit gut ausüben zu können?
- Welche Art von persönlichen Eigenschaften ist wichtig, um die Position gut auszufüllen?

Schritt 2: Tests vorhersehen

- Überlegen Sie nun, wie Sie selbst überprüfen würden, ob jemand die gewünschten Fähigkeiten mitbringt.

Schritt 3: Selbsteinschätzung

- Was bringen Sie Ihrer Meinung nach mit? Welche Art von möglichen Tests fänden Sie in Ordnung (etwa Tests an Computerprogrammen, die Sie beherrschen), was macht Sie eher nervös (zum Beispiel ein Rollenspiel am Telefon)? Üben Sie besonders die Dinge, die Sie verunsichern!

273. Persönlichkeitsfragebogen: Was ist ein Persönlichkeitsfragebogen?

Bei einem Persönlichkeitstest geht es – im Gegensatz zum Leistungstest – darum, eine Einschätzung von persönlichen Eigenschaften, Emotionen und Verhalten zu bekommen. Professionelle Persönlichkeitstests sind psychologisch fundiert und so aufgebaut, dass man nicht einfach »raten« kann. Auch ein Sich-Verstellen ist nicht so einfach möglich, da Grundaspekte durch unterschiedliche Fragestellungen überprüft und Widersprüche offengelegt werden.

Persönlichkeitsfragebögen können beispielsweise folgende Verhaltensweisen prüfen:

- Kommunikationsverhalten
- Problemlösungsverhalten
- Eigenverantwortung
- welche Rolle jemand in einem Team einnimmt

Sind Sie im Bewerbungsprozess mit einem Persönlichkeitsfragebogen konfrontiert, dann bleiben Sie gelassen und antworten Sie wahrheitsgemäß. Die gute Nachricht: Es gibt kein richtig oder falsch! Ob ein bestimmtes Verhalten als vorteilhaft oder nachteilig angesehen wird, hängt von den Vorstellungen des Unternehmens und vor allen Dingen von der angestrebten Tätigkeit ab.

274. Gruppeninterviews: Wie verhalte ich mich am besten, wenn alle Bewerber in einem Raum sind?

Konzentrieren Sie sich auf sich und Ihre Wirkung! Das Schielen auf das, was andere vermeintlich gut oder schlecht machen, lenkt Sie nur ab oder macht Sie nervös. Außerdem merken die

anwesenden Unternehmensvertreter, wenn Sie auf die Mitbewerber fokussiert und nicht bei der Sache sind. Hören Sie also aufmerksam zu, wenn jemand spricht, und sehen Sie die Person dabei auch an (auch wenn es ein Mitbewerber ist). Das gebietet nicht nur die Höflichkeit, sondern zeigt den Unternehmensvertretern auch, dass Sie aufmerksam und interessiert sind.
Werden Fragen weitergegeben oder Antworten anderer Bewerber zur Diskussion gestellt, dann achten Sie immer darauf, respektvoll mit anderen Meinungen umzugehen. Andere Personen schlecht aussehen zu lassen, indem Sie deren Beiträge abwerten, fällt negativ auf Sie zurück. Sind Sie anderer Ansicht, leiten Sie Ihre Meinung konstruktiv ein: »Ich sehe das etwas anders, und zwar …«, »Den Vorschlag meines Vorredners möchte ich ergänzen …«, »Eine andere Variante wäre …«.
Ist das Gruppen-Interview in Form einer Diskussion aufgebaut, dann sammeln Sie Punkte, wenn Sie sich auf Vorheriges beziehen: »Ich fand den Einwurf von Herrn X gut, weil …«, »Wie wir eingangs besprochen haben, ist …«.

275. Sprachtest: Mir ist schon einmal passiert, dass beim Vorstellungsgespräch plötzlich auf Englisch umgeschwenkt wurde. Ist das üblich?

Ja, gerade wenn Sprachkenntnisse wichtig sind, müssen Sie damit rechnen, dass man das Interview – zumindest für einige Minuten – in der Fremdsprache führt. Denn bei der eigenen Einschätzung von Bewerbern gibt es eine ziemliche Bandbreite: Manche sprechen verhandlungssicher, legen aber einen strengeren Maßstab an und bescheinigen sich nur »ganz gute« Sprachkenntnisse. Andere können gerade einmal einen Kaffee bestellen und behaupten pauschal, »Englisch« zu können. Beliebt ist auch das nichtssagende »ausbaufähig«. Sofern die Fremdsprache Einstellungsvoraussetzung ist, wird man sinnvollerweise prüfen, wie gut Sie die Sprache beherrschen. Das ist auch für beide Seiten wichtig. Was nützt Ihnen eine Position, in der eine Fremdsprache zum Alltag gehört, wenn Sie diese nicht gut genug können?

Leistungstests leicht gelöst

Anhand folgender Beispiele* können Sie sich eine Vorstellung von den verschiedenen Leistungstests machen.

1. Kreativität

Durch welches Wort können die folgenden Wörter miteinander verbunden werden?
Weste – Schnee – Schwan

2. Numerisches Denken

a) Eine Hose kostet 60 Euro. Im Schlussverkauf wird der Preis um 15 Prozent gesenkt. Was kostet die Hose im Schlussverkauf?

b) Lösen Sie die folgende Rechenaufgabe. Die Rechenregel »Punktrechnung geht vor Strichrechnung« gilt hier nicht.
$5+8\times5+5\div7+2\times9+2\div11+5\div3\times7+1\div6\times8-3\div3=?$

3. Verbale Intelligenz

Im folgenden Satz fehlt ein Wort. Wählen Sie aus den vorgegebenen Wörtern das Wort aus, das den Satz richtig vervollständigt.
Das Gegenteil von Verzweiflung ist …
A: Freude B: Hoffnung C: Wohlstand D: Hass E: Liebe

4. Zahlenreihen

Folgende Zahlenreihen sind nach bestimmten Regeln aufgebaut. Finden Sie in jeder Reihe die nächstfolgende Zahl:

a)	6	12	10	20	18	36	?
b)	8	9	15	36	?		

5. Gedächtnis/Merkfähigkeit

Lesen Sie die Lebensgeschichte genau durch und prägen Sie sie sich ein. Danach decken Sie sie ab und beantworten die untenstehenden Fragen aus dem Gedächtnis.

Lebensgeschichte

Eva Mayers wurde am 03.05.1961 in Köblingen geboren.

Wohnort: Moosburg – Telefonnummer: 6 23 57

Eva Mayers war das älteste von drei Geschwistern. Die Eltern hatten einen Bauernhof. Als Kind half Eva gerne mit, den Stall auszumisten und die Kühe zu melken. Die Schule machte Eva auch Spaß, sie war eine begabte Schülerin. Besonders in Mathematik zeigte sie gute Leistungen. Ihre Eltern wollten aber nicht, dass sie auf eine höhere Schule geht. Eva machte deshalb den Hauptschulabschluss und begann eine Lehre als Schneiderin. Nebenher besuchte sie aber die Abendschule und machte schließlich das Abitur. Sie arbeitete aber immer noch als Schneiderin. Mit 23 Jahren lernte sie Herrn Paulsen kennen, sie heirateten ein Jahr später. Herr Paulsen war Bankangestellter. Er wollte nicht, dass seine Frau arbeitet, was Eva sehr bekümmerte. Sie bekamen keine Kinder. Als Eva mit 29 Jahren beschloss, ein BWL-Studium zu beginnen, trennte Herr Paulsen sich von ihr. Mit 34 Jahren lernte Frau Mayers ihren zweiten Mann, Herrn Mayers, einen Steuerberater, kennen. Frau Mayers schloss ihr Studium ab, als sie ihr erstes Kind, Peter, bekamen.

Fragen:

A: In welchem Ort wurde Eva Mayers geboren?
B: Wie viele Kinder hatten die Eltern von Eva Mayers?
C: Welchen Beruf übte der zweite Mann von Eva Mayers aus?
D: Wie alt war Eva Mayers, als sie zum zweiten Mal heiratete?
E: Weshalb trennte sich der erste Mann von Eva Mayers?

Lösungen

1: »weiß« – 2a: 51 Euro; 2b: 15 – 3: B – 4a: 34 (Die Zahlen werden verdoppelt und es wird 2 abgezogen.); 4b: 102 (Von den Zahlen werden nacheinander 5, 4, 3, 2 abgezogen und das Ergebnis jeweils mit 3 multipliziert.) – 5: A Köblingen, B drei, C Steuerberater, D 34, E Sie beschloss, ein Studium der Betriebswirtschaftslehre zu beginnen.

Die Aufgaben wurden mit freundlicher Genehmigung entnommen aus dem GU-Ratgeber *Einstellungs-Tests* von Martin Hartenstein und Rüdiger Arnscheid.

Ist die Sprache für die aktuelle Position elementar oder wird die Bewerbung von einem fremdsprachigen Haupthaus geprüft, kann es Ihnen auch passieren, dass das komplette Gespräch (auch möglich: Telefoninterview) in der Fremdsprache geführt wird.

Übung macht den Meister

Haben Sie Probleme damit, spontan in die andere Sprache zu wechseln, oder haben Sie Hemmungen, dann hilft nur eins: vorher üben! Je nach Niveau können Selbstgespräche in Form eines imaginären Interviews ausreichen – oder Sie frischen Ihre Sprachkenntnisse mit ein paar Unterrichtsstunden bei einer Sprachschule oder im Gespräch mit einem Muttersprachler auf.

276. Psycho-Taktiken: Künstlich Stress zu erzeugen und Ähnliches soll weit verbreitet sein – muss ich damit rechnen?

Gute Personaler sind daran interessiert, eine angenehme Gesprächsatmosphäre aufzubauen. Denn nur, wenn Sie sich wohlfühlen und halbwegs entspannt sind, wird Ihr Gegenüber auch einen echten Eindruck von Ihnen erhalten.
Leider gibt es aber auch Personalentscheider, die glauben, durch künstlichen Stress irgendetwas Wichtiges erkennen zu können. Oder sie fühlen sich einfach besonders clever, wenn sie dem meist ohnehin nervösen Bewerber zusetzen. Das sind aber nur Ausnahmefälle!
Übrigens: Aus unserer langjährigen Praxis, in der wir selbst unzählige Bewerbungsgespräche geführt haben, und auch aus unseren Coachings wissen wir, dass unsichere Bewerber leicht glauben, absichtlich unter Druck gesetzt zu werden. Häufig handelt es sich dabei aber um eine Fehlinterpretation, die aus der eigenen Unsicherheit und den persönlichen Ängsten entsteht, und nur in sehr wenigen Fällen steckt tatsächlich ein absichtliches Stress-Szenario dahinter.

Erfolgreich im Assessment Center (AC)

Sind Sie auch schon einmal zu einem »AC« eingeladen worden? Oder haben davon gelesen, sind aber unsicher, worum es da eigentlich geht? Keine Sorge, mit ein bisschen Vorbereitung schaffen Sie auch diese Hürde.

277. Definition: Was ist ein Assessment Center?

Der Begriff kommt aus dem Englischen, »to assess« heißt bewerten, abschätzen, beurteilen. In der Regel wird eine Gruppe von Bewerbern gleichzeitig eingeladen und erhält die unterschiedlichsten Aufgaben.

Ein oder mehrere Unternehmensvertreter, manchmal auch ein Psychologe, begleiten das Assessment Center, beobachten die Bewerber und geben individuelles Feedback. Wie lange ein AC dauert, ist unterschiedlich. Es können wenige Stunden oder mehrere Tage sein.

Typische »Disziplinen« im AC können sein:

- sich selbst kurz vorstellen (etwa durch eine zehnminütige Eigenpräsentation)
- Projekte, die in Teamarbeit gelöst werden sollen
- Tests zur Eigenorganisation (zum Beispiel verschiedene anstehende Aufgaben priorisieren, Entscheidungen treffen und einen typischen Arbeitstag organisieren)
- Präsentationen vor der Gruppe, etwa die in Teamarbeit ausgearbeiteten Projekte
- Wissenstests
- Fallbeispiele bearbeiten/kommentieren (»case studies«)
- Diskussionen in der Gruppe
- Rollenspiele
- Emotionale-Intelligenz-Tests/Persönlichkeitsprofile
- Einzelinterviews durch Unternehmensvertreter.

Lassen Sie sich nicht davon verrückt machen, dass Sie »unter Beobachtung stehen« – seien Sie sich aber dennoch dessen bewusst. Und zwar durchaus auch in den Pausen.

278. Vorbereitung: Wie bereite ich mich am besten auf so ein AC vor?

Am wichtigsten ist es zu wissen, was auf Sie zukommt. Fragen Sie also ruhig beim Unternehmen nach, wie das Assessment Center in etwa ablaufen wird! In der Regel wird man Ihnen dazu gerne nähere Auskunft geben. Sind Sie hinsichtlich typischer Übungen verunsichert, dann informieren Sie sich in Büchern oder im Internet: Es gibt zahlreiche Quellen, die typische AC-Übungen näher beschreiben (▸»Bücher, die weiterhelfen«, Seite 252). Machen Sie sich mit den Übungen vertraut, aber lernen Sie keine »Musterlösungen« auswendig. Es lohnt sich auch, sich mit den herkömmlichen Wissenstests zu beschäftigen. So lernen Sie das Prinzip, das hinter den verschiedenen Fragestellungen (Sprache, Logik, Rechnen …) steckt.
Im Rahmen des Assessment Centers werden Sie in Einzelinterviews oder/und in Form einer Selbstpräsentation (▸ Frage 280) auch zu Ihrer Persönlichkeit, Ihren Ansichten, Ihrem Werdegang, Ihrer Motivation und Ihren Zielen befragt. Setzen Sie sich daher im Vorfeld sehr intensiv mit sich selbst auseinander und üben Sie beispielsweise, Ihren Lebenslauf kurz und aussagekräftig vorzutragen.
Neigen Sie dazu, vor mehreren Menschen nervös zu werden, dann trommeln Sie einige Bekannte zusammen und referieren vor diesen. Gehen Sie diese Übung immer ernsthaft an und bitten Sie auch um ehrliches, begründetes Feedback und Verbesserungsvorschläge.
Eine Vorbereitung für Assessment Center wird auch in Form von Coachings oder Trainings angeboten.

279. Idealer Kandidat: Nach was für Leuten suchen die Firmen denn – wie werde ich der »ideale AC-Kandidat«?

Jeder Personalentscheider sucht nach anderen Qualitäten und Verhaltensweisen: Beim einen kommt forsches Durchsetzungsvermögen gut an, der Nächste findet es besser, wenn jemand sich im Hintergrund hält und erst einmal die Situation erfasst und Fragen stellt. Außerdem sind je nach späterem Tätigkeitsfeld und vorhandenem Team unterschiedliche Persönlichkeitsmerkmale, Verhaltensweisen und Fähigkeiten gefragt. Der ideale AC-Kandidat ist also authentisch! Nur dann können sich beide Seiten ein möglichst akkurates Bild voneinander verschaffen. Ein guter Bewerber wird sich vorbereiten, aber nicht auswendig lernen. Aufgesetztes Verhalten, Musterlösungen oder offensichtliche Schauspielerei kommen nicht gut an – und können unehrlich und wenig souverän wirken. Zeigen Sie lieber die eine oder andere Unsicherheit und stehen Sie dazu. Das ist sympathisch und wirkt selbstbewusster, als alles zu überspielen und den Allwissenden zu geben.

Wichtig: Seien Sie von Anfang an darum bemüht, auch Ihre Mitbewerber anzusprechen und mit diesen gut auszukommen. Das senkt nicht nur Ihre Nervosität, weil Sie sich im Kreis der Anwesenden wohler fühlen, sondern verschafft Ihnen auch bei den Unternehmensvertretern einen positiven Eindruck, wenn Sie die anderen einbeziehen, auf sie eingehen und schnell einen guten Draht herstellen können.

280. Selbstpräsentation: Ich soll zehn Minuten über mich selbst erzählen. Was ist wichtig bei so einer Selbstpräsentation?

Es gibt Assessment Center, bei denen Sie im Vorfeld einen genaueren Rahmen zu Ihrer Selbstpräsentation bekommen (Warum sind Sie geeignet?) – oft ist die Art Ihrer Vorstellung jedoch völlig offen, und so liegt es ganz an Ihnen, zu entscheiden, was Sie in welcher Form über sich sagen möchten. Gute Themen für Ihre Selbstpräsentation sind:

- Ihr Werdegang (interessant erzählt!),
- Kenntnisse, Fähigkeiten, Erfahrungen und
- Persönliches (Stärken, Schwerpunkte, Einstellung, Ziele …).

Alles natürlich mit relevanten Bezugspunkten zu der Position, auf die Sie sich bewerben. Hauptziel der Selbstpräsentation ist, inhaltliche Pluspunkte zu sammeln und Ihre Qualifikation zu unterstreichen. Gleichzeitig vermitteln Sie, wie Sie über sich selbst denken, wie sicher Sie sich vor anderen bewegen und warum Sie glauben, dass Sie der richtige Kandidat sind. Mit diesen Tipps meistern Sie jede freie Rede:

- Lernen Sie das Sprechen vor einer Gruppe! Das beste Mittel, um sicherer zu werden, ist regelmäßiges Üben. Damit wird Ihnen diese Ausnahmesituation vertraut und verliert ihren Schrecken. Trommeln Sie Freunde zu Übungsabenden zusammen und nutzen Sie auch sonst jede Gelegenheit für öffentliches Reden: Geburtstagsfeiern, Referate oder Präsentationen im Studium oder an der aktuellen Arbeitsstelle.
- Bevor Sie »ins Rampenlicht« treten, überlegen Sie: Lieber noch einmal auf die Toilette? Ihr Aussehen überprüfen, damit Sie in dieser Hinsicht nicht unsicher sein müssen? Sammeln Sie sich und atmen Sie einige Male ruhig und tief in den Bauch. Das macht nicht nur den Kopf frei und beruhigt den Organismus (ein vor Aufregung rasendes Herz bekommt wieder den üblichen Rhythmus), sondern versorgt Ihr Gehirn auch mit Sauerstoff.
- Nehmen Sie Blickkontakt zum Publikum auf und machen Sie ein freundliches Gesicht! Das steht im Gegensatz zu dem häufigen Rat, über die Köpfe der Leute hinwegzusehen oder auch sich das Publikum in Unterwäsche oder Ähnlichem vorzustellen. Derlei Empfehlungen sind kontraproduktiv!
- Eine lockere Haltung und ruhige, kontrollierte Bewegungen helfen Ihnen, ruhig zu werden und souverän zu wirken.
- Strukturieren Sie Ihre Präsentation, so dass Sie wichtige Stichpunkte als roten Faden nutzen können (etwa anhand einer Übersicht, die Sie an die Wand werfen).
- Sofern Sie nicht komplett frei reden müssen, sondern auch Karteikarten nutzen dürfen, beschränken Sie sich auf wenige Karten, die Sie groß genug und nur mit Stichpunkten beschriften. Nummerieren Sie die Karten für den Fall, dass sie Ihnen herunterfallen.
- Verstecken Sie sich nicht hinter irgendeinem Möbelstück, das zwar vordergründig Sicherheit vermittelt, aber auch eine Barriere zwischen Ihrem Publikum und Ihnen schafft.

281. Rollenspiele: Ich habe gehört, dass manchmal Rollenspiele stattfinden. Wie läuft so etwas denn ab?

Sie bekommen eine Situation gestellt: entweder eine Gesprächssituation (Kritikgespräch mit einem Mitarbeiter, Verhandlung mit einem wichtigen Kunden oder Ähnliches) oder eine Besprechung mit mehreren Beteiligten (zum Beispiel Pro und Contra zur Markteinführung eines neuen Produkts, Vertreten einer eigenen Idee oder Strategie). Je nach Komplexität der gestellten Aufgabe erhalten Sie entweder einen vorgegebenen Zeitrahmen oder Sie legen einfach los und das Rollenspiel wird von den AC-Leitern irgendwann beendet.

Bei einem Rollenspiel wird zum einen darauf geachtet, was Sie inhaltlich vorbringen. Zum anderen aber auch, wie Sie sich geben und wie Sie auf andere Gesprächsbeiträge, nonverbale Signale und Personen eingehen. Also zum Beispiel ob Sie sich eher im Hintergrund halten, sich an andere Meinungen anhängen oder aber aktiv sind, andere ins Boot holen und sich durchsetzen – und wie Sie das jeweils tun.

Wichtig: Üblicherweise wählt das Unternehmen realitätsnahe Situationen, die dem Firmenalltag entsprechen, um abschätzen zu können, wie Sie sich verhalten. Leider ist jedoch kein Verlass darauf, dass die gestellten Übungen auch immer einen klaren Bezug zu Branche und angestrebter Position haben.

282. Postkorb-Übung: Worum geht es bei dieser Postkorb-Übung, die so oft genannt wird?

Stellen Sie sich einen Eingangskasten vor. In diesem befinden sich: die aktuelle Post, Telefon-Rückrufzettel, Memos … also alles, was aktuell zu erledigen ist.

Nun geht es darum, alle Aufgaben zu sichten, Prioritäten zu setzen und festzulegen, wie Sie mit den einzelnen Tätigkeiten in welcher Reihenfolge verfahren.

So erkennt man Ihre Herangehensweise, kann sehen, was Sie in welcher Reihenfolge bearbeiten, ob Sie die richtigen Prioritäten setzen, was Sie delegieren oder als unwichtig ansehen.

Ja oder nein: Zu- und Absagen

Das Gespräch ist vorbei. Manchmal hat man sofort ein gutes Gefühl: Alles ist prima gelaufen und Sie scheinen einen positiven Eindruck gemacht zu haben. Heißt es jetzt, passiv zu warten, bis die Firma sich entscheidet – oder dürfen oder sollten Sie nachhaken? Und wie ist es eigentlich mit der eigenen Entscheidung: Können Sie sich vorstellen, dort zu arbeiten? Oder haben Sie Bedenken?

Die Zeit bis zur Antwort

Natürlich sitzen Sie auf glühenden Kohlen und möchten möglichst schnell über die Entscheidung der Firma informiert werden. Wenn Sie die Vorgänge im Unternehmen nachvollziehen können, dann fällt Ihnen die Wartezeit leichter – und Sie können konstruktiver agieren.

283. Lange Wartezeiten: Wieso dauert es oft so lange, bis sich die Unternehmen melden?

Der gesamte Prozess der Bewerberauswahl ist für die Unternehmen sehr viel komplexer, langwieriger und schwieriger, als es aus Bewerbersicht scheint. Die üblichen Schritte sind

- Erstauswahl,
- alle Bewerbungsgespräche durchführen,
- die gesammelten Daten, gewonnenen Eindrücke, Testergebnisse und so weiter aller Bewerber sichten und auswerten,
- und sich mit den anderen Entscheidungsträgern austauschen, um den geeignetsten Kandidaten auszuwählen.

Wie lange die Auswahl dauert, hängt davon ab, wie viele Bewerber eingeladen wurden, wie hoch der Anteil vielversprechender Kandidaten ist und wie schnell sich die Beteiligten einig werden können.

Wichtig: Überzeugungen wie »Das ist eine Frechheit, dass man Bewerber so lange warten lässt!« oder »Die kriegen ja wohl gar nichts auf die Reihe!« schaden Ihnen nur selbst: Denn Sie stressen sich damit, machen die Warterei noch schlimmer – und schaffen innerlich keine guten Grundlagen, um konstruktiv auf das Unternehmen zuzugehen.

284. Unterlagen einbehalten: Ist es gut oder schlecht, wenn eine Firma meine Unterlagen lange behält?

Da es viele Gründe dafür gibt, warum Unternehmen die Bewerbungsunterlagen lange behalten, lässt sich das nicht endgültig beantworten. Vielleicht ist die Firma mit Bewerbungen überschwemmt worden und kommt nicht mehr richtig nach, eventuell hat man den Bewerbungsprozess noch nicht optimal organisiert, vielleicht werden Kategorien gebildet: Man lädt die Top-Kandidaten zuerst ein und behält die weiteren interessanten Kandidaten als »zweite Wahl« erst einmal zurück. Bei kleineren Unternehmen, in welchen der Abteilungsleiter oder der Inhaber die Personalentscheidungen trifft, kommt auch oft der normale Berufsalltag dazwischen.

285. Keine Rückmeldung: Beim letzten Gespräch wurde mir gesagt, dass die Firma sich in spätestens zwei Wochen melden würde. Jetzt sind drei Wochen vorbei. Kann ich nachfragen?

Ja! Gehen Sie davon aus, dass es gute Gründe für das Versäumnis gibt. Das ist fairer und erleichtert es Ihnen, locker zu bleiben und auf freundliche Art Kontakt aufzunehmen.
Der Anruf ist eine gute Gelegenheit, um zu bekräftigen, wie gerne Sie dort anfangen würden. Oder auch um Fragen zu stellen, die Ihnen nach dem Gespräch eingefallen sind.
Tipp: Verzögert sich der Entscheidungsprozess weiter, fragen Sie nach, wie lange es in etwa dauern wird. Damit ersparen Sie sich, dass Sie wieder zum Warten verurteilt werden, ohne einen Zeitrahmen zu kennen.

286. Erneut nachfragen: Ich habe nach langer Wartezeit schon einmal nachgefragt und dann nichts gehört. Kann oder soll ich jetzt noch einmal anrufen?

Wenn Sie weiterhin an der Stelle und am Unternehmen interessiert sind, ergreifen Sie nochmals die Initiative. Zum einen, um herauszufinden, wie es um Ihre Chancen bestellt ist beziehungsweise wie es aus Firmensicht weitergehen wird. Zum anderen, um endgültig entscheiden zu können, ob Sie weiterhin warten oder die Sache ad acta legen wollen.
Tipp: So könnten Sie formulieren: »Bestimmt verstehen Sie, dass ich gerne wissen möchte, ... Bis wann kann ich mit einer Rückmeldung rechnen?« oder »Was schlagen Sie vor? Wie sollen wir verbleiben?«

287. Hinhaltetaktik: Wie halte ich eine Firma hin, wenn ich eine Zusage erhalten habe, aber noch auf die Antwort einer anderen warten will?

Am besten nehmen Sie sofort Kontakt zu dem Unternehmen auf, auf dessen Antwort Sie gespannt warten. Sagen Sie offen, dass Sie am liebsten dort anfangen würden, aber gerade eine andere Zusage bekommen haben. Machen Sie deutlich, dass Sie das andere Unternehmen nicht hinhalten möchten, und bitten Sie um eine Einschätzung, wie Ihre Chancen stehen und bis wann die Entscheidung gefallen sein wird.
Im Prinzip gibt es drei mögliche Antworten:

- Sie bekommen eine Zusage: In diesem Fall können Sie sich beim anderen Unternehmen bedanken und absagen.
- Sie bekommen eine Absage: Dann können Sie das andere Angebot beruhigt annehmen.
- Sie erhalten die Nachricht, dass sich die Entscheidung noch hinzieht: Sie können beim Unternehmen, das Ihnen die Zusage gegeben hat, um Bedenkzeit bitten. Aber Sie müssen damit rechnen, dass das vielleicht nicht möglich ist, da man sofort jemanden braucht oder sich nicht auf einen Bewerber einlässt, der sich nicht gleich entscheiden kann.

Absagen: erteilen und ertragen

Absagen gehören einfach zum Bewerbungsprozess dazu. Auf jeden Fall, dass Sie selbst Absagen bekommen ... Aber es kann auch passieren, dass Sie als Bewerber sich gegen eine Stelle entscheiden.

288. Im Gespräch absagen: Was mache ich, wenn ich schon im Vorstellungsgespräch merke, dass die Stelle wohl nichts für mich ist?

Selbst wenn Sie innerlich schon mit dem Unternehmen abgeschlossen haben, können Sie Ihren eigenen Erwartungen an Höflichkeit und Fairness treu bleiben.

Verhalten Sie sich korrekt

Denken Sie langfristig und achten Sie darauf, sich auch in unangenehmen Momenten so zu verhalten, dass Sie es später nicht bereuen. Das könnte der Fall sein, wenn Sie missmutig weitermachen und klar erkennen lassen, dass das Unternehmen für Sie nicht in Frage kommt. Nicht nur, weil Sie später möglicherweise in irgendeiner Form mit der Firma zu tun haben. Sondern vor allem, weil Sie selbst bestimmte Ansprüche an sich haben.

Sind Sie ganz sicher, dass Ihnen die Stelle nicht gefällt? Dann sagen Sie das offen – aber konstruktiv. Nennen Sie, wenn es geht, auch die Gründe dafür, etwa wenn sich die Tätigkeit anders darstellt, als Sie sich das vorstellen.
Haben Sie einfach ein schlechtes Gefühl? Wenn Sie innerlich schon auf »absagen« gepolt sind, dann prüfen Sie, was der Auslöser dafür sein könnte: Vielleicht ist Ihnen Ihr Gegenüber unsympathisch oder das Unternehmen. Tun Sie sich den Gefallen und fragen Sie nach! Geben Sie sich – und dem Personalentscheider – die Chance, etwaige spontane Bedenken zu klären. Denn Ihr erster Eindruck kann auch trügen.

289. Kein Interesse: Wenn ich eine Stelle nicht haben will: Soll ich dann selbst absagen?

Ja, auf jeden Fall und sobald Ihre Entscheidung gefallen ist. Denn so erleichtern Sie dem Unternehmen die Arbeit und ermöglichen es, dass der Bewerbungsprozess nicht unnötig verzögert wird, beispielsweise indem man Ihnen einen zweiten Termin oder einen Probetag anbietet.

290. Auf gute Weise absagen: Wie kann ich absagen, ohne mir eine spätere Bewerbung zu verbauen?

Indem Sie erstens schnell reagieren und die Sache zweitens professionell über die Bühne bringen. Letzteres heißt: Ihre Entscheidung freundlich und sachlich zu begründen.

Am besten rufen Sie Ihren Gesprächspartner an und teilen Ihre Entscheidung persönlich mit. Sie können sich selbst ins positive Licht rücken, indem Sie beispielsweise sagen: »Ich möchte es Ihnen gerne so schnell wie möglich sagen, damit Sie keine Zeit verlieren. Und ich möchte persönlich mit Ihnen sprechen, weil wir uns gut verstanden haben. Ich habe mich anders entschieden, weil …«

Tipp: Schreiben Sie nicht einfach eine E-Mail oder einen Brief. Denn das dauert länger beziehungsweise Sie wissen nicht, wann Ihre Botschaft ankommt. Falls Sie Ihren Ansprechpartner nicht erreichen, können Sie eine Nachricht auf der Mailbox oder bei einer anderen Person hinterlassen – und zusätzlich eine Mail schreiben, in der Sie Ihre Entscheidung ausführlicher erklären.

291. Standardabsage: Wieso schicken Firmen meist inhaltsleere Standardabsagen?

Erstens aus Zeitgründen und weil diese Briefe häufig nicht von der Person erstellt und verschickt werden, die das Interview mit Ihnen geführt hat (zum Beispiel vom Sekretariat). Zweitens, weil es häufig gar nicht unbedingt etwas auszusetzen gab, sondern einfach ein anderer Kandidat das Rennen gemacht hat. Drittens, um unangenehmen rechtlichen Folgen vorzubeugen, also nicht zu riskieren, dass Bewerber vor Gericht gehen, um gegen die Ablehnung zu klagen.

292. Nach Absagegrund fragen: Kann ich nachfragen, was der genaue Grund für eine Absage war?

Ja, allerdings sollten Sie sich aus den in ▸ Frage 291 genannten Gründen nicht zu viel erwarten. Dennoch ist es wichtig nachzuhaken. Es kann durchaus sein, dass das Unternehmen Bedenken hatte und Sie sich tatsächlich noch einig werden können! Vielleicht waren die Gehaltsvorstellungen zu unterschiedlich und Sie wären doch verhandlungsbereit. Oder aber man hat einfach einen falschen Eindruck gewonnen, den Sie nun richtigstellen können.

293. Unterlagen einbehalten: Manchmal sagen mir Firmen ab, fragen aber nach, ob sie meine Bewerbung behalten dürfen. Habe ich dann noch Chancen?

Natürlich ist das keine Garantie für Sie, zu einem späteren Zeitpunkt eingestellt zu werden. Aber das Unternehmen stuft Sie grundsätzlich als interessant ein. Damit haben Sie noch eine Chance, denn es passiert regelmäßig, dass Bewerber abspringen, die Probezeit nicht überstehen oder selbst kündigen und man dann auf die Kandidaten zurückkommt, mit denen man bereits Kontakt hatte. Auch gibt es immer wieder Veränderungen in Unternehmen und damit Bedarf an neuen Mitarbeitern. Deshalb: Werten Sie es immer als Chance und freuen Sie sich darüber! Lassen Sie das ruhig auch erkennen.

Tipp: Bekräftigen Sie Ihr Interesse für andere Positionen. Falls Sie auch offen für andere Jobs sind und sich im Bewerbungsgespräch entsprechend präsentiert haben: Sagen Sie es noch einmal dazu. »Natürlich können Sie meine Unterlagen behalten. Sie wissen ja, dass ich auch für Aufgaben in den Bereichen X und Y offen und qualifiziert bin. Ich würde mich freuen, wenn Sie das vermerken könnten.«

294. Nie eine Einladung: Ich bekomme immer sofort eine Absage und wurde noch nie zu einem Gespräch eingeladen. Woran liegt das?

Wenn Bewerber die erste Hürde nicht schaffen und ihre Bewerbungsunterlagen regelmäßig zurückbekommen, kann das an vielem liegen. Die häufigsten Fehler sind, dass Bewerber

- sich auf die falschen Stellen bewerben (es fehlen Voraussetzungen, sie sind fehl- oder überqualifiziert),
- allgemeine, unpersönliche Unterlagen verschicken – statt individuell auf die Stelle und das Unternehmen einzugehen,
- ihre fachlichen Qualifikationen kaum oder schlecht beschreiben oder das Gegenteil: Unterlagen aufblähen und sich viel zu übertrieben darstellen,
- viele schlechte Zeugnisse haben,
- keinen persönlichen Eindruck von sich vermitteln,

- Schwächen und »Makel« schlecht darstellen und sich dadurch in einem ungünstigen Licht präsentieren.

Wichtig: Weniger ist mehr. Anstatt sich inflationär auf alles Mögliche zu bewerben, ist es viel sinnvoller, wenn Sie gezielt auswählen und Ihre Energie darauf verwenden, wirklich gute und passende Unterlagen zu gestalten. Das erhöht Ihre Chance auf eine Einladung und verringert die Anzahl der Absagen.

295. Absage nach Gespräch: Eingeladen werde ich relativ oft, aber danach wird mir immer abgesagt. Was mache ich bloß falsch?

Dafür gibt es die verschiedensten Gründe. Es kann sein, dass

- Ihre Unterlagen überzeugen, aber die Persönlichkeit nicht dazu passt (etwa wenn Sie sich schriftlich wunderbar ausdrücken können, dann aber eher zurückhaltend im persönlichen Gespräch sind).
- man Sie persönlich nicht zu fassen bekommt, weil Sie zu unsicher sind oder sich hinter einer Fassade verstecken.
- Sie Ihre fachliche Kompetenz nicht wirklich überzeugend vermitteln (zum Beispiel weil Sie zu wenig darüber erzählen oder nur oberflächlich »dampfplaudern«).
- erforderliche persönliche Qualitäten nicht gut genug erkennbar sind (etwa weil Sie zu wenig am Gespräch teilnehmen oder zu selten eigene Fragen stellen).
- Sie zu nervös sind und man Ihnen deshalb diese bestimmte Tätigkeit nicht zutraut.
- Ihr Interesse nicht so richtig deutlich wird.
- Sie empfindlich auf Fragen reagieren, die Ihnen »unnötig« erscheinen oder einen wunden Punkt treffen, patzig wirken.

Prüfen Sie, welches Bild Ihre Unterlagen vermitteln und wie Sie sich persönlich geben: Wo gibt es einen Unterschied? Am besten lassen Sie sich dabei helfen und holen aus Ihrem beruflichen und privaten Umfeld ehrliches Feedback ein. Auch ein Training oder Coaching kann helfen.

Tipp: Natürlich ist es letztlich Ihr Ziel, den Job zu bekommen, wenn Sie in ein Bewerbungsgespräch gehen. Aber bitte versteifen Sie sich nicht darauf, sondern setzen Sie sich realistische Ziele (etwa bestimmte Fähigkeiten zu vermitteln). Die Gefahr ist sehr groß, dass Ihr Wunsch, auf jeden Fall alles richtig zu machen, Sie total verkrampft und Sie genau deswegen steif oder unnahbar wirken.

Nach der Zusage: Wie geht es weiter?

Sie haben eine Zusage bekommen – wunderbar! Doch auch das ist gar nicht immer so einfach ... denn was tun Sie zum Beispiel, wenn Sie hin- und hergerissen sind, ob die Stelle wirklich die richtige für Sie ist?

296. Freude zeigen: Ich freue mich total über die Zusage: Kann oder sollte ich das irgendwie zum Ausdruck bringen?

Es gibt für eine Firma nichts Schöneres als die Freude eines neuen Mitarbeiters: Sie bestätigt nur noch, dass man die richtige Entscheidung getroffen hat. Freuen Sie sich ruhig schon im Gespräch oder am Telefon ganz offen. Sind Sie eine extrovertierte Persönlichkeit, dann seien Sie ruhig etwas »aus dem Häuschen«, ansonsten bedanken Sie sich freudestrahlend. Schicken Sie den unterschriebenen Vertrag mit der Post zurück und fügen Sie ein persönliches Anschreiben bei: Schreiben Sie ruhig, dass Sie sich auf den ersten Arbeitstag freuen!

297. Bauchgefühl: Ich habe ein Jobangebot: Eigentlich klingt alles gut, aber irgendwie habe ich ein komisches Gefühl. Soll ich trotzdem zusagen oder lieber auf meinen »Bauch« hören?

Ignorieren Sie das Bauchgefühl nicht einfach, sondern setzen Sie sich damit auseinander. Denn irgendetwas ist los. Doch machen Sie es sich bitte nicht so einfach, zu sagen: »Bauch = Intuition = richtig«! Denn unser Bauchgefühl wird stark

davon beeinflusst, ob wir verunsichert oder gar ängstlich sind, welche bisherigen Erfahrungen wir gemacht haben, wie wir erzogen worden sind, wie wir eine Sachlage interpretieren, von welchen Informationen wir ausgehen und so weiter.
Nehmen Sie den Kopf zu Hilfe, um das intuitive Bauchgefühl zu »übersetzen«:

- Fassen Sie das Bauchgefühl in Worte: Wie geht es Ihnen genau? Inwiefern fühlen Sie sich unwohl? Ist das Gefühl beklemmend, aggressiv, ablehnend, unsicher …?
- Wann ist das Gefühl aufgetreten? Hat vielleicht eine Freundin gesagt »Du traust dich was! Ob diese Stelle nicht eine Nummer zu groß für dich ist?« und Sie bekommen Zweifel? Oder hat sich der Personaler bei der Gehaltsverhandlung irgendwie seltsam verhalten, so dass Sie jetzt im Zweifel sind, ob die Firma ihre Versprechungen auch halten wird?
- Gibt es andere Umstände in Ihrem Leben, die Ihnen Bauchgrummeln verursachen (vielleicht ein mit der Stelle verbundener Umzug in eine fremde Stadt oder ein schlechtes Gewissen, weil Sie weniger Zeit für Ihre Familie hätten, wenn Sie die Stelle annehmen)?

298. Pro und Contra abwägen: Wonach soll ich entscheiden, wenn ich mehrere Zusagen habe und alle gut klingen?

Sammeln Sie Informationen und wägen Sie die für Sie wichtigen Kriterien ab. Damit haben Sie zumindest schon einmal eine einigermaßen objektive Sicht auf die Fakten. Und so geht's: Überlegen Sie sich, welche grundsätzlichen Kriterien für Ihre Entscheidung maßgebend sind, zum Beispiel: Gehalt, Nähe zum Wohnort, komplexes Aufgabengebiet, moderne Ausstattung, Eigenverantwortung.
Sehen Sie sich Ihre zuvor definierten Entscheidungskriterien nun an: Welche wiegen mehr? Ist Ihnen der Arbeitsweg beispielsweise besonders wichtig oder auch die Eigenverantwortlichkeit? Legen Sie in diesem zweiten Schritt fest, welche Kriterien für Sie besonders viel Wert haben und teilen Sie

ihnen einen Gewichtungsfaktor von 1 bis 5 zu. Wenn Sie beispielsweise am meisten am Gehalt interessiert sind, dann vergeben Sie hier den Faktor 5, das heißt Ihre Bewertung zählt später fünffach.
Nehmen Sie nun ein A4-Blatt und zeichnen Sie die folgenden vier Spalten ein:
A) Kriterium **C) Faktor (Gewichtung des Kriteriums)**
B) Bewertung **D) Gesamtzahl**
Entscheiden Sie sich für eine Bewertungsskala. Empfehlenswert ist eine Bandbreite von maximal 0 bis 5, es reicht aber natürlich auch 0 bis 3. Der höchste Wert bedeutet, dass dieses Kriterium am meisten oder voll erfüllt ist, niedrigere Werte bedeuten, dass Ihr Kriterium weniger oder gar nicht erfüllt ist. Tragen Sie den jeweiligen Wert ein, multiplizieren Sie anschließend die wichtigeren Kriterien mit dem zugeteilten Faktor und füllen Sie die Spalte D (Gesamtzahl) aus.
Füllen Sie ein solches »Profil« für jede Stelle aus, die Sie in Ihre Entscheidung einbeziehen. So sehen Sie, welche Option nach Ihren Entscheidungskriterien die Nase vorn hat!
Beispiel eines Stellenprofils:

Kriterium	Bewertung	Faktor	Gesamt
Gehalt	4	x 5	20
Nähe zum Wohnort	5	x 3	15
komplexes Aufgabengebiet	2		2
moderne Ausstattung	3		3
Eigenverantwortung	5		5
Sprachen im Berufsalltag nutzen	2	x 5	10
Ergebnis			**55**

Tipp: Bewerten Sie auch gefühlsmäßig, wenn Sie der Typ dazu sind. Entspannen Sie sich, lassen Sie die einzelnen Gespräche und Unternehmen vor Ihrem inneren Auge Revue passieren.

Stellen Sie sich vor, dass Sie bereits dort angefangen haben, und versetzen Sie sich intensiv in diese Situation. Wie fühlt es sich jeweils an? Eine gute Entscheidungshilfe kann es sein, eine Nacht darüber zu schlafen oder mit jemandem zu sprechen.

299. Bedenkzeit: Kann ich um Bedenkzeit bitten, wenn mir ein Job angeboten wird?

Ja, aber nicht zu lange. Berücksichtigen Sie immer die Situation des Unternehmens und die der anderen Mitbewerber. Bedanken Sie sich für das Angebot und sagen Sie freundlich, dass Sie sich alles gerne durch den Kopf gehen lassen möchten. Seien Sie sich aber auch der Wirkung bewusst: Ihre Bitte kann als Zögern verstanden werden. Gerade wenn Sie der Wunschkandidat sind, hätte das Unternehmen lieber Ihre sofortige Zustimmung – und fragt sich natürlich, ob es vielleicht für Sie nur zweite Wahl ist.

300. Gleich kündigen: Ich habe eine mündliche Zusage und müsste jetzt eigentlich kündigen, wenn ich die Frist einhalten will. Kann ich mich auf die mündliche Zusage verlassen?

Nein, bitte vertrauen Sie nicht auf die mündliche Zusage, sondern kündigen Sie erst, wenn Sie den Vertrag unterschrieben und in der Tasche haben. Vielleicht entscheidet sich die Firma doch noch anders (auch wenn das nicht die feine englische Art ist). Und es kann ebenfalls passieren, dass Ihnen irgendwelche Vertragsbedingungen nicht zusagen und diese erst einmal näher besprochen werden müssen oder dazu führen, dass Sie Ihre Zusage selbst zurückziehen möchten.
Ist es tatsächlich sehr knapp mit den Kündigungsfristen, dann weisen Sie das »neue Unternehmen« darauf hin. Ansonsten bleibt nur der nächste Termin. Übrigens ist es häufig nach Absprache sogar möglich, eine aktuelle Stelle früher zu verlassen. Je besser Sie Ihren Arbeitsplatz dort im Griff haben und je mehr man Sie schätzt, desto höher die Chancen, dass man Sie früher aus dem Vertrag entlässt.

Alles, was Recht ist

Arbeitsverträge sind individuell. Lesen Sie den Vertrag immer gründlich durch und fragen Sie nach, wenn Sie etwas nicht verstehen. Jede Firma erklärt Ihnen gerne, was genau gemeint ist.

Die Berufsbezeichnung

»Als was« Sie eingestellt werden, wird in Verträgen unterschiedlich genau beschrieben. Häufig wird die Berufsbezeichnung konkret angegeben, manchmal sogar eine Tätigkeitsbeschreibung angeheftet, die Art und Umfang der Aufgaben detailliert festlegt. Da sich das Unternehmen aber auch etwas Flexibilität sichern will, wird oft die Berufsbezeichnung (etwa Vertriebsassistent) mit dem Zusatz »oder eine andere zumutbare Tätigkeit« versehen. Das ist üblich und zulässig. Sie brauchen jedoch keine Angst zu haben: Der Arbeitgeber darf Sie nicht plötzlich zum Putzen verdonnern. Denn es ist nicht zulässig, jemanden außerhalb (oder deutlich unterhalb) seiner Qualifikation einzusetzen.

Wie hoch ist Ihr Gehalt?

Was haben Sie im Gespräch vereinbart? Geht es um ein Fixgehalt oder wurden Ihnen zusätzliche Extras, wie etwa provisionsabhängige Boni, versprochen? Haben Sie auf einen Teil des Gehalts verzichtet und sich stattdessen auf einen Firmenwagen, spezielle Fortbildungen oder Aktienoptionen geeinigt?

Prüfen Sie den Vertrag, ob all diese Vereinbarungen auch eindeutig festgelegt sind. So vermeiden Sie Missverständnisse und fallen auch nicht herein, wenn eine Firma mit falschen Versprechungen lockt.

Tipp: Wird man sich im Interview über das Anfangsgehalt nicht einig, steht oft eine Gehaltserhöhung nach der Probezeit im Raum. Es ist wichtig, klar darüber zu sprechen, ob das eine Perspektive nach »Bewährung« darstellt oder ein festes Versprechen. Ist Letzteres der Fall, dann bitten Sie die Firma, das im Vertrag bereits festzulegen.

Die Probezeit

Die Probezeit beträgt in der Regel sechs Monate, kann aber auch kürzer sein. Das Unternehmen hat zwei Möglichkeiten, den Vertrag in diesem Punkt zu gestalten:

1. Der Vertrag läuft nach der Probezeit automatisch weiter, wenn es zu keiner Kündigung gekommen ist.

2. Der Vertrag wird auf einen kurzen Zeitraum befristet abgeschlossen und endet danach automatisch – wird das Arbeitsverhältnis weitergeführt, wird ein neuer, unbefristeter Vertrag abgeschlossen.

Wie viel Urlaub bekommen Sie?

Bei der Urlaubsdauer gibt es große Unterschiede. Die untere Grenze regelt das Gesetz, in Deutschland das Bundesurlaubsgesetz: Danach beträgt der Mindesturlaub jährlich 24 Werktage. Üblich dürften aber um die 30 Tage sein.

Achten Sie darauf, ob im Vertrag Arbeits- oder Werktage steht. Bei den Werktagen sind die Samstage mit dabei.

Die Regelung der Überstunden

Je nach Berufssparte und Unternehmen ist im Vertrag genau festgelegt, wie Überstunden vergütet werden. Liegen keine Tarifverträge zugrunde, fallen die Verträge jedoch sehr verschieden aus. So bezahlt die eine Firma Überstunden oder der Mitarbeiter erhält Freizeitausgleich, andere Unternehmen legen im Vertrag jedoch fest, dass eine bestimmte Anzahl oder alle Überstunden mit dem Gehalt abgegolten sind.

Besonders bei Führungspositionen ist es absolut üblich, dass Überstunden nicht noch separat bezahlt werden.

Wichtig: Wenn es an die Vertragsunterzeichnung geht, sollten alle wesentlichen Rahmenbedingungen bereits mündlich vereinbart sein. Enthält der Vertrag andere Eckdaten oder Vereinbarungen, mit denen Sie nicht einverstanden sind, dann formulieren Sie Ihre Fragen schriftlich. Rufen Sie dann das Unternehmen an und fragen nach. Gehen Sie nicht davon aus, dass man Sie über den Tisch ziehen möchte. Es kann sich auch um ein Versehen handeln.

Das Allgemeine Gleichbehandlungsgesetz (AGG)

Im Sommer 2006 wurde das Allgemeine Gleichbehandlungsgesetz – auch »Antidiskriminierungsgesetz« genannt – verabschiedet. Ziel des Gesetzes ist, so § 1, Benachteiligungen aufgrund der Rasse, der ethnischen Herkunft, des Geschlechts, der Religion oder Weltanschauung, einer Behinderung, des Alters oder der sexuellen Identität zu verhindern oder zu beseitigen.

Das AGG regelt unter anderem:

- Maßnahmen und Pflichten des Arbeitgebers zum Schutz vor Benachteiligungen,
- ein arbeitsrechtliches Benachteiligungsverbot (inklusive Ausnahmeregelungen),
- Rechte der Beschäftigten (Beschwerderecht, Leistungsverweigerungsrecht) und ihre Ansprüche bei Verstößen gegen das Benachteiligungsverbot, also Entschädigung und Schadensersatz.

Das AGG finden Sie im kompletten Wortlaut auch online, zum Beispiel unter: **www.gesetze-im-internet.de/agg**

Die Auswirkungen des AGG auf die Bewerbung

Zunächst sind die Unternehmen gefordert: Sie müssen genau prüfen, welche Anforderungen für eine Stelle notwendig sind, und viel mehr darauf achten, wie Stellenausschreibungen formuliert werden. Die Fragen im Vorstellungsgespräch werden bedachter ausfallen und der Ablauf des Bewerbungsprozesses und die Entscheidungen werden genauer dokumentiert werden. Doch sind die Auswirkungen auf die Bewerbungsformalitäten noch nicht klar. Vielleicht wird sich der Bewerbungsprozess so verändern, dass die Unterlagen generell anonymer werden (also beispielsweise das Lichtbild seltener wird, Angaben zum Alter wegfallen etc.), Bewerbungsgespräche nicht mehr unter vier Augen geführt werden, sondern Unternehmen zur Absicherung eine zweite Person dazusetzen, und weniger persönliche Fragen gestellt werden.

Gibt es auch Nachteile?

Ein besserer gesetzlicher Schutz für Arbeitnehmer ist zu begrüßen. Dennoch kann ein Anonymisieren des Bewerbungsprozesses durchaus Nachteile haben.

Durch die Entwicklung der letzten Jahre, dass die Persönlichkeit immer wichtiger wurde, konnten Sie sich als Bewerber von der »Entscheidung nach Papier« abheben und durch individuelle Facetten punkten. Dieser Vorteil würde durch ein zu starkes Einschränken der persönlichen Eigenschaften durchaus auch konterkariert.

Links, die weiterhelfen

Job- und Bewerbungstipps

www.arbeitsrecht.de
Arbeitsgesetze etc. (mit Forum).

www.infobub.arbeitsagentur.de/berufe
Website der Arbeitsagentur mit sehr hilfreichen Informationen zu Berufen (Ausbildung, Inhalt, Anforderungsprofil). Auch gut zur Inspiration bei Neuorientierung.

www.bewerbungsmappen.de
Bewerbungszubehör online bestellen – mit Bewerbungstipps.

www.bpv-info.de
Seite des Bundesverbands Personalvermittlung e. V.

www.bza.de
Bundesverband Zeitarbeit e. V. – mit Downloadbereich zu Infobroschüren rund um Zeitarbeit.

www.karriere.de
Online-Auftritt der Zeitschrift »Karriere« mit umfassenden Jobtipps.

www.selbstmarketing.de
Website der Autorinnen mit umfassenden Online-Tipps rund um Bewerbung und Karriere.

www.spiegel.de/wirtschaft
Link »Brutto-Netto-Rechner«, weitere Gehaltsrechner über **www.google.com**

www.zeitzuleben.de
Umfassendes Online-Magazin mit zahlreichen Tipps, u. a. zu Beruf & Karriere.

Online-Jobbörsen

Da es eine sehr große Menge an Online-Stellenmärkten gibt, nennen wir stellvertretend die umfassende, kommentierte Linkliste von **www.jobrobot.de** (Link »weitere Jobbörsen«). Dort finden Sie Universal-Stellenbörsen und auf bestimmte Berufsgruppen und Branchen spezialisierte.

Test-Training

www.testedich.de
Umfassende Linksammlung zu Tests aller Art.

Freemail-Anbieter

Eine kostenfreie E-Mail-Adresse erhalten Sie beispielsweise bei:
www.web.de
www.gmx.de
www.gmx.net
de.yahoo.com
www.freenet.de

Hilfreich für die Reiseplanung

www.stadtplandienst.de
Online-Stadtpläne bundesweit.

www.bahn.de
Website der Bahn mit Online-Suche Fahrverbindungen.

Regionale Fahrpläne der öffentlichen Verkehrsmittel gibt es in der Regel auf den Websites der Verkehrsverbunde.

Bücher, die weiterhelfen

Selbstmarketing & Persönlichkeit

Bonneau, Elisabeth: *300 Fragen zum guten Benehmen.* GRÄFE UND UNZER VERLAG, München

Öttl, Christine; Härter, Gitte: *Selbst-Marketing.* GRÄFE UND UNZER VERLAG, München

Reiter, Michael A.: *Ihre Ausstrahlung.* Haufe Verlag, Freiburg

Wolf, Doris: *Keine Angst vor dem Erröten.* pal Verlag, München

Bewerbung & Karriereplanung

Bolles, Richard Nelson: *Durchstarten zum Traumjob. Das Handbuch für Ein-, Um- und Aufsteiger.* Campus Verlag, Frankfurt

Hartenstein, Martin; Arnscheid, Rüdiger: *Einstellungs-Tests.* GRÄFE UND UNZER VERLAG, München

Kraemer-Schwinn, Ulrike; Stader Wolfgang: *Bewerbungs-Trainer.* GRÄFE UND UNZER VERLAG, München

Mullins, Suzanne; Schürmann, Klaus: *Weltweit bewerben auf Englisch.* Eichborn Verlag

Nussbaum, Cornelia: *Familien-Alltag sicher im Griff.* GRÄFE UND UNZER VERLAG, München

Öttl, Christine; Härter, Gitte: *Schriftliche Bewerbung.* GRÄFE UND UNZER VERLAG, München

Öttl, Christine; Härter, Gitte: *Vorstellungsgespräche.* GRÄFE UND UNZER VERLAG, München

Öttl, Christine; Härter, Gitte: *Studienabbruch, na und!* bw Verlag, Nürnberg

Öttl, Christine; Härter, Gitte: *Zweite Chance Traumjob. Mehr Erfolg durch berufliche Neuorientierung.* Redline Wirtschaft, Heidelberg

Kommunikation

Flume, Peter: *Rhetorik – live* (mit Hör-CD). Haufe Verlag, Freiburg

Förster, Lisa; Gluchowski, Dörte: *Karrierefaktor Business English (mit CD), Übungen, Lösungen, Musterbriefe, Konversationstraining.* Haufe Verlag, Freiburg

Hertzer, Karin: *Rhetorik im Job. In jeder Situation überzeugen.* GRÄFE UND UNZER VERLAG, München

Molcho, Samy: *Körpersprache,* Goldmann Verlag, München

Nöllke, Matthias: *Small Talk – live (mit Hör-CD).* Haufe Verlag, Freiburg

Register

A

Agentur für Arbeit 10, 21, 23, 24, 30, 47, 251
Alkohol 216
Allgemeines Gleichbehandlungsgesetz (AGG) 50, 86, 94, 250
Alter 50, 51, 86, 94, 97, 250
Ängste 19, 194, 216, 230
Anlagenverzeichnis 79
Anrede 74, 77–79, 217
Anschreiben, Layout 76, 78
Antidiskriminierungsgesetz 50, 250
Arbeitsklima 12, 167
Arbeitslosigkeit 27, 102, 106, 213, 214
Arbeitsprobe 61, 65, 116, 130
Arbeitsvertrag 26, 248
Arbeitszeit 12, 18, 32, 95, 98, 180, 198
Ärger 193, 194, 196, 211
Atmung 142, 144, 151, 206
Aufgabenbereich 16, 38, 113, 179, 212, 225
Authentizität 31, 96, 162, 190, 233

B

Bauchgefühl 244, 245
Bedanken, schriftlich 156, 217
Bedenkzeit 176, 239, 247
Behinderung 56, 210, 250
Belastbarkeit 34, 38, 175
Berufsanfänger 47, 58, 82, 103
Berufsbilder 10, 16, 30
Berufsverbände 10, 11, 30
Bestandsaufnahme 32
Betriebsklima 17, 37, 185, 186, 223
Bewerbungsratgeber 14
Bewerbungsstrategie 9
Beziehungen 17, 85
Blackout 205, 206
Blickkontakt 150, 151, 154, 186, 202, 224, 234
Branchenerfahrung 41

C

CD-ROM 64, 65
Computerkenntnisse 35, 43, 99, 115, 188, 225, 226

D

Dateiformate 128, 129
Deckblatt 61, 63, 108, 110
Defizite, fachliche 35, 42, 54, 176, 177

E

Ehrenamt 48, 198
Einarbeitung 12, 52, 54, 167, 179, 182
Einladung 40, 89, 134, 138, 156, 242, 243
Eintrittstermin 88, 89
Einzelbüro 12, 17, 187, 192
Entscheidungskriterien 245, 246
Erfahrung, schlechte 194–196
Erscheinungsbild 146, 148

F

Fachjargon 165
Fachkräfte 25, 67, 74, 98
Fachqualifikation 39, 41
Fachwissen 12, 34, 40, 161, 225
Faden, roter 170, 212, 234
Familienstand 94, 95
Feedback, negatives 36
Festanstellung 26, 48
Fettnäpfchen 14, 139, 157, 201
Firmenphilosophie 11
Firmenstandort 11
Firmenwebsites 10
Flexibilität 34, 38, 86, 87, 197, 213, 248
Floskeln 33, 38, 75, 83, 89, 200, 217, 218

Foto 22, 63–65, 108–111, 129
Fragen, persönliche 177, 250
Fragen, unangenehme 153, 208
Fragen, unzulässige 208, 210
Freizeit 39, 179–181, 198–200, 223, 249
Führungsstil 168, 189, 193

G

Gegenfragen 171
Gehaltsniveau 26, 185
Gehaltswunsch 45, 183, 184
Großraumbüro 187, 188
Gruppeninterview 226
Grußformel 79
Gutachten, graphologisches 90

H

Hände, feuchte 201
Händedruck 144, 154, 155
Hard Skills 34
Headhunter 28, 63
Hierarchien 18, 28
Hindernisse 19, 46, 84
Hinhaltetaktik 239
Hobbys 44, 91, 99, 105, 199, 200, 218
Humor 87, 204

K

K.-o.-Kriterium 42, 43, 48
Kann-Kriterien 12, 225
Karriere 10, 13, 82, 97, 170, 173, 198, 199
Kenntnisse, fehlende 42
Kinderbetreuung 45, 50, 180, 197, 198
Klarsichthüllen 71
Kommunikationsfähigkeit 34, 38, 169
Kompetenzen, fachliche 22, 34, 39 ff., 81, 136, 162
Kompetenzen, persönliche 12, 31 ff., 73, 161, 175, 177
Konditionen 157, 178, 180–183
Konflikte 186, 195
Kontaktdaten 77, 91, 95, 126
Körpersprache 146, 148, 159, 196
Krankheit 56, 57, 95, 106, 107, 210
Kritik, Umgang mit 31, 35
Kündigung 11, 192, 214, 247, 249

L

Lebenshaltungskosten 44
Lebenslauf, Lücken 102, 106
Leistungstest 226, 228

M

Messen 10, 11, 13, 23, 46
Meta-Suchmaschinen 24
Methodenkompetenz 34
Mimik 148, 149, 163
Misserfolge 209, 211
Missgeschicke 147, 204, 205
Mobilität 89
Mobilnummer 24, 77
Multitasking 34
Mundpropaganda 29
Muss-Kriterien 21
Musterantworten 15
Musterbewerbung 14

N

Nachhaken 63, 68, 120, 156, 236
Nebenjobs 48, 91, 103, 107, 136
Nervosität 143, 144, 152, 159, 170, 194, 201, 203, 220, 233
Netzwerke 21, 29

O

Online-Bewerbung 122, 123, 125, 133, 134, 137
Online-Jobbörsen 25, 133, 251
Online-Stellengesuch 135
Opfer 193, 195

P/Q

Papier 63, 71, 108, 118
Passwortschutz 131, 133
Patentrezept 14
Personalvermittler 26, 27, 46, 63
Persönlichkeitsfragebogen 226
Porto 118

Praktikum 10, 13, 48, 114
Praxiserfahrung 13, 40, 59
Privatleben 18
Probearbeit 179, 188, 219, 220–222
Probetage 147, 221–224, 240
Probezeit 242, 248, 249
Profil, fachliches 19, 23, 68
Profil, persönliches 19, 23, 68, 107
Provokation 214
Pseudo-Schwächen 176
Psycho-Taktik 230
Qualifikation, fachliche 39, 127, 172, 174
Quereinsteiger 13, 19, 41, 53, 54

R

Rahmenbedingungen 9, 12, 18, 167, 178, 249
Recruitingmessen 10, 13, 64
Rede, freie 234
Referenzen 28, 61, 69, 105, 114
Rollenspiel 225, 226, 231, 235
Rückmeldung 121, 238

S

Schlagworte 83, 96, 175
Schwächen 35, 36, 83, 157, 176, 177, 243
Selbstkompetenz 34
Selbstständigkeit 84, 103
Serienbewerbung 124
Serienbriefe 61, 131, 217
Signale, nonverbale 141, 149, 153, 164, 196, 235
Signatur 126
Situationen, unangenehme 149, 202, 208, 216, 240
Smalltalk 141, 154, 158, 159
Soft Skills 34
Sozialkompetenz 34
Sprachtest 227
Standardabsagen 241
Standardfragen 139, 157, 166
Steckbrief 22
Stellenanzeige 11, 20, 21, 58, 66–68, 78, 97, 189
Stellengesuch 32, 135–137
Stichtag 119
Stress 16, 35, 151, 191, 216, 230
Stressinterview 216
Studienabbruch 48

T/U

Teamplayer 177, 200
Teamwork 12, 161, 163
Teilzeitarbeit 87
Überqualifizierung 52, 100
Überstunden 12, 18, 178–180, 198, 249
Umgangsformen 34, 162
Umgangston 12, 185, 223, 224
Umschläge 117, 118
Universal-Qualifizierung 53
Unsicherheit 19, 152, 155, 230, 233

V

Verbände 10, 11, 16, 24, 30, 44
Verhandlungsspielraum 45
Verspätung 145
Vertragsbedingungen 247
Vertraulichkeitsvermerk 119
Viren 126, 128
Vollzeit 12, 87

W

Wartezeit 121, 142, 237, 238
Wehrdienst 91, 99
Wissensfrage 206, 207
Wochenendarbeit 12, 18
Wunschgehalt 44, 45

Z

Zeitarbeit 25, 26, 46
Zeitplan 22, 23, 143
Zivildienst 91, 99
Zusagen 244, 245, 247
Zuverlässigkeit 34

Wichtiger Hinweis
Die Beiträge in diesem Buch sind sorgfältig recherchiert und entsprechen dem aktuellen Stand. Abweichungen, beispielsweise durch seit Drucklegung geänderte Preise, Gebühren, WWW-Adressen etc., sind nicht auszuschließen. Weder Autorinnen noch Verlag können für eventuelle Nachteile oder Schäden, die aus den im Buch gegebenen praktischen Hinweisen resultieren, eine Haftung übernehmen. Die hin und wieder erscheinende männliche Form ist, wenn nicht anders präzisiert, als geschlechtsneutraler Kollektivbegriff für Frauen und Männer gemeint.

Die Autorinnen
Christine Öttl und **Gitte Härter** waren fast ein Jahrzehnt im Management eines internationalen Medienkonzerns tätig, bevor sie sich Anfang 1999 mit dem Beratungs- und Trainingsunternehmen »objektiv.« in München erfolgreich selbstständig machten. Ihre Beratungsschwerpunkte sind Selbstmanagement und -marketing sowie Karriere, Bewerbung und Führung. Von den beiden Autorinnen sind bereits die Ratgeber *Schriftliche Bewerbung, Bewerbung, Vorstellungsgespräche, Schlagfertig, Das 1x1 der Schlagfertigkeit, Weg mit dem Stress* und *Selbst-Marketing* erschienen.

Genehmigte Lizenzausgabe für Verlagsgruppe Weltbild GmbH, Steinerne Furt, 86167 Augsburg

Umschlaggestaltung: X-Design, München
Umschlagmotive: mauritius-images
Gesamtherstellung: CPI Moravia Books s.r.o., Pohorelice

Printed in the EU
978-3-8289-3514-3

2012 2011 2010
Die letzte Jahreszahl gibt die aktuelle Lizenzausgabe an.

Einkaufen im Internet:
www.weltbild.de